超深层油气藏钻完井复杂故障处理：钻井分册

张　煜　王建云　刘湘华　王　龙　编著

中国石化出版社

图书在版编目(CIP)数据

超深层油气藏钻完井复杂故障处理. 钻井分册/张煜等编著. —北京：中国石化出版社，2023.4

ISBN 978-7-5114-6811-6

Ⅰ.①超… Ⅱ.①张… Ⅲ.①油气钻井-完井-故障修复 Ⅳ.①TE257

中国国家版本馆CIP数据核字(2023)第044992号

中国石化出版社出版发行

地址:北京市东城区安定门外大街58号

邮编:100011 电话:(010)57512500

发行部电话:(010)57512575

http://www.sinopec-press.com

E-mail:press@sinopec.com

北京柏力行彩印有限公司印刷

全国各地新华书店经销

*

787×1092毫米16开本16.75印张366千字

2023年4月第1版 2023年4月第1次印刷

定价:168.00元

编 委 会

序

顺北油气田位于塔里木盆地中西部，是目前世界上发现且开发的埋藏最深的油气藏之一。其油气藏类型特殊，地质结构复杂，具有地层跨度大、超深、超高压、超高温且含有酸性气等特点，因而导致部分井段可钻性差、恶性漏失、垮塌、溢流甚至井喷、工具仪器不能适应、对特殊工艺需求高等世界罕见的钻井难题，使得该区勘探开发难度大、安全风险和开发成本高，钻井周期长。2016 年，中国石化宣布在顺北油气田勘探取得重大商业发现，成为塔里木盆地石油勘探的新亮点。此后，中国石化加大科技攻关力度，攻克了一系列世界级难题，自主研发形成了顺北超深断控型油气成藏理论和关键技术，取得了多口井的油气突破和重大发现。2021 年以来，顺北油气田完井测试获得 10 余口千吨井，成为中国石化“十四五”期间重要的增储上产阵地。

目前，顺北油气田已初步形成了以特深装备配套技术、环境保护技术、井身结构优化技术、分层钻井提速技术、长裸眼井筒强化技术、特殊油气藏井控装备配套及井控技术、保护油气层技术、防漏及小间隙固井技术、超深井小井眼水平井钻井技术、高压超深（特深）完井测试技术为核心的特深层钻井配套技术。尽管如此，钻完井生产过程中的井眼复杂情况和工程故障仍时有发生，严重影响了生产效率和经济效益。随着顺北油气田向更深层勘探，油藏埋深更深，温度、压力更高，地质条件更加复杂，特深层井身结构分析、破碎带安全钻进、志留系井漏机理分析、耐高温高压 MWD 仪器研发、缝洞型储层安全钻进等技术仍需持续攻关、完善和配套。总结、分析井眼复杂情况及工程故障发生、处理过程中的经验、教训，能够达到举一反三、借鉴经验、提高效率、保障安全生产的目的。

特深层油气藏的钻探，需要突破常规思路，加大科研攻关力度，加强新技术和新工具的配套应用，集中力量攻克一批“卡脖子”的核心技术，加大井眼复杂情况预防和故障处理的资源投入，从而支撑中国石化乃至我国特深层油气藏的勘探开发。

《超深层油气藏钻完井复杂故障处理丛书》是西北油田分公司结合塔里木盆地勘探开发成效与现状，对近些年发生的钻完井工程复杂情况及故障的处理进行深入研究、系统分析、经验总结后形成的最新成果。该套丛书分为《钻井分册》和

《完测分册》，系统介绍了钻完井作业过程中各类复杂情况及故障的发生经过、原因分析、处置手段、经验教训和相关建议，具有较强的指导性和实用性。同时，该套丛书把“异常判断、事前预防、工具选择、处理方法”的内容切实落实到操作岗位上，能够帮助现场基层管理人员和操作人员掌握复杂情况及故障的预防和处理操作技能，具有非常强的指导性和推广价值。

中国石化历来重视石油工程领域复杂情况及故障的预防。按照集团公司的要求，油田事业部每年都组织开展钻完井及试油气作业井下故障专项分析，强化经验总结和教训分享。这些工作有效推进了重点探井、高风险井、高难度井的精细管理，提高了钻完井工程质量和生产效率。但是随着钻井工艺新技术、钻井信息技术的发展和推广，钻完井复杂情况和故障的处理技术也需要进一步完善，着力在技术处理模板化、标准化、序列化上下功夫，形成一套切实有效的故障防治和处理方案。

希望通过此套《超深层油气藏钻完井复杂故障处理丛书》，在进一步提高地质认识、细化工程方案、强化现场管理、持续推进“四提”工作方面，为基层操作人员和管理人员提供丰富的、可借鉴的科学施工经验，为石油工程领域培养更多的工程复杂情况与故障处理专家。特将该丛书推荐给石油工程生产领域的工程技术人员和管理人员。

中国科学院院士　高德利

高德利

前　言

塔里木盆地石油、天然气资源丰富，勘探开发前景广阔，是中国石化油气资源接替的重点区域。塔河油田位于新疆塔里木盆地北部，是中国第一个古生界海相亿吨级大油田，自1997年发现以来，经过25年的发展，产量从初期的39×10^4t跃升至2022年的670×10^4t。快速发展的塔河油田已于2006年跻身我国陆地10大油田行列。顺北油气田位于塔里木盆地中西部，是全球陆地上最深的断控缝洞型油气藏，自2016年发现以来，实现了塔河外围资源阵地接替，累计探明石油储量1.9×10^8t、天然气储量$191\times10^8m^3$，累计原油产量334×10^4t、天然气产量$16\times10^8m^3$。

塔里木盆地地质结构复杂，油气藏埋藏深、岩石强度大、井壁易漏失易垮塌、超深定向钻井困难，钻井难度之大世所罕见。随着勘探开发规模的不断扩大，为了进一步提高地质认识，细化工程方案，优化重点探井、高风险井、高难度井的精细管理，需对钻完井及试油气井井下故障进行深入分析研究，对典型故障案例进行专题剖析，形成切实有效的故障防治方案，提高钻完井工程质量和生产时效。为此，编写了《超深层油气藏钻完井复杂故障处理丛书》。

本丛书由中国石化西北油田分公司组织编写，在工程技术部、监督管理部、完测中心、工程技术研究院对近年来发生的井眼复杂情况与故障处理的案例进行收集的基础上，请具有丰富现场经验的专家分别对钻井、完测相关内容进行了整理、完善，精选经典案例分类别介绍了塔里木盆地各种井下工况复杂情况及故障的预防及处理措施。通过详细介绍问题的发生经过、原因分析及处理过程，为科学、合理处理、预防钻完井井下复杂情况和故障提供了有益借鉴。

本丛书在编写过程中，得到了中国石化油田勘探开发事业部、中国石化各油田（分公司）领导及参加西北油气田钻完井施工的有关专家的大力支持和帮助，特别是宗铁、苗锡庆、李真祥、李占英、朱澄清、何龙、夏家祥等同志，为本书的编写及出版提出了大量宝贵意见及建议。在此，对他们表示衷心的感谢。

目　　录

第一章　井眼复杂情况及卡钻

钻完井是勘探开发过程中必不可少的施工阶段，其成本高、风险大，而影响成本和风险的重要因素是钻完井过程中发生的复杂情况和故障。导致复杂情况发生的客观原因主要是地层属性过于复杂，制约了钻完井设计的科学性、可行性和完整性；主观原因则包括装备性能不能满足施工井的需求，出现操作失误，所设计方案措施针对性差且处理时机没有把握好，等等。对于复杂情况的处理不外乎两种结果：一是发现及时、分析正确、处理得当，使复杂情况得到控制并转化到正常施工程序；二是处理不得当，使复杂情况恶化，最终导致发生故障。在钻完井过程中，卡钻是最为常见且导致损失最大的故障之一。

第一节　井眼失稳卡钻

井眼失稳的主要表现形式有井壁垮塌、缩径等，所导致的结果往往都是恶性卡钻。在顺北油田及其外围地区，自上至下均存在井壁垮塌的风险；部分区块盐膏层段存在因地层蠕变而缩径的风险；火成岩侵入体存在掉块垮塌的风险；砂岩段渗透率高，若是钻井液处理不好，使得虚泥饼增厚，也会导致井眼缩径；破碎地层因地层破碎，钻进过程中难以形成规则、稳定的井眼，也可能导致垮塌。此外，若钻进过程中发生失返性恶性漏失，裸眼失去钻井液液柱压力支撑，也会发生井壁垮塌；钻进过程中若在疏松裸眼地层开泵不当，憋漏地层后，随着漏失量的增大，也存在井壁垮塌风险。

导致井眼不稳定的因素在钻进过程中是客观存在的，一旦预防措施不到位，遇到垮塌层未能及时采取有效措施，便可能发生垮塌卡钻。一旦井眼发生大段井壁垮塌，势必造成恶性卡钻，而恶性卡钻的处理过程中必然要采取倒扣、套铣等措施。因此，井眼失稳卡钻是所有卡钻中最复杂的故障，所导致的损失最大(甚至导致井眼报废)，处理过程耗时最长。

一、SHB1 -20H 井三叠系卡钻

(一)基本情况

该井是一口开发井，为四级结构。二开过程中完井深度为5093m，通井下钻遇阻，采取冲划方式下钻至井深4274m处时发生卡钻。

1. 钻具组合

Φ311.2mm HJT537GK +630 ×730 +731 ×630 +Φ203.0mm 无磁钻铤 ×1 根 +Φ203.0mm

螺旋钻铤×5根+631×410+Φ178.0mm钻铤×1根+Φ127mm柔性短节+Φ178.0mm随钻震击器+Φ178.0mm钻铤×1根+Φ178.0mm钻铤×3根+Φ127mm加重钻杆×15根+Φ127mm钻杆×193根+411×ST540+Φ139.7mm钻杆。

2. 钻井液体系与基本性能

采用钾胺基聚磺钻井液体系：密度为1.25g/cm^3；初/终切为2Pa/6Pa；失水量为3.4mL；泥饼厚度为0.5mm；含砂量为0.1%；pH值为9；塑性黏度为26mPa·s；YP为6Pa；坂含为30g/L；固体含量为10%；K^+浓度为15800mg/L；HTHP为11.6mL(120℃)；六速分别为64/38、28/17、2/1。

(二)发生经过

中完作业通井，下钻至3822m处时遇阻，阶段性采取冲划方式下钻，2018年8月26日1：40下钻至井深4281m处时下放遇阻8t，开泵困难，拆立柱接单根划眼，至6：20以上提方式活动钻具，最大上提吨位为270t，间断配合下压至190t(原悬重为212t)，多次开泵后顶通恢复循环，9：00钻具活动无效，发生卡钻故障。故障时钻头位置为4281m处，井深5093m。

(三)原因分析

(1)二开钻进期间，三叠系起下钻存在遇阻显示；该井二开采用聚胺、硅醇抑制剂，未加入低软化点沥青，对三叠系的抑制水化及封堵防塌能力较弱，是造成井下阻卡的关键因素。

(2)钻至中完井深5093m处时，Φ311.2mm大井眼仅循环钻井液4h，未将井筒内的岩屑携带干净，且未进行短起下操作，环空岩屑浓度高。

(3)下钻至3822m处时遇阻，至4168m处时采取冲划方式下钻。后续下钻过程钻具水眼有持续返浆现象，判断此时井眼发生了持续性垮塌且在井眼内下行，继续下钻至4281m处时遇阻，由于钻具水眼倒返钻井液，岩屑进入钻头水眼，导致无法正常开泵。

(四)处理方式与效果

(1)活动钻具尝试解卡。配合使用震击器上下活动钻具(活动吨位为60～290t)。在活动钻具过程中，开泵钻具水眼憋通，然后3次泵入稠浆携带井内掉块，未解卡。

(2)泡解卡剂，上下活动钻具。8月28日11：45泵入18m^{3}解卡剂(配方：KT+WFA－1+8.5m^{3}柴油+7.1m^{3}清水+7t重晶石)，浸泡井段为4149～4274m；震击器累计工作780次，未解卡。

(3)爆炸松扣。测得卡点井段位置为4230.24～4274m。第一次爆炸仪器下放至4268m处，爆炸松扣失败；第二次爆炸仪器下放至4214m处，爆炸松扣失败；第三次爆炸仪器下放至4214m处，上提钻具悬重由210t下降至208t，爆炸松扣成功，起钻完检查发现落鱼长 58.75m，鱼顶位置为 4214.99m 处。

(4)下超级震击器对扣震击打捞。9 月 1 日 4：50 组下超级震击器(带加速器)，对扣成功后，钻具活动吨位为 200 ~ 260t，超级震击器累计工作 330 次，未解卡。

(5)套铣筒套铣。9 月 4 日 22：50 下套铣筒至接近鱼顶位置缓慢开泵，下放至 4247.9m 处判断进入落鱼后进行套铣；9 月 5 日 16：00 铣进至 4270m 处，铣进钻时变快(从原先 60 ~ 90min/m 变为 8 ~ 15min/m)，铣进至原钻头上方位置未碰落鱼，下探 9m 未碰落鱼，判断落鱼下行，后起出套铣筒钻具。

(6)下超级震击器对扣打捞。下入带超级震击器的钻具组合至 4452.7m 处时遇阻 4t，开泵循环处理泥浆，同时接立柱下探鱼头(其间落鱼不断下行)，下钻至 4479.53m 处对扣成功，起钻检查时发现已捞获全部落鱼，故障解除。

(五)经验教训

(1)应在三叠系中上部将钻井液体系彻底转换为钾胺基聚磺体系，并特别重视低沥青及封堵材料的加入，确保沥青的软化点和粒度适应地层的温度和孔隙度。做好三叠系的防塌工作，避免泥岩段地层剥蚀掉块、垮塌。保证钻井液良好的抑制性，其中 K^+ 含量应≥ 15000mg/L。

(2)出现遇阻情况后应及时开泵循环划眼，确保循环钻井液将环空中的岩屑掉块带出地面后再进行下一步作业。若循环带出的岩屑较多且有新的掉块，在下一步下钻作业时，应在裸眼段较长的情况下分段循环钻井液，且一旦开泵循环，应保证最少连续循环一个循环周。

(3)下钻后出现水眼持续倒返时，说明井眼出现持续垮塌且垮塌的掉块在井眼内持续下行，出现此种现象严禁继续下钻，应立即连接顶驱(或方钻杆)开泵循环钻井液并进行划眼处理。在此种情况下，开泵要注意控制排量由小到大，防止憋泵后因井眼掉块或岩屑受挤压而造成卡钻。

(4)进行爆炸松扣处理卡钻时，要在地面做好爆炸松扣仪器、电缆的检查，不断总结和探索不同形态井眼的导爆索用量，提高一次成功率。

(5)套铣处理卡钻时，套铣“入鱼”是非常关键的一步。该井在处理过程中判断准确，在套铣后落鱼下行也得到了及时的控制，为顺利打捞奠定了良好基础。

二、SHB1 -12 井二叠系卡钻

(一)基本情况

四级结构井二开阶段，前期二叠系钻进发生漏失，更换钻具组合进行堵漏，下钻过程中阶段性遇阻且划眼过程中持续漏失，未能建立有效的循环，注堵漏浆替浆时发生卡钻，故障位置为井深 4452m 处，卡钻钻头位置为 3793.44m 处。

1. 钻具组合

Φ311.2mm 牙轮钻头(型号：HJT537GK，水眼：Φ33mm×3 根)+630×730 双母+Φ228.6mmDC×1 根+731×630+Φ203.2mmDC×9 根+Φ203mm 随钻震击器+Φ203.2mmDC×2 根+631×520+Φ139.7mmHWDP×5 根+Φ139.7mmDP。

2. 钻井液体系与基本性能

采用钾胺基聚磺钻井液体系：密度为 1.24g/cm^3；黏度为 47s；塑性黏度为 19mPa·s；动切为 6Pa；初/终切为 2Pa/5Pa；失水量为 3.8mL；pH 值为 9；泥饼厚度为 0.5mm；坂含为 33g/L；固体含量为 9.8%；含砂量为 0.1%；HTHP 为 10.6mL(120℃)；Cl^- 浓度为 25000mg/L；K^+ 浓度为 14700mg/L。

(二)发生经过

该井于 2018 年 2 月 26 日 23：40 钻进至井深 4452m 处发生漏失(入二叠系 90m，井段 4412～4446m 为灰绿色英安岩、褐灰色凝灰岩)，立压由 9.1MPa 降至 5.5MPa，出口流量由 32.3% 降至 17.5%，总池体积由 90.59m^3 降至 90.06m^3。上提钻具小排量开泵 15.5L/s，出口未返钻井液。27 日 20：30 起钻更换钻具组合，下混合钻头 KPM1633DST+螺杆组合；28 日 5：00 下钻至 1008m 处遇阻，以小排量 15.5L/s 划眼困难，泵入 23m^3 循环浆，出口槽未返钻井液。

28 日 14：00 起钻简化钻具，下牙轮钻头(HJT537GK)+钻铤+钻杆组合，18：00 下钻至 1008m 处遇阻划眼(其间测得环空液面为 103m)，20：54 下钻至井深 1057.75m 处，悬重由 1040.7kN 下降至 845.8kN。3 月 1 日 4：45 划眼至 1112m 处，排量为 6.2L/s，出口槽返钻井液，测得漏速为 1.58m^3/h；8：45 划眼至 1160m 处，出口槽未返钻井液；10：00划眼至井深 1198m 处，排量为 3.7L/s，测得漏速为 3.4m^3/h，由于钻杆水眼喷钻井液严重，下钻及划眼期间接钻杆单根；于 20：00 在划至 1479.68m 处时接钻杆单根，安装了回压凡尔。3 月 2 日 10：00 划眼至 1851m 处，其间泵入浓度为 25% 的堵漏浆 15m^3，排量由 6.2L/s 缓慢上提至 31L/s，振动筛返出堵漏材料，其中含少量水泥掉块。划眼(1198～1851m)期间漏失 76.95m^3，测得漏速为 3.7m^3/h；18：30 处理水泥环，继续划眼至 2407m 处后开始下钻至 4001m 处并循环处理钻井液(缓慢上提排量至 27.8L/s，测得漏速为 6.28m^3/h)。

3 月 3 日 17：35 划眼至 4448m 处，测得漏速为 6.3m^3/h，泵入堵漏浆 18m^3(出口槽未返钻井液)后起钻至井深 4148m 处，静堵 3.5h，又下钻至井深 4364m 处(出口槽未返钻井液)，泵入堵漏浆 18.6m^3 后起钻至井深 4180m 处，静堵 9h(环空吊灌 10m^3，出口槽未返钻井液)后起钻。

3 月 4 日 16：00 起钻至 3326m 处后下钻划眼(起钻遇卡严重，下压至悬重 600kN 时恢复正常)。3 月 5 日 0：41 划眼至井深 3356.54m 处，悬重由 1669.5kN 下降至 1437.4kN，扭矩由 12.7kN·m 上升至 14.1kN·m；0：55 下钻划眼至井深 3357m 处(划眼期间漏失

110.99m^3，出口槽未返钻井液)，开始泵入2m^3堵漏浆。其间开顶驱活动钻具，顶驱扭矩由12kN·m上升至14kN·m，转速由55r/min降至0，下压钻具悬重由1710kN下降至1050kN，悬重未恢复，钻具卡死，继续泵入浓度为40%的堵漏浆15.8m^3，替1.24g/cm^3的循环浆111.2m^3后(其间上下活动钻具，活动吨位为52～192t，活动范围为3363.72～3368.83m)恢复正常，5.5h后复杂情况解除，出口未返钻井液。

6日4：00下钻至井深3796.14m处，至6：30泵入浓度为40%的堵漏浆47m^3，至8：00替1.24g/cm^3的循环浆52m^3(其间上下活动钻具，出口槽未返浆)；至9：45静堵，环空吊灌27.5m^3，出口未返浆，其间上下活动钻具，钻头活动范围为3793.44～3795.67m，悬重为700～2140kN；9：45活动钻具至井深3793.44m处，悬重由1890kN下压至700kN时未开，反复上提下放仍无效，发生卡钻故障。

(三)原因分析

(1)该井一开套管下深为999.06m，测井曲线显示0～996m段声幅值≤20%，996～999.06m段声幅值≥50%(水泥环脱落导致固井质量差)；该井发生井漏后两次下钻均在1008m处遇阻；划眼至井深1198m处泵入浓度为25%的堵漏浆15m^3，后期振动筛返出堵漏材料和少量水泥掉块；在后期处理卡钻的过程中，循环返出大量细颗粒砂岩及大的砂岩掉块；数据显示，在99～1030m和1090～1105m处井径超过711.2mm。

(2)在下钻过程中，在井口不返浆的情况下水眼喷浆严重，说明环空中的大量岩屑堆积造成环空液柱压力比水眼液柱压力高，但现场人员未认真分析原因，仅在钻具组合中安装单流阀后便继续下钻，在下钻遇阻划眼过程中出口未返浆或少量返浆，致使“大肚子”井眼内的掉块、沉沙、水泥碎块未能返出。

(3)在解除第一次卡钻之后，由于现场泥浆储备不足，难以完成堵漏作业，故而无法建立有效循环，环空中掉块、沉沙、水泥碎块无法返出。在下钻至井深3796.14m处再次打堵漏浆，其间未返浆，掉块、沉沙、水泥碎块等下沉堆积造成卡钻。

(四)处理方式与效果

(1)上下活动钻具，降低钻井液密度，尝试建立循环。2018年3月6日9：45开始上下活动钻具，处理故障期间出口槽持续未返浆，钻井液密度由1.24g/cm^3下降至1.15g/cm^3，后多次向环空、水眼泵入1.15g/cm^3钻井液，尝试建立循环失败。

(2)进行倒扣、套铣、反扣钻具打捞。9日12：30倒扣，悬重780kN，大钩悬重380kN，下钻探落鱼位置为1000.99m处。起钻后发现落鱼长度为2793.04m，鱼顶位置为1000.99m处。3月10日14：00～17日0：00，经5次套铣、反丝打捞后发现，套铣井段为1000.99～1116.06m，段长115.07m，打捞出Φ139.7mm钻杆×12根×114.47m，落鱼长度为2678.57m，鱼顶位置为1115.46m处。

第6～第8次套铣时鱼头无法进入铣筒，即3月18日6：00～19日3：00的3次套铣过程中鱼头无法进入铣筒。

3 月 19 日 17：00～25 日 13：00 又进行了 5 次套铣、反丝打捞，套铣井段为 1115.46～1204m，段长为 88.54m，打捞出 Φ139.7mm 钻杆 ×9 根 ×86.35m，井内还剩落鱼 2592.22m，鱼顶位置为 1201.96m 处。3 月 25 日 11：00 批复打水泥塞回填侧钻，故障处理结束。

(五) 经验教训

此次故障是典型的井漏引起的井眼复杂情况，而在井眼复杂情况下没有引起现场人员的重视，因而导致了卡钻故障，造成损失较大，教训较为深刻。

1. 发生井漏后对风险认识不足

发生井漏后，现场人员采取的技术措施不到位，导致井眼复杂情况恶化成故障，这是一个深刻的教训。

(1) 在钻进过程中，二叠系发生井漏失返后，于 2018 年 2 月 27 日立即起钻更换钻具的措施是正确的，但是井漏后第一次下钻带螺杆的做法错误；3 月 5 日在划眼不返浆的情况下，盲目坚持原钻具组合（钻头 + 钻铤）划眼、打堵漏浆（其间一直不返浆）并发生卡钻后，应及时简化钻具组合，进行专项堵漏作业。

(2) 在井漏失返不能建立有效循环的情况下，没有采取堵漏直至建立有效循环再进行下钻划眼的措施，而是采取在井下继续漏失的情况下下钻、遇阻则划眼的措施，不但造成了作业风险，而且浪费了泥浆资源。

(3) 在下钻过程中出现钻杆水眼喷浆严重的情况时，现场人员没有意识到此时的倒返是井眼垮塌及“大肚子”井眼沉沙落入环空所致，采取了水眼压重浆、接单流阀继续下钻的措施，加剧了井眼的复杂情况。此时，应停止下钻并简化钻具组合，先堵漏，通过分段循环将井眼环空的岩屑、掉块带出井眼，待井眼畅通后再进行后续作业，防止环空中的岩屑、掉块不断沉积而引起卡钻。

(4) 在下钻划眼堵漏施工期间，在没有建立有效循环，井漏失量大且现场人员对井下情况判断不明时继续下钻、划眼，这种做法是不合理的。应该准备好充足的泥浆后再进行后续作业，切勿为了抢时间盲目下钻。

(5) 一开完钻套管鞋选择的位置不合适，下套管留的口袋长且地层疏松，不利于保障固井质量。一开完钻的原则是选择地层相对稳定的层位，且尽可能留较小的口袋。

(6) 在揭开二叠系之前，应该根据临井井漏处理情况，做好井浆、堵漏浆的储备，而该井既没有储备，也没有采取预防井漏的措施，准备很不充分。

2. 故障处理的分析

该卡钻故障是由井眼复杂情况处理不当且持续恶化而导致的。发生卡钻后，试图通过降钻井液密度开泵建立循环的思路是正确的，但是由于该井井眼环空沉沙、掉块多，有井眼垮塌的可能，成功建立循环的可能性很小，因此未能建立循环且延长了处理时间。

在建立循环无果后，爆炸松扣的措施是无奈的选择，后续反扣钻杆倒扣的措施也是处理埋井钻具的正常措施。但是，在倒扣不能正常进行的情况下，套铣了5趟后，采取各种措施仍找不到鱼头，则只能填井侧钻。所以，只要套铣，就要考虑如何顺利入鱼，否则就不能实现完整的套铣。

三、SHB1－12井巴楚组卡钻

（一）基本情况

该井属于一口开发井，具有四级井身结构。三开正常钻进至井深5196.12m处时，上提钻具准备接立柱，提至井深5194.33m处时发生卡钻。

1. 钻具组合

Φ215.9mmPDC×0.34m（型号：KS1652DGRX，水眼：Φ17.5mm×5根）+Φ172mm螺杆×7.32m+Φ165.1mm无磁钻铤×9.41m+Φ172mm悬挂×0.91m+Φ213mm扶正器×0.75m+Φ165.1mm钻铤×24根×223.72m+Φ165mm随钻震击器×9.73m+Φ127mm加重钻杆×15根×139.6m+Φ127mm钻杆×4605.61m+411×DS550×0.9m+Φ139.7mm钻杆×211.53m。

2. 钻井液体系与基本性能

采用钾胺基聚磺防塌钻井液体系：密度为1.37g/cm^3；黏度为55s；塑性黏度为22mPa·s；动切为7.0Pa；初/终切为2Pa/7Pa；FL为4.2mL；pH值为9.5；泥饼厚度为0.5mm；HTHP为11.6mL（120℃）；坂含为34g/L；固体含量为12.4%；含砂量为0.1%；Cl^-浓度为28500mg/L；K^+浓度为15200mg/L。

（二）发生经过

2018年7月13日23：54，三开复合钻进至井深5196.12m处（层位为石炭系巴楚组）时，提起钻具准备接立柱，上提至井深5194.33m处时，悬重由1930kN增至2020kN，立压由21.5MPa升至28.1MPa。随即将排量降至13L/s，逐级下压至1600kN，震击器不工作。开顶驱正转7.5圈，亦不见效。经多次尝试解卡无效后，确认发生卡钻故障。

（三）原因分析

（1）卡拉沙依组与巴楚组交界面的地层不稳定（卡拉沙依组底部为棕褐色泥岩，巴楚组上部为褐灰色灰岩夹灰色泥岩），卡钻前已钻进巴楚组12.12m（巴楚组顶为5184m处），井内产生泥岩掉块，引发卡钻。

（2）上提钻具前，未倒划验证上部井眼稳定情况，而是停顶驱直接上提钻具，导致在上提钻具过程中遇阻憋泵，掉块在钻头位置憋死。这是造成卡钻的直接原因。

（四）处理方式与效果

1. 活动钻具、稠浆洗井

2018年7月14日1：12，逐级下压至1400kN，震击器下击工作。上下活动钻具配合震击器尝试解卡（活动范围为1300～1930kN），下击12次。

当日2：35第一次泵入重稠浆6m^3（密度为1.88g/cm^3，黏度为80s），至6：08时重稠浆返出，震动筛返出直径约1cm的大小不等的薄片状掉块，岩性为灰绿色泥岩、棕色泥岩、黄灰色泥晶灰岩。后逐级下压至1200kN，上下活动钻具（活动范围为1200～1930kN）。8：50第二次泵入重稠浆5m^3（密度为1.88g/cm^3，黏度为80s），震动筛返出少量片状掉块，岩性为灰绿色泥岩、棕色泥岩。

15：50第三次泵入重稠浆15m^3（密度为1.68g/cm^3），震动筛返出直径约1cm的大小不等的薄片状掉块，岩性为灰绿色泥岩、棕色泥岩。间断上下活动钻具配合震击器尝试解卡，活动吨位为1400～1930kN，活动期间循环正常，排量为14L/s，立压为14MPa，震击共计205次后仍未解卡。

2. 泡酸液、活动钻具解卡

7月15日14：28注入前置隔离液4m^3（配方：CMC+清水，浓度为7%，密度为1.07g/cm^3），14：52注盐酸8.2m^3（配方：20% HCl+2%缓蚀剂+0.7%稠化剂+1%破乳剂+1%铁离子稳定剂），15：00注后置隔离液2m^3（配方：CMC+清水，浓度为7%，密度为1.07g/cm^3），15：40大泵替井浆38.8m^3（密度为1.37g/cm^3，黏度为55s）。

20：00上下强力活动钻具（活动范围为400～2400kN，其间每间隔30min开泵顶入0.5m^3盐酸，裸眼井段累计泡酸4.42m^3，震击器共震击275次），下压至560kN，震击器下击工作，悬重恢复至1100kN，然后上提至原悬重，开顶驱后转动扭矩正常，卡钻事故解除。

（五）经验教训

1. 造成卡钻故障的原因分析

（1）对卡拉沙依组与巴楚组交界面地层易产生掉块的问题不够重视。卡钻前已钻过交界面12.12m，在井内已产生掉块的情况下，准备接立柱前未适当增加循环携岩时间，也未采取倒划措施，直接停顶驱开泵上提钻具，导致掉块在钻头处堆积、憋泵、憋卡。

（2）钻井液携岩性能较差。动塑比只有0.32，通过稠浆洗井也仅返出了直径约1cm的大小不等的薄片状掉块，这也说明了钻井液性能不能满足井下安全钻进的要求。

（3）发生憋卡初期，处理方法欠妥。正常悬重193t，发生憋卡后，仅仅下压至160t，下压吨位太小，再加上井下摩阻的存在，震击器无法工作，错失了第一时间解卡的机会。在后期处理过程中，震击器能够工作的情况也证明了这一点。

2. 发生卡钻后处理过程的分析

发生卡钻后，通过稠浆洗井、泡酸活动解卡，处理步骤是正确的，但是处理细节不够完善，体现在以下几点：

(1)前两次稠浆洗井时的泥浆黏度只有80s，洗井携岩效果较弱，尤其是第2次稠浆洗井时，震动筛只返出少量片状掉块。

(2)钻具活动吨位不科学。在稠浆洗井过程中，钻具活动吨位为193～120t。一般来说，在上提憋卡的情况下，上提吨位不宜过高，但也要适当超过正常吨位，下压悬重可以更小些(如泡酸时压到了56t)。如果在前期处理过程中，下压力度更大一些，则有机会解卡。泡酸时，最大上提吨位达240t，对于上提憋卡的情况，这显然是不必要的。

四、SHBP1H井志留系卡钻

(一)基本情况

液井为四级结构井，三开承压测试；东河塘组承压至15MPa时突然下降至11MPa(吃入地层钻井液2.1m^3)，地层破裂，起钻在该井段无显示；钻进期间返砂正常，无掉块，故障发生时井深为5421.69m，卡钻钻头位置为5357.45m处。

1. 钻具组合

Φ215.9mmPDC+Φ172mm螺杆+单流阀+Φ165.1mm钻铤×1根+Φ212mm扶正器+定向接头+无磁钻铤(内含MWD仪器)+Φ165.1mm钻铤×12根+Φ127mm钻杆×120根+411×BHDH550+Φ139.7mm非标钻杆。

2. 钻井液体系与基本性能

采用钾胺基聚磺防塌钻井液体系：密度为1.30g/cm^3；黏度为50s；塑性黏度为23mPa·s；动切为7Pa；静切为2Pa/6Pa；pH值为9；失水量为3.4mL；泥饼厚度为0.5mm；HTHP为9.8mL(120℃)；坂含为30g/L；固体含量为11%；含砂量为0.1%；Cl^-浓度为26450mg/L；Ca^{2+}浓度为240mg/L；Kf为0.0612；K^+浓度为18375mg/L。

(二)发生经过

2017年1月31日15：00钻进至井深5421.69m处时开始循环，17：50接到通知，下一步起钻更换光钻杆进行堵漏承压，准备循环起钻。前两柱起钻时无挂卡显示，每次卸立柱时均将节箍提离钻台面1.5m，无显示后坐卡。18：08起钻至5357.45m处时，悬重由2188.4kN先上升至2288.1kN，再下降至2092.1kN。此后立即接顶驱开泵，排量为2L/s，泵压升至22MPa，井口不返浆。尝试转动顶驱最大转动圈数(23圈)，扭矩最大达55kN·m，憋停顶驱，尝试憋压至22MPa，开不通泵后泄压，产生激动压力导致垮塌岩屑下沉未见效果。上提至最大250t，下压逐渐增加吨位，将悬重放完后，仍无法解卡，遂发生卡钻。

(三)原因分析

(1)该井钻井液检测结果表明，密度为1.30g/cm^3，API失水量为3.6mL，HTHP为

12mL(150℃)；120℃热滚16h后测得塑性黏度为34mPa·s，动切为8Pa，API失水量为4mL，HTHP为12mL(120℃)。钻井液失水造壁性能良好，钻井液短时间(70h)浸泡造成井壁失稳的可能性不大。取该井巴楚组岩屑测得清水回收率为49.79%，钻井液滚动回收率为74.10%，提高率为48.83%，K^+浓度为18375mg/L。从抑制性能分析来看，卡钻层位地层虽具有一定的水化分散能力，但钾胺基聚磺钻井液抑制能力和封堵能力较好，可以满足地层抑制和井壁稳定的需要。

(2)承压后继续钻进51.69m后返砂正常无掉块，裸眼段长370m，停泵仅23min即发生开泵22MPa未顶通的情况。分析认为，应该是突然垮塌造成的环空憋堵。从卡点位置5324m处分析，因垮塌造成卡钻、开泵环空堵死的时间较短，说明垮塌位置距扶正器位置(5337.55m处)不远，可能是东河塘组(5322～5328m)和巴楚组(5286～5290m)棕褐色泥岩垮塌。

(3)从地层划分来看，巴楚组至东河塘组岩屑以泥岩为主，夹少段砂岩(夹层厚度为1～6m，最长一段16m)。承压后的地层破裂极可能发生在砂岩夹层中，加之吃入地层2.1m^3钻井液，随着钻井液滤液浸入的时间延长，不排除是泥页岩中的蒙脱石吸水膨胀、伊利石/蒙脱石混层脆裂，导致黏土内部发生了新的变化，产生了新的应力，因而减弱了泥页岩的结构强度，造成井壁失稳坍塌。

(4)地层承压(尤其是地层破裂)后改变了地层原始应力状态，使井眼周围的周向应力、径向应力和轴向应力发生了改变，加之吃入地层的钻井液发生水化作用，使地层坍塌周期缩短；加之停泵起钻时减少了循环压耗、起钻抽吸、钻井液下行作用等多方面因素，导致砂泥岩交界面处的泥页岩井壁支撑力下降，突然发生井壁失稳、坍塌，最终因环空憋堵不畅而发生卡钻。

(四)处理方式与效果

1. 测卡点、爆炸松扣

测得卡点位置为5324m处(卡点位置在无磁钻铤以上3m处，距离扶正器15.15m，距离钻头33.45m)。下放爆炸松扣仪器至5319m处，上提悬重至236t后坐卡钻具，反转15圈施加反扭矩，点火后钻具释放至无扭矩，继续反转2圈，并释放至无扭矩。此时判断钻具已倒开，上提钻具悬重至215t，下探鱼顶位置为5315.98m处，落鱼长度为39.46m。

2. 通井、套铣

为确保下一步套铣作业安全，2017年2月3日12：00组下牙轮钻头通井，4日2：00开泵下探鱼头两次，鱼头位置为5315.98m处。4日16：30组下套铣管具(Φ211mm铣鞋+Φ202mm套铣筒×2根)，下钻冲洗鱼头。至6日1：00套铣至扶正器位置井深5335.54m处，其间返出剥落掉块，岩性为棕色泥岩；循环至3：30，注入封闭浆12m^3(井浆+HV-PAC/0.1t)，封闭管鞋至鱼头，起钻后检查铣鞋的合金齿磨损程度。

3. 对扣打捞

6日16：00开始组下Φ177.8mm开式下击器+Φ158.8mm超级震击器，准备对扣打捞，下钻至井深5313m处，泵入$10m^3$重稠浆清洗井筒，循环一周后下探鱼头两次，鱼头位置为5315.98m处，对扣成功，水眼不通。7日5：00在140～240t范围内活动震击16次，在上下活动钻具的过程中，发现钻具下行的空间逐渐增大，往下逐渐畅通，钻具解卡。2月8日0：00起出全部落鱼，故障解除。

(五)经验教训

(1)在地层承压前应先了解所钻地层岩性，并参考邻井地层压力系数，避免因人为破坏地层应力导致地层失稳。承压结束后，应根据地层破裂压力适当调整钻井液性能，提高钻井液液柱压力，保证地层的稳定性。

(2)起钻前，采取工程技术措施时必须严格执行防塌规定，认真循环好钻井液，不可中途长时间定点循环，刹把操作一定要平稳，灌浆应及时，谨防抽吸，避免因人为造成地层压力激动而导致地层失稳。

(3)应适当提高钻井液的矿化度，使之等于或稍高于泥页岩中水的矿化度，减少渗透压，从而降低井壁处泥页岩的含水量和孔隙压力。

五、SHBP3H井鹰山组卡钻

(一)基本情况

四级结构井四开，起钻遇挂卡，故障时井深为7782m，卡钻钻头位置为7683m处。

1. 钻具组合

Φ149.2mmPDC＋310×330＋单流阀＋Φ120.6mmDC×24根＋旁通阀＋Φ88.9mmHWDP×3根＋Φ88.9mmDP＋311×410＋Φ127mm钻杆＋411×520＋Φ139.7mm钻杆。

2. 钻井液体系与基本性能

采用聚磺防塌钻井液体系：密度为$1.32g/cm^3$；黏度为58s；塑性黏度为20mPa·s；动切为6Pa；初/终切为2Pa/5.5Pa；pH值为10；失水量为4mL；泥饼厚度为0.5mm；坂含为30g/L；固体含量为12%；含砂量为0.1%；Kf为0.0612；Cl^-浓度为51100mg/L；Ca^{2+}浓度为280mg/L；HTHP为12mL(160℃)。

(二)发生经过

2017年7月7日20：00钻进至井深7782m处(接录井通知钻至直导眼完钻井深)。7月9日20：00循环、打封闭，起钻准备电测；20：50起钻至7638m处，悬重由2633.55kN上升至2740.71kN，最大下放至800kN，钻具仍未恢复原悬重；21：00接顶驱开泵，排量为12L/s，泵压为16MPa，开泵返浆正常，悬重由2633kN下放至900kN，钻具未开，确认卡死。

(三)原因分析

因掉块导致的卡钻。

(四)处理方式与效果

活动钻具、泡酸解卡，钻具活动范围为1000～2800kN，循环排量为16L/s，泵压为18MPa，返出液中有掉块及片状岩屑。

7月11日9：00酸液、泵车到井，连接管线，准备打酸(环空2m^3，水眼8m^3)，下压悬重至2000kN，加扭25圈；12：00钻具恢复原悬重，转动顶驱，扭矩正常，解卡，故障解除。

(五)经验教训

(1)在施工过程中应及时掌握井况，及时分析原因，有针对性地制定调整方案，保证施工安全。

(2)钻井公司应做好物资材料组织工作，提高故障处理效率。

(3)现场管理者要加强学习，判断出井下情况后，不要一味地盲目强提硬压，防止故障复杂化、恶化。

六、SHB1-2H井二叠系卡钻

(一)基本情况

四级结构井二开，钻进期间准备上提接单根时发生挂卡，划眼处理井筒，发生故障时井深为4455.70m，卡钻钻头位置为4444.15m处。

1. 钻具组合

Φ250.88mmPDC(0.19m)+Φ197mm阿特拉扭矩冲击器(0.84m)+单流阀(0.62m)+Φ177.8mm无磁钻铤(9.14m)+Φ177.8mmDC×1根(9.15m)+Φ248mm扶正器(1.7m)+Φ177.8mmDC×17根(155.61m)+Φ127mmHWDP×15根(138.70m)+ZY520×411(0.72m)+Φ127mmDP(786.64m)+ZY521×520(0.92m)+Φ139.7mm DP(3338.20m)。

2. 钻井液体系与基本性能

采用聚磺防塌钻井液体系：密度为1.23g/cm^3；黏度为52s；塑性黏度为18mPa·s；动切为8Pa；静切为2Pa/10Pa；pH值为9；失水量为3.6L；泥饼厚度为0.4mm；坂含为35g/L；固体含量为9%；含砂量为0.1%。

(二)发生经过

2016年1月9日8：10钻进至井深4455.70m处(方钻杆方完)，准备接单根上提钻具至井深4451.62m处，悬重由1920kN上升至2000kN，下放至1800kN，钻具恢复原悬重，对井段4444.43～4455.70m划眼两遍，泵压、扭矩正常；8：40上提至井深4444.15m处遇卡(下单根已提出转盘面0.4m)，悬重由1920kN上升至2010kN，下放至1800kN，恢复原悬重1920kN，泵压正常，此后上下来回活动钻具，最大上提至悬重2200kN，最小下放至悬重400kN；至8：50上提至4444.15m，原悬重由1920kN最大上提至2200kN，最小下放至400kN，开转盘正转6圈后下压至400kN，活动无效，发生卡钻故障。

(三)原因分析

因为卡钻前上提、接单根正常、无遇阻，测卡点在扶正器位置，所以可排除缩径等原因导致黏卡的可能性。在卡钻过程中，根据起出落鱼时带出的掉块，基本判断为因二叠系掉块落在扶正器处而发生了硬卡。

(四)处理方式与效果

1. 测卡、爆炸松扣

1月10日14：00测卡点位置为4422m处，为扶正器位置；17：30下爆炸松扣装置到4413m处，爆炸松扣、倒扣成功。

2. 组下震击器对扣打捞

12日0：00探鱼头、大排量冲洗，下压2t对扣，正转10圈，扭矩由200A上升至600A，泵压由15MPa上升至17MPa，对扣成功；20min后上提钻具至原悬重1920kN，后下压至400kN，开式下击器工作，悬重由400kN上升至1920kN，震击解卡。

(五)经验教训

(1)应在确保井下安全的前提下合理控制钻时，接单根时值班干部应上钻台旁站，打完单根后应划眼1～2遍，上提下放钻具的遇卡吨位不应超过50kN；若是遇到阻卡，则必须开泵进行正、倒划眼处理，执行好“早开泵、晚停泵”的措施。接单根前，确保停泵后上提下放畅通无阻后方可继续作业。

(2)钻井液性能维护方面，应进一步加大沥青类封堵防塌材料和抑制类处理剂的用量，保证钻井液体系良好的封堵防塌能力和强抑制能力。

(3)若后期二叠系钻进活动过程中钻具仍遇阻卡，可考虑提高钻井液密度至1.25g/cm^3，并简化钻具组合。

七、SHB1－4H井二叠系卡钻

(一)基本情况

该井为四级结构井，二开以Φ250.8mm钻头钻进，在钻至井深4443.12m处，准备接单根上提的过程中，发现有挂卡现象，进行倒划眼处理的过程中发生卡钻，卡钻时钻头位置为4442m处。

1. 钻具组合

Φ250.8mm钻头+Φ203.2mm扭冲+630×410+Φ177.8mm钻铤×2根+Φ248mm扶正器+Φ177.8mm钻铤×13根+411×520+Φ139.7mm加重钻杆×6根+521×HT550+Φ139.7mm钻杆。

2. 钻井液体系与基本性能

采用聚磺防塌钻井液体系：密度为1.24g/cm^3；黏度为55s；静切为3Pa/7.5Pa；HTHP为10mL(120℃)；失水量为3.2mL；泥饼厚度为0.5m；塑性黏度为22mPa·s；动切为8.5Pa；坂含为40g/L；pH值为9；固体含量为10%；含砂量为0.2%。

(二)发生经过

2016年1月25日9：36钻进至井深4443.12m处，上提接立柱的过程中，上提至井深4442m处时发现扭矩由9.12kN上升至12.37kN，憋停顶驱，钻具悬重由172t上升至181t，其他参数无明显变化。10：50上提下放活动钻具，活动范围控制在140～216t，强扭至30kN·m无效，钻具卡死，发生卡钻故障。

(三)原因分析

故障是在接单根上提钻具时发生的，根据后期测试可知卡点在扶正器位置，可排除缩径等其他原因造成黏卡的可能性。在卡钻发生过程中，判断为因二叠系掉块落在扶正器位置而导致硬卡。

(四)处理方式与效果

1. 活动钻具尝试解卡

2016年1月25日10：50～26日7：30上提下放活动钻具，控制活动范围为240～80t。带扭活动钻具：强扭控制在10～13圈，扭矩为20～25kN·m。未解卡。

2. 测卡点、爆炸松扣

通过仪器测试得知卡点在扶正器位置，1月26日14：00下爆炸松扣装置到位松扣成功，经测井队验证后，从扶正器母扣倒开，起钻。

3. 组下震击器对扣打捞

27日17：00组下震击器至鱼顶位置4417.64m处，冲洗鱼头，对扣成功；17：38上提钻具至190t，下压至120t，发现钻具震动，悬重由120t上升至184t(原悬重为184t)，震击解卡成功。28日6：00起钻完，捞获全部落鱼，故障解除。

(五)经验教训

1. 地层复杂情况造成卡钻故障的原因分析

(1)该井卡钻是在钻完方入准备接立柱且钻具正在转动的情况下上提钻具的过程中发

生的，从故障处理结果来看，故障是二叠系地层掉块引起的。

(2)从操作过程来看，在上提钻具时，悬重由172t上升至181t，增加了接近10t，遇阻吨位较高，钻具直接卡死，说明操作过程中有不当之处。

(3)钻具未带井下震击器。如果钻具带有震击器，在遇卡后，通过操作，使井下震击器发生作用，或许钻具不会卡死。

2. 处理过程分析

事故发生后，采取活动钻具(上提下放、转动钻具)的措施。在活动钻具无效后，立即采取测卡点、爆炸松扣、下震击器震击解卡的处理方法正确，说明现场人员对事故的原因分析、判断是准确的，最后的处理结果也验证了这一点。对于这种明显的掉块卡钻状况，活动钻具的过程中不要花费时间过长，以免耽误时间；活动钻具几个小时后，就要及时准备下一步工作，如安排测卡车、震击器及时赶到现场等，以便短时间内解除故障。

3. 经验教训

(1)在钻遇破碎易掉块地层时，操作过程中要谨慎，树立防卡意识，上提下放活动钻具的过程中，要控制好速度。发现异常情况，必须采取合理措施后，再继续下一步操作。

(2)钻井液性能维护方面，按照火成岩钻进设计要求，钻井液密度应为1.25g/cm^3，并进一步增加沥青类封堵防塌材料和抑制类处理剂的用量，保证钻井液体系良好的封堵防塌能力和强抑制能力。同时，适当增大钻井液的黏切力，漏斗黏度保持在55～60s，动塑比维持在0.5左右，从而减少钻井液对井壁的冲刷。

(3)临井SHB1－3井在三叠系柯吐尔组4433m和SHB1－6H井在二叠系4629.89m下入扭力冲击器后，均顺利钻穿二叠系，因此，考虑在二叠系英安岩井段前下入扭力冲击器，扶正器进入英安岩后可以有效地修复井壁。通过上述方式，能有效避免因英安岩交界面掉块突然剥落而导致的复杂情况。

(4)在确保井下安全的前提下，应合理控制钻时，接单根时值班干部应上钻台旁站，坚持在打完单根后划眼两遍，上提时速度不能太快，盯好指重表，挂卡不能超过2t，挂卡以下放和倒划眼的方式通过。接单根前，应在确保上提下放畅通无阻后再坐吊卡停泵，执行好“早开泵、晚停泵”的措施。

八、SHB1－5H井巴楚组卡钻

(一)基本情况

四级结构井二开，发生卡钻前，换用PDC＋螺杆钻具组合进尺33.53m，钻进过程中返出的岩屑中含较多二叠系、三叠系掉块。钻进期间，准备上提接单根时发生挂卡，划眼处理井筒，发生故障时井深为5314.11m，卡钻钻头位置为5299.5m处。

1. 钻具组合

Φ250.88mmPDC＋Φ197mm螺杆＋631×410＋Φ177.8mm钻铤×1根＋Φ248mm扶正

器 + Φ177.8mm 钻铤 ×21 根 + Φ127mm 钻杆 ×114 根 +411 × DS550 + Φ139.7mm 钻杆。

2. 钻井液体系与基本性能

采用聚磺防塌钻井液体系：密度为 1.26g/cm^3；黏度为 53s；塑性黏度为 18mPa·s；动切为 7Pa；静切为 2.5Pa/6Pa；pH 值为 9.5；失水量为 3.2L；泥饼厚度为 0.5mm；坂含为 32g/L；固体含量为 11%；含砂量为 0.1%；HTHP 为 9.4mL(120℃)。

(二)发生经过

2016 年 2 月 12 日 14：00 钻进至井深 5314.11m 处准备接单根，上提钻具至井深 5306.92m 处遇阻，悬重由 2200kN 上升至 2300kN，后下放至井深 5309.94m 处，恢复原悬重 2200kN，再次上提至井深 5303.76m 处，悬重由 2200kN 上升至 2546kN，后下放至 5308.82m 处，恢复原悬重 2200kN。

14：30 开泵建立循环，排量为 19L/s，立压为 18.2MPa(正常钻进时排量为 37.4L/s，泵压为 19MPa，钻进期间振动筛返出掉块较多，为二叠系、三叠系掉块)；后开顶驱转动，转速为 30r/min，扭矩为 20～23kN·m，划眼至井深 5309.79m 处憋停顶驱，释放扭矩时钻具倒转。

20：30 泵入稠浆，多次控制吨位在 1100～2600kN 上下活动钻具，对井段 5310～5314.11m 进行反复划眼处理(划眼参数：钻压为 0～50kN，排量为 19L/s，立压为 18.2MPa，扭矩为 20～23kN·m)；至 20：50 逐级上提，悬重由 2200kN 先上升至 2850kN，再下降至 2200kN，将立柱中单根上接头提出转盘面至井深 5310m 处，悬重恢复正常。

20：53 继续带泵上提出中单根，下接头至 5299.5m 处遇阻，悬重由 2200kN 先上升至 3200kN，再下降至 1000kN，下放钻具未脱，活动多次无效，遂发生卡钻故障。

(三)原因分析

(1)钻进期间返出掉块较多，但未引起井队人员足够重视，接单根上提钻具时因发生掉块而造成硬卡。

(2)起钻遇阻时采取的处理措施不当，大吨位超拉(最高上提至 3200kN)是造成卡钻的直接原因。

(四)处理方式与效果

1. 活动钻具尝试解卡

发生卡钻故障后，现场试图采取循环调整泥浆性能、上提下放活动钻具的方式解卡。为防止钻具疲劳损伤，至 23：30 控制吨位为 1100～2600kN，其间井内返出较多掉块(23：30 增加下压吨位至悬重 500kN 无效)。

2. 稠浆携带、活动钻具解卡

2 月 13 日 0：00 吨位控制在 700～2600kN 进行活动，频率为 10 次/h，1：00 泵入

$22m^3$ 稠浆携带井内掉块。为防止掉块造成扶正器憋卡，每间隔 30min 开启顶驱活动钻具，顶驱扭矩为 26kN · m；4：30 稠浆出井，带出井内部分掉块，以二叠系、三叠系掉块为主，继续控制吨位在 1600～2500kN 上下活动钻具，中途每 30min 启动顶驱活动上部钻具。22：00 静压至悬重 1600kN，稳定 5min 后悬重突然回升至 2200kN，后提升排量至 37L/s，立压为 16MPa，故障解除。

(五)经验教训

(1)钻进期间，应根据岩屑返出的实际情况合理控制钻时；接单根前要视岩屑返出情况确定循环时间，并要求值班干部上钻台旁站，执行好“早开泵、晚停泵”的措施。接单根上提钻具时应控制好上提速度，且上提下放钻具的遇卡吨位不能超过 50kN。接单根前，应确保上提下放井眼畅通无阻后再坐吊卡、停泵、接单根。

(2)无论发生何种形式的卡钻，都应采取灵活措施来净化井眼、优化调整钻井液性能，从而为解卡创造条件。该井在处理卡钻时所采取的措施是正确的。

(3)钻井液性能维护方面，应确保沥青类封堵防塌材料和抑制类处理剂的加量充足，保证钻井液体系具有良好的封堵防塌能力和抑制能力。

九、SHB3 井巴楚组卡钻

(一)基本情况

该井为四级结构井，二开以 Φ250. 8mmPDC 的钻头钻进至井深 5385m 处，发生井漏、失返，漏层中泵入堵漏浆，活动钻具时发生卡钻，钻头位置为 5366. 7m 处。

1. 钻具组合

Φ250. 8mmPDC 钻头 + Φ203. 2mm 复合冲击器 + 411 × 630 接头 + Φ203. 2mm 钻铤 × 2 根 + 631 × 410 接头(托盘) + Φ248. 5mm 扶正器 + Φ177. 8mm 钻铤 × 14 根 + Φ165. 1mm 震击器 + Φ177. 8mm 钻铤 × 2 根 + Φ127mmHWDP 钻杆 × 6 根 + Φ127mmDP 钻杆 × 54 根 + 411 × HT550 + Φ139. 7mm 非标钻杆。

2. 钻井液体系与基本性能

采用聚磺防塌钻井液体系：密度为 $1.27g/cm^3$；黏度为 53s；塑性黏度为 22mPa · s；动切为 7Pa；静切为 3Pa/7Pa；失水量为 4. 4mL；泥饼厚度为 0. 5mm；pH 值为 9；含砂量为 0. 2%；固体含量为 12%；HTHP 为 10. 8mL(125℃)；坂含为 36g/L；Cl^- 浓度为 18000mg/L；Ca^{2+} 浓度为 300mg/L。

(二)发生经过

2016 年 9 月 3 日 12：08 钻进至井深 5385m 处，出口流量由 21. 5% 下降至 11. 3%，立压从 20. 42MPa 下降至 19. 82MPa，发生井漏；降低排量钻进，12：30 钻进至井深

5385.57m处，井口失返。13：07上提遇阻，活动至13：15时正常，其间井口无返浆，替堵漏浆并上下活动、低转速转动钻具。至13：25泵入浓度为32%的堵漏浆47.25m^3；14：00上提活动钻具至5364.26m处遇阻，顶驱憋停；14：07上下活动钻具，出口返浆。至14：20上提下放活动钻具，活动吨位为160~230t(原悬重为224t)，震击器失效，强扭至30kN·m后上下活动钻具无效，发生卡钻故障，钻头位置为5366.7m处。

(三)原因分析

(1)在钻进至井深5385.57m处时发生失返性漏失，泵入堵漏浆的过程中一直未返浆，在液面情况无法确定的情况下继续施工(12：30开始失返，14：12开始返浆，其间井口不见液面)。13：07第一次遇阻、憋顶驱，分析认为是液柱压力降低、在扶正器处少量掉块造成了活动钻具遇阻(处理期间随钻震击器工作正常)。14：20钻具卡死，分析认为是井壁剥落掉块被堵漏浆携带上返过程中造成的钻具卡死。该井英安岩段长372m，岩屑硬且致密，多呈块状。

(2)发生失返性漏失后，仅提离井底2根单根就直接采用原钻具打堵漏浆堵漏，且在堵漏浆上提遇阻活动正常后(13：07~13：15)，仍未及时起钻至漏层以上，这是造成卡钻的主要原因。

(3)钻进期间，二叠系钻井液密度为1.25g/cm^3，排量为28L/s，钻穿二叠系后逐渐提高密度至1.27g/cm^3，因而会导致二叠系复漏。加之使用复合冲击器时要求排量增大(30L/s以上)、密度提高，这也是造成二叠系复漏的主要原因。

(四)处理方式与效果

1. 泡解卡剂

9月4日6：00打入解卡剂18.6m^3(配方：9m^3柴油+2t解卡剂WFA-1+0.8t快T)，浸泡井段为5185~5385.57m(全部钻铤井段)，水眼内预留10m^3，每小时顶通水眼，然后间断上下活动钻具，活动吨位为100~230t，活动范围为5362~5367m，未解卡。

2. 大幅度活动钻具尝试解卡

5日0：10坐钻杆卡瓦下放钻具至悬重144t(原悬重224t)，第一次正转15圈，扭矩为46kN·m，释放扭矩，回转13圈；第二次正转20圈，扭矩为54kN·m，释放扭矩，回转19圈；第三次正转21.5圈，扭矩为57kN·m，释放扭矩，回转21.5圈；第四次正转25圈，扭矩为64kN·m，释放扭矩，回转24圈。然后大幅度上下活动钻具，活动吨位为60~300t，活动范围为5360~5369m，仍未能解卡。

3. 地面震击解卡未果

5日11：00组合地面震击器震击，第一次由悬重50t上提至60t后下击一次，后调节下击吨位；第二次由悬重50t上提至100t后下击一次；第三次由悬重50t上提至120~130t，震击器拉伸但不震击。反复尝试后仍无法正常工作，下压震击器心轴后不能复位。

4. 测卡点、爆炸松扣

测得卡点位置为5222.81m处，震击器第一根钻铤及以上未卡，第二根钻铤及以下钻具卡死。第一次下爆炸松扣装置至扶正器上第四根钻铤和第五根钻铤的接头处，爆炸松扣不成功；第二次下爆炸松扣装置至震击器下第一根钻铤和第二根钻铤的接头处(测得卡点位置)，爆炸松扣不成功；第三次下爆炸松扣装置至震击器和第一根钻铤的接头处，坐卡时悬重222t，爆炸松扣不成功。

5. 第二次泡解卡剂

8日12：00第二次泵入解卡剂19.4m^3，浸泡全部钻铤；至21：00间断上下活动钻具，活动吨位为80～260t，未解卡。

6. 第二批次测卡点

通过4次测卡点，测得卡点位置为4547m处。为核对卡点准确位置，由第三方进行测卡施工。9日12：00再次测卡点，测得卡点位置为4569m处，层位为二叠系，岩性为英安岩。

7. 泡解卡剂、震击、爆炸松扣

9日17：30替解卡剂至卡点附近浸泡(浸泡井段4390～4815m)；10日4：00安装方钻杆后，施加正反扭矩上下活动钻具，正扭矩50kN·m，反扭矩35kN·m，活动吨位为30～180t，卡点位置无变化；12：00接地面震击器后，震击22次，初始震击吨位30t，最大震击吨位80t，未解卡；进行第六次测卡点，至23：00测得卡点位置为4569m处，卡点位置不变；至9月11日4：00下放爆破杆至爆炸松扣点4560m处，点爆后，上提至悬重185t，反转7圈，扭矩值由15kN·m降至1.4kN·m，上提3m，悬重保持不变，爆炸松扣成功。落鱼长804.09m，理论鱼顶位置为4559.91m处。

8. 下震击器尝试震击解卡，回填打水泥塞

12日6：30第一次下震击钻具实探鱼顶位置为4562.32m处；对扣成功后活动钻具震击，活动吨位为100～220t，下击器未工作，超级震击器震击两次后失效；13日2：00倒扣后起钻，发现倒扣位置在Φ177.8mm加速器上部第一根Φ127mm加重钻杆母扣位置，震击器未取出。14日13：30下钻对扣后再次倒扣；2：00起钻完后，检查倒扣位置在开式下击器与安全接头连接的公扣处；16：30下第二次组全新震击器钻具至鱼顶处，且对扣成功；18：30震击25次(震击器正常)，没有明显效果，且开泵立管压力逐步憋至18.5MPa，水眼无法顶通；19：00接到批复回填侧钻，结束故障处理。

(五)经验教训

1. 造成卡钻故障的原因分析

(1)此次故障是在钻进过程中处理井漏时发生的。发生漏失后，采取降排量继续钻进的做法是不可取的，应该立即采取堵漏措施。该井在继续钻进后，漏失加重，井口失返。在注堵漏浆后上提钻具的过程中，钻具卡死，可见对井漏的处理不当是导致故障发生的主要原因。

(2)在钻进过程中发生井漏，在堵漏过程中发生卡钻，有时是由钻具静停吸附卡所致，也可能是掉块所致。如果是掉块所致，应考虑第一时间上提下放，活动钻具和用震击器震击，如仍不能解卡，可采用泡解卡剂，并考虑测卡点、爆炸松扣。如果是吸附卡所致，应第一时间泡解卡剂，再进行测卡点、爆炸松扣。

2. 经验教训

(1)在顺北区二叠系及以下地层施工中发生井漏，首先应考虑二叠系复漏的可能性较大，须根据漏速确定合理的堵漏措施，漏失严重至失返的情况下应立即起钻至二叠系以上井段，起钻过程中环空灌浆应保持较高的液面。若静止观察后不能建立循环，则应起钻下光钻杆 + 铣齿钻头下钻堵漏。

(2)钻进过程中发生漏失后，在进行处理时，一定要树立防卡意识：一是钻具要提至安全位置；二是在注堵漏浆的过程中，一定要转动钻具，不要静停，防止黏吸。发现有遇阻现象时，要慎重操作。

(3)顺北区块二叠系存在漏失、掉块等多种风险，选择钻具组合时要考虑随钻堵漏浆钻进技术、长裸眼防卡等问题，目前常规钻具组合有待优化。

(4)二叠系防漏方面，在进入二叠系之前应加入随钻堵漏材料，合理控制水力参数；发生漏失后(未失返)，采用随钻堵漏技术，使用随钻堵漏浆钻进，建议钻穿二叠系 200m 以后筛除随钻堵漏浆。

(5)钻井液性能维护方面，应进一步增加沥青类封堵防塌材料和抑制类处理剂的用量，保证钻井液体系良好的封堵防塌能力和强抑制能力。

十、SHB5 -7 井三叠系垮塌卡钻

(一)基本情况

四级结构井二开，2018 年 7 月 20 日 13：45 钻进至 4653.49m 处失返(进入二叠系 82.49m)，经过堵漏浆、化学固结堵漏，在循环无漏失后起钻更换牙轮钻头准备扫塞。发生故障时井深为 4653.49m，卡钻钻头位置为 4466.07m 处。

1. 钻具组合

Φ311.2mm 牙轮钻头 + 730 × 630 双母 + Φ241.3mmDC × 2 根 + 731 × 630 接头 + Φ203.2mmDC × 9 根 + Φ203.2mm 震击器 + 631 × 520 + Φ139.7mmHWDP × 15 根 + 521 × HT550 + Φ139.7mmDP。

2. 钻井液体系与基本性能

采用钾胺基聚磺钻井液体系：密度为 1.25g/cm^3；漏斗黏度为 53s；塑性黏度为 20mPa · s；动切为 5Pa；静切为 2Pa/4.5Pa；API 失水量为 4.8mL；泥饼厚度为 0.5mm；HTHP 为 11.6mL(120℃)；泥饼厚度为 1.5mm；pH 值为 9；K^+ 浓度为 15200mg/L；膨润土含量为 32kg/m^3；固体含量为 10%；含砂量为 0.1%；泥饼黏滞系数为 0.092。

(二)发生经过

2018年8月8日18：25冲划至井深4478.21m处(柯吐尔组)时接立柱，停泵后有倒返浆现象，遂采用小排量4L/s试顶通，立管压力为3.61MPa，未顶通；停泵后，立压不降，分析为钻头水眼堵；至18：40上提下放活动钻具，悬重为1800~2200kN，立压不降。至18：45放回水，甩立柱后，加一个单根；至19：28采用小排量4L/s试顶通，立管压力为3.61MPa，仍未顶通；上提活动钻具至4465.15~4466.07m井段(三叠系柯吐尔组)时，悬重由2071.53kN先下降至1993.46kN，后上升至2112.60kN，发生卡钻故障。

(三)原因分析

(1)卡钻后，最开始用稠浆携带出的掉块为磨圆的掉块，掉块为三叠系深灰色泥岩、灰黑色炭质泥岩、水泥块等，且掉块较大，最大尺寸约为1.5cm×2.0cm，判断为环空内岩屑掉块引起的卡钻(稠浆携带掉块见图1-1)。

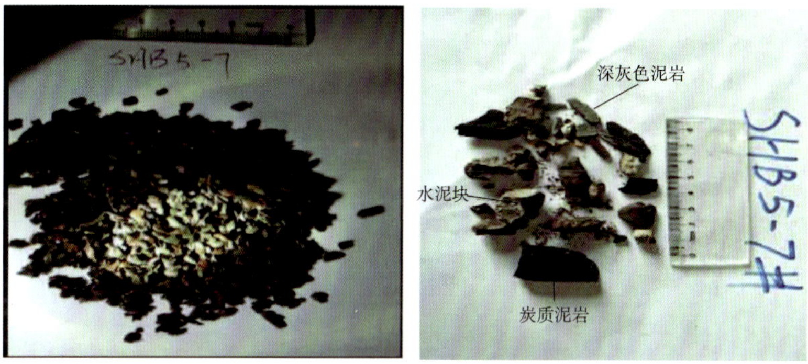

图1-1 稠浆携带掉块实物图

(2)测井曲线显示阿克库勒组4029~4205m井段扩径严重，最大井径扩大率为83.3%。三叠系井壁掉块剥落严重，形成了“大肚子”井眼。三叠系钻进期间，抗温类材料总量为3.65%，沥青类防塌剂加量为2.2%，KCl加量为3%(未计算消耗量)，钻井液抗温类材料与防塌材料加量偏少，钻井液防塌性能不高、护壁性不足。划眼期间，“大肚子”井眼内有岩屑掉块冲出，环空岩屑浓度高，停泵后有倒返浆情况。加完立柱后小排量开泵(3.61MPa)，未能开通，分析认为是倒返浆岩屑掉块进入钻头水眼导致开不了泵。

(3)自18：25开泵未顶通，至19：28开泵成功，间隔时间为1h，环空中混杂的岩屑掉块、化学固结浆水泥块下沉并堆积在钻铤、钻头处造成卡钻。处理过程中，使用震击器上击、下击，大吨位活动钻具，泡解卡剂，均没起到解卡效果，因此判断不是只有大块卡在钻头位置，Φ244.5mm钻铤与环空间隙部分也可能被堵塞。

(四)处理方式与效果

1. 上下活动钻具，配合使用震击器、稠浆携带

悬重范围为1600~2400kN(原悬重为2040kN)，配合强扭钻具14圈，带扭矩活动钻

具，最小下放至60t，最大上提至230t，震击器上击10次、下击54次，仍未解卡。其间打入稠塞3次，分别为$30m^3$、$25m^3$、$25m^3$(密度为$1.25g/cm^3$，黏度为滴流)。

2. 泡解卡剂

9日23：05泵入密度为$1.25g/cm^3$解卡剂$17.82m^3$(配方：$11m^3$柴油+1.85t杨氏解卡剂WFA-1+$9m^3$清水+10t加重剂)，浸泡井段为4443~4465m全裸眼段；浸泡至10日21：00，带扭30kN·m活动钻具(吨位为60~200t)，使用震击器下击39次，全井累计上击83次，下击192次，仍未解卡。

3. 倒扣、回填侧钻

10日21：35尝试反转活动钻具，上提至210t(钻具原悬重204t)，尝试将反转圈数由5圈(15kN·m)提至7圈(20kN·m)，再提至14圈(32kN·m)。14圈时悬重突然下降至192t，立压由12MPa下降至9MPa，上提活动钻具，悬重保持192t不变，落鱼顶位置为4425.6m处，落鱼长度为39.4m，接到批复回填侧钻。

(五)经验教训

(1)根据故障处理及后期通井情况可知，三叠系井段井径扩大率大，三叠系失稳现象严重，下一步钻进过程中要提高钻井液的抑制能力及防塌能力，防止三叠系垮塌，为后期施工提供好的井眼状况。

(2)钻具水眼出现停泵倒返浆的情况，一般是井眼环空岩屑浓度大，停泵后钻具水眼钻井液密度小于环空钻井液密度所致；或者是井眼存在“大肚子”积存岩屑，在停泵后失去了动态的平衡，堆积在井眼“大肚子”位置的岩屑下沉所致。因此，提高井眼的净化程度至关重要。

(3)应及时通过稠浆循环将环空中岩屑掉块返出后再进行下一步作业，通过这一措施，还可以避免出现因岩屑掉块导致的钻具水眼倒返及堵水眼现象。

十一、SHB5-8井二叠系卡钻

(一)基本情况

四级结构井二开，前期二叠系钻进发生漏失，更换常规钻具组合进行堵漏，下钻划眼遇阻，故障时井深为4660.58m(二叠系)，卡钻钻头位置为4632m处。

1. 钻具组合

Φ311.2mm混合钻头+630×730+228.6mm钻铤×2根+731×630+Φ203.2mm钻铤×9根+柔性短节+随钻震击器+631×520+Φ139.7mm加重钻杆×6根+521×NC520+Φ127mm非标钻杆。

2. 钻井液性能

采用钾胺基聚磺钻井液体系：密度为$1.24g/cm^3$；黏度为50s；塑性黏度为18mPa·s；

动切为 5Pa；初/终切为 3Pa/6Pa；坂含为 30g/L；Cl^- 浓度为 24000mg/L；API 失水量为 4.8mL；pH 值为 9.5；固体含量为 9%；含砂量为 0.2%；K^+ 浓度为 15000mg/L。

(二)发生经过

2018 年 5 月 24 日 6：08 钻进至井深 4660.58m 处发生井漏，至 6：12 循环验漏，井口失返，小排量循环验漏，井口不返浆，起钻至井深 4045m 处，打堵漏浆 $30m^3$(浓度为 26%)；起钻完(漏速为 $0.62m^3/h$)，甩螺杆、扶正器简化钻具组合。27 日 7：00 下钻至井深 4500m 处循环(漏速为 $1m^3/h$)；17：40 划眼至井深 4658.58m 处，井漏失返，开泵上提钻具遇卡；18：06 开泵上下活动钻具，钻具活动开(井口不返浆)；22：30 泵入浓度为 30% 的堵漏浆 $25m^3$ 并替浆到位。28 日 5：00 打重浆起钻至井深 3900m 处静止堵漏；至 16：30 上调全井堵漏浆浓度至 18% 后循环堵漏；19：30 下钻至井深 4210m 处；23：00 划眼至井深 4230m 处。29 日 0：30 下钻至井深 4630m 处；2：12 划眼至井深 4655.34m 处发生井漏，出口流量由 26.8% 降至 19.66%，之后降排量(由 30L/s 下降至 23L/s)循环观察；至 2：16 井口失返，带泵上提钻具至 4632m 处遇卡。至 29 日 6：00 不间断带泵上下活动钻具，遇卡点上移至 4620m 处，下放畅通；经过长时间上下活动钻具且无法通过后，于 8：00 放至原悬重(175t)开顶驱倒划眼，扭矩由 4kN·m 上升至 24kN·m；顶驱憋停，释放扭矩后，钻具上下活动无效，钻具卡死(最大上提吨位为 240t，下压吨位为 100t，钻具原悬重为 175t)。

(三)原因分析

(1)二叠系下钻划眼期间发生失返性漏失，二叠系井漏失返后环空液柱压力下降，导致三叠系井壁失稳垮塌，是此次卡钻的主要原因。

(2)井漏后泵入浓度为 35% 的堵漏浆 $30m^3$，全井堵漏材料加到 18%，其间井口始终未返浆，停泵立压为 4.1MPa(不回零)，说明井眼环空不畅，起钻遇卡点不断上移。可见是堵漏材料导致了井眼形成虚泥饼。

(四)处理方式与效果

1. 活动钻具尝试解卡

故障发生后，以上下活动钻具为主，活动范围为 100～240t，未解卡。

2. 泡解卡剂

5 月 31 日泡解卡剂，配方：$15m^3$ 柴油 + $3m^3$ 水 + 3t SR301 + 2t 快 T。加重至密度为 $1.25g/cm^3$，泡油井段为 4530～4632m，其间活动钻具并间断性施加扭矩，试解卡无效。

6 月 1 日第二次泡解卡剂，配方：$24m^3$ 柴油 + $5m^3$ 水。泡油井段为 4530～4632m，其间活动钻具并间断性施加扭矩，解卡仍无效。

3. 爆炸松扣，回填侧钻

测得卡点位置为4588m处，爆炸松扣成功，起钻完检查落鱼长度为39.54m，鱼顶位置为4590m处，接到批复打水泥塞回填侧钻。

(五)经验教训

(1)应加强培训，提高现场人员操作水平。复杂井段须谨慎操作，发生漏失后若是失返，则在降低排量仍然不返的情况下，不得长时间低排量循环，而应该立即起钻，下入光钻杆或专门的堵漏钻具进行堵漏。

(2)堵漏后下钻或者划眼时，要分段循环泥浆，保证上部井眼清洁、稳定后再进行下一步施工。

(3)对于二叠系等易发生井漏的层位，应做好充分的准备工作，提前准备充足的泥浆和堵漏材料，确保在发生井漏等复杂情况时能及时采取有效的处理手段。

(4)当二叠系发生井漏失返时，堵漏前应先验证上部井筒的稳定性，再在漏层之上的安全井段进行打堵漏浆作业。

十二、SHB53X井二叠系卡钻

(一)基本情况

该井为四级结构井，二开使用Φ333.38mmPDC钻头带0.5°弯螺杆钻进至井深4480.51m处时发生漏失，平均漏速19.32m^3/h，更换钻具组合下钻，下至井深4466m处发生卡钻(三叠系钻进期间钻井液密度为1.17～1.23g/cm^3)。

1. 钻具组合

Φ333.38mmPDC＋Φ244.5mm直螺杆＋Φ228.6mm钻铤×1根＋731×630＋Φ330mm扶正器＋Φ203mm钻铤×2根＋631×520＋Φ190.5mm钻铤×9根＋521×630＋Φ203mm随钻震击器＋631×520＋Φ190.5mm钻铤×3根＋Φ139.7mm钻杆。

2. 钻井液性能

采用钾胺基聚磺钻井液体系：密度为1.22g/cm^3；黏度为47s；塑性黏度为20mPa·s；动切为6Pa；静切为2Pa/4Pa；API失水量为4.0mL；泥饼厚度为0.5mm；pH值为9.5；含砂量为0.1%；固体含量为8%；坂含为28g/L；K^+浓度为16000mg/L；Cl^-浓度为24000mg/L；HTHP为11.2mL(120℃)。

(二)发生经过

2018年3月31日18：00使用0.5°弯螺杆钻进至井深4480.51m处(进入二叠系249.51m)，岩性为英安岩，此时发生漏失，排量为34L/s，平均漏速为19.32m^3/h；此后逐渐降排量循环验漏，排量由23L/s下降至20L/s，平均漏速为5.93m^3/h。泵入浓度为

20%的堵漏浆12m^3，替浆48m^3，排量为20L/s，注替过程中共漏失泥浆14.44m^3，平均漏速为17.32m^3/h。21：45起钻至4263m处，开泵逐渐提升排量循环验漏，排量由6L/s提升至23L/s，循环无漏失。下钻至4450m处遇阻，排量由7L/s提升至20L/s并冲划至4460m处，扭矩增大了10~15kN·m，无漏失；再次提排量至23L/s，发生漏失，漏速为13.8m^3/h，逐渐降排量(由23L/s下降至10L/s)；此后循环观察，发现返浆量变少，漏失泥浆13.38m^3，漏速为20.07m^3/h。倒划眼上提钻具至4445.45m处，泵入浓度为20%的堵漏浆25m^3，然后起钻更换钻具组合，起下钻过程无漏失。4月3日7：30组下PDC+直螺杆+扶正器，下钻至井深3250m处返浆正常，排量为32L/s，循环无漏失；下钻至井深3612m处遇阻开始划眼，排量为34L/s，无漏失。4月4日17：05排量为27L/s，循环划眼至井底，发生漏失，漏速为12.54m^3/h，降低排量至10L/s进行循环，漏速为11.7m^3/h；17：15开始泵堵漏浆，排量为16L/s，泵压为5.5MPa，注堵漏浆的过程中，漏速逐渐增大；17：50堵漏浆注入31.3m^3时井口发生失返；至18：00上提钻具，钻头位置从4468m处上提至4457m处时，转速由40r/min降至0，扭矩由6.5kN·m升至20kN·m，顶驱憋停，悬重从218t上升至230t，钻具遇卡；21：00上下活动钻具，尝试震击解卡，钻具活动吨位为60~240t，钻具活动范围为4457~4468m；22：00下压钻具至悬重80t，悬重恢复至原悬重(218t)，钻具解卡。

5日0：00上下活动钻具，活动范围为4460~4470m，上提摩阻为20t，下放摩阻为30t，因井漏无法倒划，地面抢配泥浆；至8：00继续活动钻具，活动范围为4450~4470m，其间间断开泵，泵冲为25次/min，泵压为7MPa，高架槽不返泥浆，顶驱可连续转动，转动扭矩为30kN·m，活动钻具摩阻逐渐增大，上提摩阻增至32t，下行摩阻增至58t；至10：00控制吨位在60~240t并上下活动钻具，摩阻持续增大，顶驱无法转动，判断为钻具卡钻(累计漏失泥浆140m^3)。地面钻井液储备为1.22g/cm^3×90m^3，现场未储备堵漏浆。

(三)原因分析

(1)进行堵漏作业前未对上部井段进行短起下处理，打堵漏浆前也未起至安全井段。在井底注堵漏浆及替浆时，堵漏浆出水眼后进入环空堆积，造成环空不畅。由此可见，堵漏措施不当是引发卡钻故障的主要原因。

(2)三叠系钻进时钻井液密度(1.19~1.22g/cm^3)偏低，造成井壁剥落环空不畅，后期开泵不通(排量为9L/s，泵压最高升至9MPa)，岩屑下沉堆积在扶正器及钻头处。根据后期井径曲线显示可知，T1k地层平均井径都在15in(1in=0.0254m)左右，其中，4025~4231m井段最大井径为18.1in，井径扩大率为30.53%，扩大较严重。

(3)地面储备浆不足，倒划期间泥浆供应不足，导致抢配泥浆期间仅能活动钻具，失去了处理复杂情况的最佳时机。

(4)堵漏前未简化钻具组合，钻具组合中带螺杆和扶正器，岩屑下沉堆积在扶正器及钻头时，无法进行倒划眼作业。这也是引发卡钻故障的原因之一。

(四)处理方式与效果

1. 活动钻具、震击解卡

2018年4月4日18：05～19：00，通过上提下放活动钻具，尝试解卡，活动吨位为60～230t，钻具未解卡。4日19：00～21：00通过大吨位下放钻具下压钻具至80t，悬重从80t上升至218t，恢复原悬重，开泵后高架槽不返浆，顶驱可以转动。按160～248t活动钻具，活动范围为4457～4474m井段，其间间断开泵，泵冲为25次/min，高架槽不返泥浆，上提摩阻增至32t，下行摩阻增至58t，下压可压至井底4480.51m处。通过使震击器反复上下震击，令钻具缓慢上行至4443.31m处。

2. 测卡点、爆炸松扣、人工倒扣

前期的4次爆炸松扣均未在设计位置倒开，10日进行第五次爆炸松扣，炸点位置为4309m处，起出钻具后发现在4054.87m处倒开。

3. 反扣钻杆打捞

14日组下反扣打捞钻具组合，冲洗鱼头对扣成功，上提悬重至224t，反转34圈，悬重由224t下降至184t，位置不理想；再次对扣紧扣，缓慢上提悬重至280t，钻具上行，起钻检查时起出落鱼(27根Φ139.7mm钻杆)，落鱼长度为161.75m，理论鱼顶位置为4310.59m处。

4. 通井、套铣

16日13：30下常规钻具通井，鱼头位置为4311.86m处，排量为43～44L/s，震动筛处返砂较多，多为三叠系井段掉块。下入套铣钻具组合，套铣过程中因钻铤紧贴井壁，套铣进度缓慢，扭矩异常，套铣困难。20日17：00接到批复填井侧钻，故障处理结束。

(五)经验教训

1. 井眼复杂造成故障的原因分析

(1)从故障发生的经过来看，是由于注入堵漏浆后不能建立正常循环，导致环空堵漏材料、岩屑堆积，加之螺杆钻具组合不适用，最终导致卡钻。

(2)在上一趟钻发生井漏后进行了堵漏，起下钻遇阻严重，对于这样的井眼条件，现场人员没有予以足够的重视。起钻后，没有简化钻具，而是仍然下入带螺杆的钻具，给故障的发生埋下了隐患。

(3)在井漏失的情况下，循环划眼到井底，注入堵漏浆，井口失返，在上下活动钻具时被卡，通过活动钻具、震击后接卡。之后5日0：00～10：00，由于地面抢配泥浆，一直在活动钻具，起初顶驱尚能转动，随后阻力增大，顶驱转不动，导致钻具被卡死。从这一过程来看，在应对井内复杂情况时，工作措施不到位，也是造成故障发生的原因。在这种情况下，现场人员应该认识到井眼的复杂性，在第一次钻具被卡且通过活动震击解卡后，应采取起钻措施，简化钻具，不应用10h活动钻具，井内长时间的不循环，必将导致井眼环空不畅。

2. 故障处理分析

在此次故障发生过程中，直接采取测卡点、爆炸松扣和倒扣处理的措施是正确的。但在爆炸松扣环节，由于经验不足，先后进行了5次爆破，花费时间过长。

3. 经验教训

(1)三叠系井段井壁不稳定、易垮塌，应提前调整好泥浆性能，做好体系转型工作，确保K^+含量充足。建议三叠系钻井液密度不低于1.23g/cm。二叠系井段钻进易漏失，在揭开漏层前应充分循环好钻井液，提前补充一定浓度的随钻堵漏材料，确保泥浆的封堵、防塌性能。

(2)通过此次故障可知，现场人员对二叠系复杂情况重视程度不够，安全意识薄弱，存在冒进的操作：进行堵漏作业前未对上部井段进行短起下处理，没有将上部地层井眼处理通畅；打堵漏浆前也没有起至安全井段。

(3)应按要求在钻至二叠系前准备好高架罐，地面储备浆和堵漏材料也应提前准备，确保钻遇二叠系发生井漏时能及时处理。

(4)二叠系发生井漏后，应该起钻简化钻具，然后对二叠系进行堵漏和过渡钻进。

(5)在打堵漏浆施工的过程中(钻头在漏层以下)，若漏失量逐渐增大甚至失返，应立即停止堵漏作业并抢起钻具，防止堵漏浆出裸眼后堆积造成卡钻。

十三、SHB5－7井二叠系卡钻

(一)基本情况

该井为四级结构井，二开钻至井深4931.07m处发生卡钻，通过活动钻具、震击器震击解卡。恢复钻进后，钻至井深4932.30m处又发生卡钻。

1. 钻具组合

Φ311.2mmPDC＋730×630双母接头＋Φ241.3mmDC×2根＋731×630接头＋Φ203.2mmDC×4根＋8in震击器＋631×520接头＋Φ139.7mmHWDP×6根＋521×HT550接头＋Φ139.7mm非标钻杆。

2. 钻井液体系与基本性能

采用钾胺基聚磺钻井液体系：密度为1.25g/cm^3；漏斗黏度为54s；塑性黏度为24mPa·s；动切为6Pa；静切为2Pa/6Pa；API失水量为4.0mL/0.5mm；pH值为9.5；K^+浓度为15400mg/L；膨润土含量为34kg/m^3；固体含量为10%；含砂量为0.1%；泥饼黏滞系数为0.0963。

(二)发生经过

2018年9月20日18：03钻进至井深4931.07m处，顶驱憋停，上提至238t(原悬重为

208t）未提开，下压20t震击器后震开，之后倒划眼、正划眼悬重、扭矩恢复正常；18：57恢复钻进；19：33钻进至井深4932.30m处，顶驱憋停，扭矩由6.8kN·m先上升至9.2kN·m，后下降至1.2kN·m，转速由79r/min先上升至82r/min，后下降至43r/min。释放扭矩后，上提活动钻具时遇阻卡，上提最大吨位为240t（原悬重为208t），钻具卡死。

（三）原因分析

（1）卡钻之前遇阻，震击后恢复正常，划眼正常后恢复钻进。在钻进过程中产生的较大掉块卡在钻头刀翼处，造成卡钻。

（2）在出现第一次憋停顶驱之后采取的措施不当，在未验证井眼稳定性的情况下继续钻进，是导致故障的主要原因。

（四）处理方式与效果

采用稠浆携带、震击器震击解卡的方式。使用震击器震击，活动吨位为85～266t，其间两次分别泵入$20m^3$、$15m^3$稠浆携带。带正扭矩30kN·m活动钻具，紧扣，活动吨位为40～210t，使用震击器上击5次、下击12次，累计上击150次、下击36次；带正扭矩37kN·m活动钻具，吨位为80～210t，使用震击器上击31次、下击5次，累计上击186次、下击41次；带正扭矩37kN·m活动钻具，吨位为40～210t，使用震击器上击32次、下击11次，累计上击187次、下击47次；带正扭矩40kN·m活动钻具，紧扣，吨位为85～266t，使用震击器上击17次、下击12次，累计上击204次、下击59次，将悬重上提至255t，震击器上击，悬重由255t下降至208t（原悬重为208t），尝试转动10圈（20kN·m）未扭开；再次将悬重上提至258t，悬重由258t下降至208t，上提3m，悬重保持208t不变，转动顶驱正常，泵压正常，震击解卡成功，上提钻具至井深4918m处，累计上击205次、下击59次。

（五）经验教训

1. 造成故障的原因分析

（1）在钻进过程中循环正常的情况下突然发生卡钻，一般认为是掉块卡钻，所以应充分利用井下随钻震击器震击，并活动钻具，直至解除故障。该井现场人员的思路、办法是正确的。

（2）在第一次发生卡钻后，现场人员通过活动钻具、震击器震击解卡，观察上提下放、转动正常后便继续钻进，可见没有对井内掉块予以足够重视，导致了第二次卡钻的发生。

2. 经验教训

（1）禁止盲目追求进尺，解除掉块阻卡复杂情况后，应及时验证上部井段的稳定性，分析导致阻卡复杂情况的原因，并准备好应对措施。

（2）玄武岩井段钻进期间按照“打一退二”的方式，每钻进1～2m便倒划眼验证井眼稳定情况，并破碎大尺寸的玄武岩掉块。

(3)根据所钻地层的岩性，观察携砂效果，调整泥浆性能，并定期使用稠浆携带掉块，将上部井眼的掉块及时携带至地面。

十四、SHB5－10井巴楚组辉绿岩卡钻

(一)基本情况

该井为四级结构，三开钻进时发生卡钻，前期正常钻进，故障井深为5277.01m，卡钻钻头位置为5277.01m处。

1. 钻具组合

Φ215.9mmPDC＋0.5°Φ172mm螺杆＋无磁钻铤＋无磁悬挂＋Φ212mm扶正器＋Φ158.8mmDC×18根＋Φ127mmDWP×14根＋Φ127mmDP＋Φ139.7mmDP。

2. 钻井液体系与基本性能

采用钾胺基聚磺防塌钻井液体系：密度为1.35g/cm^3；黏度为52s；塑性黏度为24mPa·s；动切为6Pa；静切为2.5Pa/9.5Pa；失水量为3.6mL；泥饼厚度为0.5mm；pH值为9.5；HTHP为10mL(120℃)；固体含量为11%；含砂量为0.1%；Cl^-浓度为100324mg/L；K^+浓度为16000mg/L；坂含为35g/L。

(二)发生经过

2018年6月16日11：47钻进至5277.01m处，停顶驱准备上提钻具，上提钻具遇卡，悬重由197t上升至213t(原悬重197t)，下放无法放开，后再次上提至220t，钻具仍未提开；开泵排量为16.5L/s，泵压为15MPa，明显高于正常循环泵压(打钻时排量为30L/s，泵压为20MPa)；顶驱可正转，扭矩为20kN·m(正常为11kN·m)，停顶驱开泵钻具倒转，至12：20活动钻具未开，发生卡钻故障。

(三)原因分析

(1)开泵后顶驱存在反扭矩，顶驱可正转，判断为钻头硬卡。

(2)卡钻后使用稠浆循环洗井，返出少量辉绿岩掉块，钻进期间钻井液密度为1.35g/cm^3，该密度无法对辉绿岩段井壁稳定起到有效的物理支撑作用，上提钻具时，辉绿岩掉块堆积在钻头处导致硬卡。

(四)处理方式与效果

1. 活动钻具

6月16日11：47发生卡钻后，至18日2：00以上下活动钻具为主，活动吨位为160～240t，处理卡钻期间未停泵，循环泵压为15～22MPa，每次钻具上提及下放静止5min，并

间断性地转动顶驱施加扭矩，扭矩变化范围为 20～35kN·m。其间使用稠浆大排量循环，振动筛返出少量辉绿岩。

2. 泡酸

18 日 4：00 泵入浓度为 20% 的盐酸 4.4m^3（顶替至酸入环空 1m^3，高度为 59.52m）；10：00 泡酸活动钻具，无法解卡（每小时顶水眼 0.5m^3，钻具活动吨位为 60～300t，顶驱自重为 28t）；12：00 排酸，持续上下活动钻具（活动吨位为 60～300t），未能解卡。

3. 活动钻具解卡

18 日 12：00 排酸结束后上下活动钻具（活动吨位为 60～300t），至 19 日 10：30 上提活动钻具至 300t 时吨位突降至 197t（钻具原悬重），钻具解卡（排量为 30L/s，泵压由 20.5MPa 下降至 20MPa）。

（五）经验教训

1. 故障原因及处理分析

（1）在正常钻进时，上提钻具遇阻卡，且直接将钻具卡死，由此可以看出，卡钻是由掉块造成的，但直接将钻具卡死这一情况与操作有关。在上提钻具遇阻 16t 前，如果提前发现此种遇阻现象（遇阻吨位不超 5t），应立即下放解除，在接方钻杆循环使井眼畅通后，再恢复钻进，就会避免将钻具卡死。

（2）对于掉块卡钻，该井现场人员先采取活动钻具的措施（如果钻具带有井下震击器则效果会更好），后通过泡酸对掉块进行消化，活动解卡。所采取的处理方法是有效的。

2. 经验教训

（1）三开井段，井壁稳定性差，钻进期间应在钻具组合中加入随钻震击器，从而提高处理阻卡复杂情况的效率。

（2）根据邻井资料可知，邻井在巴楚组钻遇辉绿岩侵入体，现场人员未对此予以足够重视。应加强对区块地质资料的认识，落实好辉绿岩防卡措施。

（3）钻进期间，钻井液密度在满足井下要求的前提下应尽量按设计上限设置，从而确保泥浆悬浮力和其对井壁的支撑性。

（4）出现扭矩等参数异常或憋钻现象时，应及时采用重稠浆携带的方式，保证环空畅通。

十五、SHB51X 井柯坪塔格组卡钻

（一）基本情况

该井为四级结构井，三开前期每钻进 0.5～1m，上提倒划眼，扭矩波动较大，用稠浆洗井返出部分掉块。发生故障时井深为 6400m，卡钻钻头位置为 6393.73m 处。

1. 钻具组合

Φ215.9mm SK516S＋双母＋单流阀＋Φ165.1mm 钻铤×2 根＋Φ212mm 扶正器＋4A11×

410 无磁钻铤 + 定向短接 + 411 ×4A10 + Φ165.1mm 钻铤 ×13 根 + 4A11 ×410 + Φ127mm 加重钻杆 ×9 根 + Φ127mm 钻杆 + 411 ×520 + Φ139.7mm 钻杆。

2. 钻井液体系与基本性能

采用钾胺基聚磺防塌钻井液体系：密度为 1.37g/cm^3；黏度为 50s；塑性黏度为 23mPa・s；动切为 9Pa；静切为 2Pa/7Pa；pH 值为 9；失水量为 3.0mL；泥饼厚度为 0.5mm；HTHP 为 10mL/1mL(120℃)；坂含为 45g/L；固体含量为 14%；含砂量为 0.1%；Cl^- 浓度为 30871mg/L；Ca^{2+} 浓度为 280mg/L；K^+ 浓度为 25000mg/L。

(二)发生经过

2018 年 1 月 2 日 17：00 三开钻进至井深 6400.00m 处，转速由 74r/min 下降至 0，扭矩由 11.2kN・m 上升至 24.4kN・m，顶驱憋停。17：01 ~ 17：07 上提倒划眼至井深 6397.73 ~ 6399.82m 井段，上提钻具遇阻(悬重由 172t 上升至 183t 再上升至 244.6t)，顶驱憋停(转速由 44r/min 下降至 0)。在悬重 60 ~ 250t 范围内活动钻具(原悬重为 225t)，间断性地转动顶驱，扭矩为 27 ~ 30kN・m，钻具活动未开，发生卡钻故障。

(三)原因分析

(1)该井自井深 6328m 处进入柯坪塔格组，井段为 6328 ~ 6400m，视厚度为 72.00m，岩性为浅灰色细粒岩屑石英砂岩夹棕褐色泥岩，录井描述仅有 2m 的泥岩夹层。从钻具黏附的掉块(5700m 处)和钻具水眼内带出的掉块(6355.18m 处)来分析，柯坪塔格组井壁脱落产生的大尺寸掉块，是造成硬卡的主要原因。

(2)该井在卡钻前钻进过程中多次发生憋停顶驱现象，用稠浆洗井也返出了部分掉块。但施工方未能充分认识到井下掉块卡钻的风险，未采取有效手段抑制井壁掉块，导致井壁掉块后发生卡钻。

(四)处理方式与效果

1. 大幅度活动钻具

在悬重 60 ~ 230t 范围内活动钻具，按原悬重(225t)间断性转动顶驱，扭矩保持为 25 ~ 30kN・m。其间使用稠浆携砂，无较大掉块返出，未能解卡。

2. 爆炸松扣

2018 年 1 月 4 日 6：00 测卡车到井，打封闭浆，封闭井段为 5900 ~ 6400m；下电缆至爆炸松扣处(井深 6355.18m)，点火 3 次，爆炸松扣未成功；22：00 在原悬重下预施加反扭矩反转 21 圈，扭矩突然释放，上提钻具并保持悬重 225t 不变，起钻检查，落鱼总长 41.82m，鱼顶位置为 6355.18m 处。

3. 震击解卡

6 日 17：00 组下震击打捞钻具至鱼顶 6355.18m 处，循环、冲洗鱼顶，下放钻具对扣成功，间断性地震击试解卡，上击15次、下击75次，发现钻具下行1m；尝试开动顶驱，扭矩为8kN·m，转动正常。8日22：30起出全部落鱼，故障解除。

（五）经验教训

1. 对复杂地层造成故障的原因分析

（1）从故障发生经过及处理情况看，该故障属于掉块卡钻。

（2）在前期的钻进过程中，一直有掉块现象，且对井壁掉块问题未能有效解除，可见现场人员重视程度不足。

（3）钻进时，发生扭矩增大情况后，未能及时采取措施，直至憋停顶驱，钻具卡死。从操作方面分析可知，对复杂情况的处理不当。

2. 故障处理分析

故障发生后，在大幅活动钻具无效后，采用测卡爆炸松扣，以及下震击器震击打捞的处理方法是正确的，说明现场人员对故障原因的分析、判断是准确的。

3. 经验教训

（1）在柯坪塔格组钻进过程中，现场人员对井下风险认识不足，导致上提划眼、憋卡较严重，未能先处理畅通井眼后再钻进。

（2）在柯坪塔格组井段钻进过程中，应从钻井液方面入手，增强井壁稳定性。若钻进中遇到憋停顶驱、泵压异常等现象，建议使用牙轮钻头试钻，井壁稳定后方可再次使用PDC钻进。

（3）建议在钻具组合中增加震击器，规范操作步骤，充分发挥震击器的作用。

十六、SHB5－3井鹰山组卡钻

（一）基本情况

四级结构井四开阶段，钻进期间扭矩异常，由9.5kN·m上升至12kN·m，反复划眼、泵入稠浆后恢复钻进，故障时井深为8065.9m，卡钻钻头位置为8061.91m处。

1. 钻具组合

Φ149.2mmPDC×0.28m＋1.5°螺杆×6.39m＋浮阀×0.59m＋无磁钻铤×9.41m＋MWD×1.02m＋Φ88.9mm钻杆×347.37m＋旁通阀×0.61m＋Φ88.9mm钻杆×347.94m＋Φ88.9mm加重钻杆×417.45m＋Φ88.9mm钻杆×2818.43m＋311×DS500×0.75m＋Φ127mm钻杆。

2. 钻井液体系与基本性能

采用聚磺混油：密度为1.24g/cm^3；黏度为50s；塑性黏度为18mPa·s；动切为7Pa；初/终切为3Pa/8Pa；失水量为4.6mL；pH值为10.5；泥饼厚度为0.5mm；坂含为30g/L；固体含量为11%；含砂量为0.1%；HTHP为11.8mL（150℃）；Kf为0.0612；含油量为6%。

（二）发生经过

2018年1月15日8：30钻进至井深8065.9m处，倒划眼上提至8061.21m处，原悬重为204t，扭矩由10.5kN·m上升至12kN·m，转速由40r/min降至0，立压由17MPa上升至28MPa，发生憋泵，倒泵后恢复正常。泵入密度为1.55g/cm^3的稠浆8m^3携带、倒划眼至8063.01m处时，立压由14.5MPa上升至25MPa，环空堵死，无法建立循环；在180～210t区间活动钻具，最高正转27圈，扭矩为17kN·m，释放扭矩回转27圈，活动无效，钻具卡死。

（三）原因分析

此次故障为井壁发生局部坍塌导致埋钻具而引发的卡钻。

（1）快钻时，8060～8065m井段，钻时由20min下降至12.3min；可能钻遇微裂缝发育地层，井壁易坍塌。

（2）斜井段剪切应力大，井壁稳定性也将随之变差。

（3）钻井液密度偏低，不足以支撑该层段井壁。

（4）故障指征性现象符合一般坍塌卡钻特征。卡钻发生时伴随憋泵（立压由17MPa迅速上升至28MPa），且泵压不降，钻具不能活动，后期从0憋压至30MPa且未能建立循环；泵压较低时出口有小股返浆，分析认为是垮塌岩屑的压实效应所致，在低压情况下，环空有一定的空隙，因而有少量返浆。

（四）处理方式与效果

1. 活动钻具，憋压尝试建立循环

上提下放活动钻具，活动范围为152～210t；使用泥浆泵至最高憋压25MPa，最大强扭钻具35圈至扭矩23kN·m。活动钻具钻头位置无变化，立压间断下降，无法建立循环，出口间断返浆。泵车打压（0～20MPa～25MPa～30MPa），各阶段稳压5min；立压稳定，未出浆，在悬重170～220t范围内活动钻具，未解卡。

2. 倒扣，加入单根增大下压吨位

钻具倒扣，对扣后加入场地单根增大下压吨位，以下压为主，活动范围为40～210t，最高憋压16MPa；立压缓慢下降，出口持续小股返浆。其间间断性地强扭钻具，最高正转30圈，扭矩为20kN·m。

3. 憋压，大力活动钻具

1月19日再次紧扣后憋压25MPa，尝试建立循环未成功，逐渐增大上提吨位（由240t上升至268t）。当上提至268t时，悬重突然下降至141t，起钻检查出井钻具，发现底部钻具丝扣损坏7扣。

4. 爆炸松扣、回填侧钻

1月19日11：00接到批复，同意爆炸松扣。下探鱼顶位置为4651.24m处，爆炸松扣成功，后打水泥塞回填侧钻。

(五)经验教训

(1)该类型井钻进过程中，要保证合理的钻井液密度，以对井壁形成有效支撑。出于防漏或其他因素考虑，须降低钻井液密度时应格外慎重。

(2)应通过施工排量和泥浆性能保证岩屑携返率；在不能保证时，要采取稠浆洗井等措施尽可能地将环空岩屑清理干净。

(3)钻遇快钻时，应认真分析地层情况，一般情况下应停止钻进，上提钻具观察，若无溢流显示，则可循环一周清洗井筒后再尝试钻进。

(4)在进入鹰山组破碎地层之前，应调整好钻井液性能，可在泥浆中加入一定比例的纤维暂堵材料。

(5)钻具倒扣后，极易出现上部钻具多处松动现象，在重新对扣时，应在不同吨位下多次紧扣。这一操作在定向井中尤为重要。

(6)鹰山组破碎地层极易发生井壁失稳风险，应提前规划井眼轨迹，确保井眼轨迹平滑。钻穿复杂地层段后，应进行一次短程起下钻作业。

十七、SHB52X 井巴楚组卡钻

(一)基本情况

四级结构井三开，在钻进完立柱上提时遇挂卡，故障发生时井深为 5461.69m，卡钻钻头位置为 5456.61m 处。

1. 钻具组合

Φ215.9mmPDC 钻头 + Φ172mm 螺杆 + Φ165.1mm 钻铤 + Φ212mm 扶正器 + 定向接头 + Φ165.1mm 钻铤 × 13 根 + 浮阀 + Φ127mm 钻杆 + Φ139.7mm 钻杆。

2. 钻井液体系与基本性能

采用聚磺防塌钻井液体系：密度为 1.28g/cm^3；黏度为 50s；塑性黏度为 23mPa · s；动切为 6Pa；静切为 2Pa/6Pa；pH 值为 9；失水量为 2mL；泥饼厚度为 0.5mm；HTHP 为 9.8mL(120℃)；坂含为 30g/L；固体含量为 11%；含砂量为 0.1%；Cl^- 浓度为 26450mg/L；Ca^{2+} 浓度为 240mg/L；Kf 为 0.0612。

(二)发生经过

2017 年 12 月 1 日 10：10 复合钻进至井深 5461.69m 处(巴楚组)打完立柱，至 10：15 上提钻具至井深 5456.51m 处，立压由 21.7MPa 上升至 26.7MPa，扭矩由 4.40kN · m 上升至 26.01kN · m(顶驱限定扭矩为 20kN · m)，悬重由 196t 上升至 200t，顶驱憋停。立即降低泵冲，泵压下降为 22MPa，下放钻具至原悬重(196t)后释放扭矩，然后继续下放钻具至悬重为192t时遇阻，发生卡钻。

（三）原因分析

（1）开泵后顶驱存在反扭矩的情况下能够开启顶驱，由此判断为钻头硬卡钻。

（2）返出砂样中存在辉绿岩，钻井液密度为1.28g/cm^3，依靠物理支撑不能满足辉绿岩井段的井壁稳定性要求，辉绿岩掉块至钻头位置发生卡钻。

（四）处理方式与效果

1. 活动钻具、重稠浆洗井、提密度

发生卡钻后，立即下压钻具至176t（原悬重196t），未解卡，此时顶驱可以开启，扭矩为27～28kN·m。接完单根后继续尝试下压，活动吨位为40～196t。12月1日16：02泵入重稠浆22m^{3}洗井（密度为1.65g/cm^3，黏度为180s）；19：46返出的稠浆中携带出少量卡拉沙依组、巴楚组泥岩掉块，钻具活动范围逐渐增加至40～220t，保持循环；20：00调整泥浆密度至1.38g/cm^3，其间保持泵冲循环，每小时活动钻具（上提钻具至250～270t，静止5min，下压钻具至40～60t，静止20min），按原悬重转动钻具，可连续转动扭矩使其下降至22～23kN·m。12月2日8：19原悬重正转12圈，扭矩上升至30kN·m后顶驱憋停，释放扭矩后钻具不再倒转，设定扭矩限定值增加至45kN·m后转动钻具，钻具转动23圈后憋停顶驱。

2. 泡土酸、解卡剂

2日15：40压裂车注酸15m^3（配方：14%盐酸+5%氢氟酸+2%缓蚀剂+2%铁离子稳定剂，密度为1.12g/cm^3），酸液浸泡井段为4975.4～5456.51m。其间每30min间断顶替0.5m^3，钻具活动范围为40～195t，按原悬重间断性地转动顶驱，扭矩限定值逐渐提至45kN·m，未解卡。

3日18：00注入解卡剂16.6m^3（配方：1.2t OT+3.4t DJS－3+13.5m^{3}柴油+15t重晶石，密度为1.38g/cm^3），水眼留10.6m^3，每半小时顶水眼一次，每次0.25m^3；下压悬重至40t（压1h），然后上提至原悬重并转动顶驱锁定扭矩（40kN·m），憋1h，重复上述操作。4日12：30设定扭矩值为50kN·m。钻具活动范围为144～280t，正转顶驱20圈后下压至悬重55t并释放扭矩，然后上提至196t后释放扭矩完成；13：00正转22圈（扭矩为50kN·m）并下压至悬重40t后保持静止，未解卡。

3. 钻具倒扣、震击器震击

4日20：00上提悬重至220t，反转17圈（扭矩为40kN·m），悬重下降至200t；20：30上提一柱悬重至196t，快放2m后无变化，显示倒扣成功。起钻完检查，落鱼总长为75.26m，鱼顶位置为5381.25m处。

5日18：00下入震击器。6日6：15下钻至5365m处，对扣成功；8：30在悬重120～260t区间内上下震击19次；12：17在悬重80～280t区间内震击试解卡41次；18：35上提至悬重210t后施加反扭矩，反转顶驱9圈，使悬重下降至190t，钻具倒开。12月7日13：40起钻完检查，落鱼总长为121.24m。

4. 对扣、爆炸松扣、倒扣

7日14：40下组合钻具至5335.27m处遇阻2t，探到鱼头，复探鱼头3次且位置不变，对扣成功。12月8日19：50测卡点，仪器下深为5429.82m(在无磁钻铤仪器上部，测点以上无卡点)。爆炸松扣两次未能成功。9日15：45上提悬重至190t，扭矩设定为50kN·m，正转32圈，分段紧扣，释放回30圈，上提钻具至230t，预施加反扭矩反转20圈，释放扭矩不回，下放钻具至悬重220t，正转12圈，扭矩为20kN·m，释放不回。下放钻具至悬重204t，正转钻具(9r/min)，扭矩为8~11kN·m，钻具正常转动，钻具脱开。10日12：00起钻完检查，落鱼总长为47.26m，鱼头位置为5409.25m处。

5. 套铣

10日14：00组合钻具下钻套铣，铣鞋(外径为Φ210mm，内径为Φ178mm，长度为0.69m)+套铣筒×5根，划眼至5409.25m处探到鱼头。12日1：00套铣至5442.09m处循环起钻；22：00起钻完，更换铣鞋后于14日5：00套铣至5459.84m处(钻头井深为5459.62~5459.96m)。

6. 对扣、震击打捞

15日0：00组合打捞钻具(打捞组合为：安全接头+411×520+开式下击器+521×410+超级震击器+Φ165.1mm钻铤×12根+Φ127mm钻杆+Φ139.7mm钻杆)；13：43下钻至5409.25m处探到鱼头；13：53对扣成功；14：00在悬重160~260t区间活动钻具；14：03下放悬重至160t，然后悬重恢复至200t，上下活动正常，钻头解卡。2017年12月16日16：30起钻完，起出井内全部落鱼，故障解除。

(五)经验教训

(1)钻进过程中应密切关注参数变化，加强岩屑分析。

(2)顺北区块侵入体地层具有不稳定性，钻井施工过程中存在较大风险，钻井队应提高风险意识。

(3)在制定井下故障处理方案时，一定要考虑到风险。首先要保证下井的钻具结构完整，确保处理时能完整地将处理故障的钻具取出来，防止丢在井下形成新的落鱼。该井第一次震击未解卡后，倒扣时震击器落井，后期操作过程要认真吸取这一教训。

第二节　井眼复杂卡钻

在钻井工程的技术术语里，凡是因为井眼问题影响正常生产的情况均称为复杂情况。导致复杂情况发生的因素较多，如掉块、垮塌、缩径、井漏、落物、沉沙、泥包钻头或钻具短路循环等。及时发现复杂情况并采取处理措施，就可以避免复杂情况的恶化，反之，则可能演变成故障。本节所收集整理的案例，一部分是在常见的井眼复杂情况产生后，因认识不到位而没有采取恰当措施所导致的故障；另一部分是虽然认识准确，但未能及时消除复杂情况而导致的故障。

一、XH5 井吉迪克组硬脆性泥岩卡钻

(一)基本情况

该井为星火区块四开制勘探井，发生故障时井深为4778.87m，钻头位置为4778.87m处。前期钻进至井深4773m处(发现振动筛上有部分掉块)，立即循环处理泥浆(提密度)，将泥浆密度从1.71g/cm^{3}提升至1.75g/cm^3。处理泥浆的过程中，由于上提钻具遇卡，甩掉2个单根，泥浆处理正常后起钻。3月25日11：00下钻至井深4730m处遇阻，冲划眼至井底(4755~4756m井段反复冲划困难)，划眼时间为33h，划眼过程中振动筛返出掉块较多。

1. 工程施工参数

钻压为40kN；转速为60r/min；排量为40L/s；泵压为21MPa；悬重为198t；电子扭矩比对表为500~600。

2. 钻具组合

Φ311.2mmPDC + 630 × NC610 + NC560 × NC611 + Φ203mm 钻铤 × 2 根(托盘) + Φ310mm 扶正器 + Φ203mm 钻铤 × 7 根 + 520 × NC561 + Φ139.7mm 加重钻杆 × 6 根 + Φ139.7mm 钻杆串。

3. 钻井液体系与基本性能

密度为1.79g/cm^3；黏度为60s；塑性黏度为35mPa·s；动切为11Pa；静切为2Pa/10Pa；pH值为9；失水量为4mL；泥饼厚度为0.5mm；坂含为23g/L；固体含量为26%；含砂量为0.2%；Cl^-浓度为61000mg/L；Ca^{2+}浓度为2004mg/L；K^+浓度为22000mg/L。

(二)发生经过

3月25日11：00下钻至井深4730m处遇阻，开始划眼(在4755~4756m划眼过程中扭矩大，直接下放不能顺利通过，划眼过程中打稠浆25m^3)。26日20：00划眼至4773m处打稠浆25m^3，清洗井底后恢复钻进。钻进过程中每钻进0.5m活动一次(23：05钻进至4775.98m处，接单根后不能正常下放到底，甩单根划眼后恢复正常)。27日3：09钻进至井深4778.87m处，司钻上提钻具倒划眼过程中，悬重从1980kN上升至2370kN，转盘憋停，2号泵电机断电，下放至原悬重后再次上提至2370kN仍未开(其间转盘打倒车)；3：30间断性地转盘活动钻具后仍未开，钻具卡死。

(三)原因分析

(1)从划眼过程中稠浆携带出的掉块来看，为红褐色硬脆性泥岩。根据测卡点、爆炸

松扣及钻头出井情况分析，该井为掉块导致的卡钻。

(2)现场人员刹把操作时精力不集中，在倒划眼上提过程中一次上提吨位过大，且初期处理方式不当，是导致卡钻的直接原因。

(四)处理方式与效果

1. 活动钻具、爆炸松扣

3月27日3:30～28日15:00，间断性地憋扭矩活动钻具(活动吨位为1500～2200kN)，其间推稠浆一次，振动筛返出少量掉块；16:00打滴流封闭液36m^3；24:00导爆索输送到位。29日0:30转盘倒转15圈并施加反扭矩，点火后导爆索未起爆；6:00电缆车起导爆索完成，检查发现电缆断丝严重，现场组织更换电缆车。29日15:00循环活动钻具(活动吨位为1500～2200kN)；16:00打封闭浆30m^3，准备测卡点爆炸松扣；20:30测卡点，发现扶正器以上井段无卡点；22:10转盘倒转16圈施加反扭矩，导爆索点火3次，释放扭矩回转16圈，松扣未成功；23:50起出电缆检查，发现导爆索已点火。

2. 施加反扭矩

30日0:15加反扭矩16圈，悬重由198t下降至194t，释放转盘无回转。31日0:20起钻完，未见钻头(落鱼为Φ311.2mmPDC钻头，落鱼长度为0.43m，鱼顶深度为4778.44m)，双母接头下端扣完好。

3. 下震击器震击

3月31日19:00下对扣震击钻具至井深4778m处，钻具组合为：630×NC610＋NC560×NC611＋安全接头＋开式下击器＋超级震击器＋Φ203mm钻铤×6根＋NC561×520＋Φ139.7mm加重钻杆×6根＋Φ139.7mm钻杆串。22:30循环冲洗鱼头；23:00对扣成功；24:00震击45次解卡。

4月1日17:30起钻完，捞获钻头，故障解除。

(五)经验教训

(1)钻井现场人员对井眼安全风险分析不到位，对吉迪克组泥岩认识不到位，在恢复钻进初期，处理复杂情况后未进行认真分析，安全风险意识不足。

(2)应强化关键岗位人员培训，加强司钻操作技能培训，提高其对于复杂情况的应急处置能力。

(3)应进一步细化技术措施方案，特别是在复杂情况下，应制定专门的措施方案并全员交底学习，充分利用班前会对刹把操作等关键岗位操作人员进行宣贯。

(4)做好各种生产物资的储备和调配工作，保证施工的连续性。

(5)后续井在吉迪克组钻进过程中若再次出现井壁失稳，在钻井液封堵性能较好且失水量较少的前提下，应根据实际井况探索适合的防塌钻井液密度(1.70～2.0g/cm^3)。

(6)该井出现严重井壁失稳后，钻井参数异常，故阶段性采用2.65g/cm^{3}超高密度重稠浆段塞携带掉块效果明显，携带掉块最大尺寸为14.5cm×12cm×2cm。

二、KL101井巴什布拉克组卡钻

（一）基本情况

该井为四级结构井，二开在通井下钻的过程中遇阻，活动钻具的过程中发生卡钻，发生故障时井深为5500m，卡钻钻头位置为5385.5m处。

1. 钻具组合

Φ244.5mm牙轮钻头+630×730双母接头+Φ228.6mm钻铤×2根+Φ310mm扶正器+731×630变扣接头+Φ203.2mm钻铤×12根+Φ203.2mm震击器(QYZWJⅡ-203)+Φ203.2mm钻铤×2根+631×520+Φ139.7mm钻杆。

2. 钻井液体系与基本性能

采用聚磺防塌钻井液体系：密度为1.76g/cm^3；黏度为53s；动切为10.5Pa；静切为4Pa/12Pa；失水量为3.4mL；含砂量为0.15%；泥饼厚度为0.5mm；Cl^-浓度为70000mg/L；pH值为9.5；HTHP为11mL(130℃)。

（二）发生经过

2016年4月24日9：10二开下钻通井至井深5385.50m处时遇阻，扶正器位置为5367m处，悬重由原悬重226t下降至210t，两次活动钻具，范围为220~253t，未能提开。接顶驱开泵逐级上提悬重至293t，间歇性地强扭钻具至扭矩为33kN·m(20圈)，活动范围为210~270t；此时井内震击器不能正常启动，多次活动、强扭钻具均无效，钻具卡死，发生卡钻故障。

（三）原因分析

(1)在井深5385m处井径规则(Φ314.14mm)，扶正器位置为5365m处，岩性为棕灰色泥质粉砂岩与棕色粉砂岩，5363m处井径为Φ347.5mm，存在“大肚子”井眼，5367m处井径为Φ316.7mm，在该段形成了一个“大小眼”的台阶。扶正器下放至台阶处遇阻后，在活动钻具时，可能因上部掉块导致卡钻。

(2)高密度泥浆(密度为1.76g/cm^3)在砂岩段易形成虚厚泥饼的小井眼，扶正器穿过小井眼时可能遇卡。

(3)操作人员对井内复杂情况认识不足，前期下钻过程中发生的挂卡现象未受到重视，操作人员未采取顶驱开泵划眼的措施，这是引起故障的直接原因。

（四）处理方式与效果

1. 活动钻具尝试解卡

2016年4月24日9：15~21：50控制悬重在210~300t范围内逐级上提下放活动钻

具，其间间歇性地强扭钻具20~22圈(最大扭矩为33kN·m)，控制悬重在210~270t范围内强力活动钻具。中途多次尝试启动随钻震击器，缓慢下放钻具至悬重190t后静止3~5min并进行震击器复位工作；逐步增加上提悬重至最高290t，震击器未能成功启动。

2. 泡解卡剂，并配合强力活动钻具

24日21：50注解卡剂31m^3，浸泡井段为5210.00~5385.50m，每30min活动钻具一组，每组活动4~5次，其余时间钻具施加扭矩20~22圈，上提钻具至悬重250~280t，未解卡。

3. 测卡点、活动钻具

27日16：00~21：00，经多次校核，测得卡点在扶正器位置(5365.11~5366.67m)。28日8：35分段紧扣，在悬重分别为225t、180t、150t、130t、80t时各紧扣两次，分别扭动20圈、19圈、17圈、13圈、12圈，最后一次下放至80t后缓慢上提至270t；随钻震击器震击，悬重突降至226t，随后，启动转盘正常，循环立压正常，钻具解卡，故障解除。

(五)经验教训

1. 造成故障的原因分析

(1)井身质量差、井眼不规则、操作不当是导致卡钻的原因。从数据来看，遇阻吨位过高，为16.4t，钻具直接被卡死。

(2)遇阻后，井下震击器未能启动并发挥作用，失去了解卡的机会。

(3)泡解卡剂后，未能解卡；测卡点后，在活动钻具时井下震击器启动，最终解卡。这说明井下震击器震击对解卡起到了关键作用，但同时也说明，要么震击器的性能不稳定，要么对震击器的操作不规范，或者当时卡点在震击器以上的位置，随着钻具的活动使卡点下移，震击器处于自由状态。

2. 经验教训

(1)技术上应严格把关，及时掌握井下情况，提前分析井下风险，做好预防处理措施。当井内出现异常或复杂情况时，现场人员应细心操作以防发生故障。

(2)现场人员应严格遵守钻井“三大纪律”，严格控制提下钻遇阻吨位；下钻遇阻时，及时接方钻杆循环使井眼畅通后再继续下钻。

(3)要掌握井下震击器的操作要领，确保其在发生遇阻时能正常启动，避免钻具卡死。

三、SX3井巴楚组卡钻

(一)基本情况

四级结构井二开，发现钻机冷却水管线刺漏，开泵上提钻具时发生卡钻，发生故障时井深为4492.13m，卡钻钻头位置为4488.19m处。

1. 钻具组合

Φ311.2mm U613S(水眼Φ12.7mm×9)+Φ255mm扭力冲击器+Φ228mm单流阀+

Φ228.6mm 钻铤 ×2 根 + Φ310mm 扶正器 + Φ203.2mm 钻铤 ×10 根 + Φ139.7mm 加重钻杆 ×3 根 + Φ139.7mm 钻杆。

2. 钻井液体系与基本性能

采用聚磺防塌钻井液体系：密度为1.35g/cm^3；黏度为62s；失水量为4mL，塑性黏度为25mPa·s；动切为10Pa；初/终切为3Pa/8Pa；pH 值为9.5；泥饼厚度为0.5mm；坂含为35g/L；固体含量为12%；含砂量为0.2%；Cl^- 浓度为29720mg/L；Ca^{2+} 浓度为320mg/L。

(二) 发生经过

2016年2月21日1：13钻进至4492.13m处，发现钻机冷却水管线刺漏，准备提离井底上下活动钻具的同时进行设备维修，停转盘、正常开泵上提至井深4488.19m处时悬重由199t上升至241t，后下压至125t未开，开顶驱强扭无效，开泵正常，发生卡钻故障。

(三) 原因分析

(1) 根据卡钻前上提、接单根正常无遇阻情况，测卡点显示在扶正器以上无卡点，可以认为不是缩径等因素造成的黏卡。从卡钻发生的过程来看，结合起出落鱼带出的掉块，基本判断为是掉块落在扶正器位置后引发硬卡。

(2) 上提钻具过程中遇阻，未及时下放钻具，说明操作过程存在一定的失误。

(四) 处理方式与效果

1. 活动钻具、泡解卡剂

故障发生后，至21日21：00上提下放活动钻具，活动吨位为203～240t(原悬重为195t)，泵入配制解卡剂12m^3(配方：8m^3 柴油 + 3.3t SR301 + 1t 快 T)，浸泡井段为4379.1～4488.19m，活动吨位为40～203t，未解卡。

2. 测卡点、爆炸松扣

22日4：00测卡车到井后测得扶正器以上无显示；12：40下爆炸松扣装置到位；13：00松扣成功。23日4：00起钻完，确认落鱼长度为32.84m，起出公扣后发现公扣大端直径为151mm，小端直径为117mm(正常丝扣大端直径为147mm，小端直径为113mm)。

3. 组接震击器尝试对扣

23日16：15～25日3：50两次组下震击器钻具组合至4453m(距鱼头2m)处循环冲洗，多次尝试对扣，公扣进入母扣现象明显，但无法正常上扣。起钻完检查发现底部公扣有磨损，公扣台阶面有磨痕，现场判断认为水眼内有掉块，导致上扣无法到位。

下牙轮钻具组合通井，通井期间振动筛上返出大量掉块，部分井段起钻遇阻卡严重，且短起下钻发生堵水眼一次，遂调整泥浆性能，密度自1.35g/cm^3 上调至1.39g/cm^3。

4. 组下套铣筒尝试套铣

3月2日14：30开始地面组合铣鞋、套铣筒，下钻至井深4450.57m处，多次尝试开泵失败，起钻卸扣检查发现自立柱下单根公扣以上2m处水眼堵死，水眼内岩性为块状泥晶灰岩，然后顶通循环、加装单流阀。3月4日23：30下套铣组合至鱼顶4455.35m处后循环。5日14：10套铣至井深4465.57m处，然后循环、打封闭浆起钻。

5. 组下下击器、超级震击器震击解卡

6日23：00将胀扣接头、安全接头、单流阀、开式下击器、超级震击器钻具组合下钻至鱼顶4455.35m处，循环冲洗鱼头，对扣成功；顶通水眼后上提下放活动钻具，反复震击271次解卡(下击119次、上击152次)。8日7：30起钻完捞获全部落鱼，故障解除。

(五)经验教训

1. 造成故障的原因分析

(1)正常钻进时，因修理停钻，并在上提钻具时发生卡钻，根据后面的处理结果可知是掉块卡钻。

(2)从操作方面看，上提钻具悬重由199t上升至241t，增加了40t以上，由此推测提拉吨位过高是导致钻具卡死的直接原因。

(3)在处理过程中，钻具水眼堵塞，说明井内掉块较多，可见钻井液的封堵能力较差。

2. 故障处理分析

在提钻具过程中发生卡钻，采取泡解卡剂、测卡点、爆炸松扣、下震击器震击的处理方式是正确的，从处理结果来看，上述措施也是有效的。

3. 经验教训

(1)钻进期间，应根据岩屑返出的实际情况合理控制钻时。加强干部值班制度，接单根时要求值班干部上钻台旁站，执行好“早开泵、晚停泵”的要求。接单根上提钻具时，应控制好上提速度，且上提下放钻具遇卡吨位不得超过5t；接单根前，确保上提下放井眼畅通无阻后再坐吊卡、停泵、接单根。

(2)钻井液性能维护方面，应确保沥青类封堵防塌材料和抑制类处理剂的加量充足，保证钻井液体系具有良好的封堵防塌能力和抑制能力。

(3)应加强对新井区临井资料的调研和学习；加强班组骨干，特别是带班、司钻人员的岗位技能培训；强化对起下钻操作规程的执行力。

(4)进行关键作业前应组织开展施工交底会，加强与各配合作业方的沟通。

四、TP280井一间房组卡层井漏失返卡钻

(一)基本情况

该井为托甫台区域的三开制直开发井，故障井深为6314.25m，钻头位置为6314.25m处。前期二开正常钻进：泵压为18MPa；排量为34L/s。返砂正常。

1. 钻具组合

Φ250.88mmPDC + Φ197mm螺杆 + 410 × 631 + 坐键接头 + Φ177.8mm无磁钻铤 × 1

根＋Φ246mm扶正器＋Φ177.8mm钻铤×13根＋DS550×411＋Φ139.7mm钻杆×639根。

2. 钻井液体系与基本性能

密度为1.32g/cm^3；黏度为62s；塑性黏度为27mPa·s；动切为11Pa；静切为4Pa/9Pa；失水量为4.4mL；泥饼厚度为0.5mm；含砂量为0.2%；固体含量为12%；坂含为34g/L；pH值为9；Cl^-浓度为21300mg/L。

（二）发生经过

2018年2月9日23：38钻至井深6314.25m处（进入一间房组0.25m），钻压由43.5kN下降至0，扭矩由14kN·m上升至30kN·m，悬重由2367kN上升至2427kN，立压由17.2MPa下降至1.5MPa，出口流量由24%下降至0（井口失返），总池体积由101m^{3}下降至99m^3，发生井漏、失返。随后立即降排量至15L/s，停转盘并释放扭矩，上提钻具，悬重由240t上升至260t，接着又上升至310t，无法提开，钻具卡死，发生卡钻故障。

（三）原因分析

该井设计要求进入一间房组4m后中完，实钻恰尔巴克组顶界6296m处（设计深度为6269m，设计厚度为18m），预测一间房组顶界为6314m处，进入0.25m。钻遇奥陶系一间房组碳酸盐岩裂缝后发生失返性漏失，环空液柱压力下降，导致上部地层失稳垮塌；此外，井漏失返导致岩屑下沉。在以上两方面原因的综合作用下导致卡钻。

（四）处理方式与效果

1. 活动钻具、尝试解卡

9日23：38～10日10：00反复活动钻具尝试解卡。钻具原悬重为240t，在悬重116～310t范围内活动钻具，未解卡；在260～280t范围内正转20圈，释放扭矩使钻具回转20圈，未解卡。其间保持环空灌浆，至5：15出口返浆，开泵水眼灌入泥浆9m^3，无泵压，出口不返浆。

2. 堵漏

10日10：00～10：20，向钻具水眼注入堵漏浆17m^3［堵漏浆浓度为20%，配方：30m^{3}土浆＋3t SQD－98（细）＋3t SQD－98（中粗）］，排量为16L/s，无泵压；11：10水眼替浆64m^3，排量为22L/s，无泵压。

3. 倒扣

10日17：00～18：00，倒扣准备，绑大钩。采用提拉法初步计算得卡点位置为5500m处。上提钻具至悬重200t（5500m处）井倒扣。根据悬重情况，计算钻具倒开位置。如果钻具在5500m及以下位置倒开，则起钻，做填井侧钻准备；如果钻具在5500m以上倒开，悬重过低，倒开位置不理想，则取出方保接头内钻杆滤清器，接一根钻杆，对扣，紧扣，测卡点，爆炸松扣。

10 日 19：00 上提钻具悬重至 200t，倒转 24.5 圈，钻具倒开；然后上提钻具悬重至 160t。此时环空灌浆 1.5m³，出口不返。

4. 对扣、紧扣、测卡点

由于倒扣位置不理想，决定采取对扣、紧扣、测卡点措施。10 日 19：30 接单根，下放钻具对扣，下压 3t，正转 13 圈，释放扭矩，钻具回转 3 圈，上提钻具，悬重由 160t 上升至 200t，判断对扣成功。下放钻具，下压 3t，正转 18 圈紧扣，释放扭矩后上提钻具，悬重由 160t 上升至 270t，对扣完成。10 日 23：00 取出方保接头内钻杆滤清器，准备测卡点。

10 日 23：00～24：00，下 Φ45mm 测卡仪至 3396m 处遇阻，且下放 3 次均遇阻(仪器质量约 25kg)，测卡仪性能正常。11 日 2：00，测水眼液面为 724m，接方钻杆开泵顶泥浆 10m³，无泵压，卸方钻杆，此时测水眼液面为 50m。11 日 4：00，下入两根 Φ45mm 加重杆及测卡仪，质量约为 62kg，测卡仪在 3413m 处遇阻。

5. 倒扣

11 日 10：00～10：30，环空灌浆 6.2m³，出口不返，测环空液面为 70m，继续灌浆 2.7m³，出口返浆，环空灌满。尝试开泵，立压由 5MPa 上升至 10MPa，再上升至 15MPa，水眼不通。

11 日 10：30～13：30，开始倒扣，活动钻具至悬重 176t，反转 21 圈，扭矩明显下降，释放扭矩；上提钻具，悬重由 176t 上升至 240t，钻具未开；下放钻具至悬重 176t，反转 15 圈，无反扭矩；上提钻具，悬重由 176t 上升至 280t，接着下降至 176t，倒扣成功。环空灌浆 1.5m³，出口返浆。12 日 4：00 起钻完，起出 Φ139.7mm 钻杆 477 根，落鱼总长 1716.36m，理论鱼头深度为 4597.89m。

落鱼结构为：Φ250.88mmPDC 钻头(0.37m)+Φ197mm 螺杆(7.86m)+410×631(0.75m)+坐键接头(0.58m)+Φ177.8mm 无磁钻铤(9.13m)+Φ246mm 扶正器(1.73m)+Φ177.8mmDC×13 根(122.59m)+DS550×411(0.7m)+Φ139.7mmDP×163 根(1572.65m)。

6. 回填侧钻

由于该井井下情况复杂处理难度较大，于 2 月 12 日 12：00 接甲方批复同意回填侧钻。

(五)经验教训

建议地质设计单位加强邻井间地层对比分析，综合考虑工程风险及完井采油需要，合理确定中完井深，从而降低漏失卡钻的风险。录井队人员应认真学习设计方案和邻井资料，及时辨识风险并提出合理建议，避免井下故障的发生。

五、TH12567X 井鹰山组泥晶灰岩卡钻

(一)基本情况

该井为三开制斜开发井，故障井深为 6673m，钻头位置为 6641m 处。前期三开复合钻

进期间钻时为10～15min/m，上提钻具遇阻严重，开转盘划眼到底后上提钻具仍遇阻，无法正常接单根(接单根耗时约1.5h)。

1. 工程施工参数

钻压为20～30kN；转速为30r/min＋螺杆；排量为11L/s；泵压为21MPa。

2. 井身质量数据

测深为6649.57m(最后一个测点)；垂深为6629.79m；井斜为51.5°；方位角为195°；水平位移为82.09m。

3. 钻具组合

Φ149.2mmPDC＋Φ120mm螺杆(1.5°)＋单流阀＋Φ88.9mm钻杆×22根＋Φ88.9mm加重钻杆×44根＋Φ88.9mm钻杆＋变扣311HT400＋Φ114.3mm非标钻杆。

4. 钻井液体系与基本性能

密度为1.17g/cm^3；黏度为44s；塑性黏度为14mPa·s；动切为5.5Pa；静切为2Pa/4Pa；HTHP为11.2mL(130℃)；失水量为4mL；泥饼厚度为0.5mm；pH值为11；含砂量为0.1%；固体含量为7%；含油量为5%；坂含为30g/L；Cl^-浓度为6400mg/L；Ca^{2+}浓度为360mg/L；Kf为0.0524。

(二)发生经过

2018年11月15日21:30下钻至6520m处，循环处理钻井液。16日9:00划眼到底，开始复合钻进，漏速为1m^3/h；16:30复合钻进至井深6673m处，由于接单根困难，准备短起下处理井眼，短起至6618m后下钻；22:55下钻划眼至6641m处(6635～6644m井段上提下放阻卡严重，最多上提25t)，扭矩由10.5kN·m增大至13kN·m，立压逐渐由20MPa上升至23.3MPa，憋泵现象十分严重。上提钻具，第一次悬重由195t上升至220t，未提开，尝试开转盘失败，然后下压至170t，未压开；第二次悬重由195t上升至252t，未提开，至24:00反复活动钻具仍未活动开，遂发生卡钻故障。

(三)原因分析

该井自6605.3m开始漏失速度逐渐增大，由2.4m^3/h上升至7m^3/h，接着又上升至25m^3/h，直至6640m后漏速逐渐降低至2～4m^3/h。其中，6608～6610m井段平均钻时为5min/m，6624～6639m井段平均钻时为12min/m。该井上一次卡钻井深为6649.57m，此次简化钻具后复合钻进至6673m处后仍存在接单根困难，于是短起下划眼，其中，6635～6644m井段上提下放阻卡严重，最多上提25t。综合分析为，鹰山组井漏段地层裂缝发育，存在破碎带，掉块造成了卡钻。

(四)处理方式与效果

1. 强力活动、泡柴油

发生卡钻后，井队上提下放活动钻具，活动吨位为170～255t，同时开转盘正转，扭矩由0上升至12kN·m，憋转盘，不能解卡。泵入稠浆$10m^3$后，泵入柴油$6m^3$，然后继续泵入稠浆$10m^3$，并配合活动钻具。

2. 测卡队测卡点、爆炸松扣

11：40尝试开泵，井下不能建立循环（从0依次升压至9MPa、12MPa、18MPa，最高顶通至25MPa，多次开泵尝试顶通，停泵后泵压不降，出现憋泵，判断为钻具水眼堵塞），无法进行泡酸处理。爆炸松扣后测卡结果为6572m。下放爆破仪器至6557m处，爆破前按要求将转盘反转20圈施加反扭矩后，点火进行爆炸松扣，释放扭矩，转盘回转7圈。起电缆完成后，将钻具悬重由195t上提至210t，判断爆炸松扣未成功。然后第二次下入爆炸松扣仪器至6062m处遇阻，上提后下放至6062m处仍遇阻。18日18：54，甲方批复爆炸松扣后回填侧钻。

3. 第一次转盘倒扣

进行转盘倒扣，倒扣时扭矩为5~10kN·m，钻具扣未倒开，判断认为倒扣时螺杆跟随钻具转动，遂尝试开泵顶通（立压为4MPa），高架槽返浆，建立循环。

4. 第一次泡酸

建立循环后，井队采取泡酸处理措施。21日1：00注稠浆$6m^3$，注酸$8m^3$（注$2m^3$清水清洗管线），替稠浆$5m^3$，注井浆$17m^3$，关井向环空顶$0.5m^3$井浆（起初压力为11MPa，后于压力降至0后开井），替酸液$2m^3$到环空。按要求静止0.5h后，开始活动钻具，活动吨位为160~220t，其间每小时顶$0.5m^3$酸液，浸泡6h后钻具仍未解卡。

5. 第二次转盘倒扣

分析认为，钻具可能存在短路点。22日转盘倒扣，上提钻具至196t，将转盘反转30圈，扭矩为12kN·m，倒出钻具（悬重为176t）起钻（原悬重为195t），起出钻具。起钻完检查钻杆，查出5处3½in钻杆丝扣有刺痕，分析认为发生了循环短路，可能短路点分别位于3661m、3747m、4178m、4504m、4533m处，其中，3747m处钻杆刺痕最严重，其他部位钻具无异常。

22日15：00井队组下对扣钻具（对扣钻具为：4½in钻杆+3½in钻杆），对扣成功后上提下放活动钻具后仍未解卡（活动吨位为160~230t），试开泵未通水（泵压分别为12MPa、18MPa、27MPa）。然后上提活动钻具至204t，反转50圈，扭矩最大为7kN·m（扭矩为5~7kN·m，且波动明显），试开泵立压为5MPa，高架槽返浆，停泵后立压降至0；确认泵开通后投入电石，循环测迟到时间，录井仪器显示不明显，未测得迟到时间。

6. 第二次泡酸

24日22：00注入稠浆$8m^3$，注酸$10m^3$（立压为4.5MPa，注$2m^3$清水清洗管线），替井浆$15m^3$，下放钻具至悬重170t，待酸反应，其间每半小时替浆$0.5m^3$。25日0：00上提下放活动钻具，其间开转盘转动（活动吨位为148~212t，正转31圈），未解卡。

7. 第三次转盘倒扣

在二次泡酸未解卡的情况下，决定在循环排酸结束后倒扣起钻检查钻具，25日10：00

倒扣成功，上提钻具使悬重由192t下降至182t，在182t处倒开后起出钻具。起钻完检查钻具，发现4处丝扣刺痕，分别位于4063m、4102m、4169m、4216m处。

8. 第三次爆炸松扣

27日下入3½in全新钻具至1250.95m处，下入4½in钻具至4705.65m处，下钻对扣，探到落鱼后对扣成功(对扣前悬重为198t)。上提活动钻具，开泵尝试顶通，泵压为5~15MPa，未顶通，进行倒扣处理。倒扣期间分别从198t、167t、196t、170t、164t、197t处倒开。考虑倒扣不能达到处理目的，遂进行爆炸松扣。

28日16：00爆破队伍用44mm加重杆通钻具水眼，通水眼至6289m处遇阻，遇阻后起出电缆。29日15：00在6277m处进行爆炸松扣，上提钻具至206t(原悬重为198t)，爆炸松扣成功，起出钻具。在4511m、4656m处，钻具出现倒扣，共起出落鱼包括：Φ88.9mm加重钻杆8根，Φ88.9mm普通钻杆26根。爆炸松扣点本体部位炸裂，其中有8根普通钻杆弯曲变形，影响了爆破工具的下入。井内落鱼有：Φ149.2mmPDC×0.27m+Φ120mm螺杆(1.5°)×6.31m+单流阀×0.71m+Φ88.9mm钻杆×40根×384.04m。落鱼长度为391.33m。

9. 反扣母锥打捞

30日下入反扣母锥打捞落鱼，打捞钻具组合为：反扣母锥+Φ88.9mm反扣钻杆+Φ114.3mm非标钻杆。下钻过程中将Φ114.3mm非标钻杆紧扣到位，逐根紧扣至5.5MPa；下Φ88.9mm反扣钻杆，下探落鱼，原悬重为192t。探到鱼头后，下压2t后开始母锥造扣，反转转盘造扣完成后上提至205t，验证造扣牢固。下压2t并反转倒扣，反转扭矩最大为12kN·m，上提悬重至148t，钻具从Φ114.3mm非标钻杆倒开。下钻对扣，下压3t，正转上扣紧扣，扭矩最大为8kN·m，上提至悬重160t后降至155t，判断钻具从Φ88.9mm反扣钻杆处倒开。起钻完成后，倒出Φ88.9mm反扣钻杆16根，更换全井Φ88.9mm反扣钻杆对扣。12月4日下入全井Φ88.9mm反扣钻杆对扣，下入反扣钻杆至4252m处，对扣完成后上提钻具至139t并倒扣处理落鱼。倒扣扭矩为11.5kN·m，上提钻具悬重至136t，确认悬重后起钻。12月5日11：00起出反扣母锥，发现母锥本体开裂。母锥井内残体尺寸约为0.13m×0.41m。

母锥合格证显示其为2017年2月6日出厂，产品编号为1702-02，接头螺纹部分由分公司准入单位检测合格。母锥外径为150mm，打捞范围为100~132mm，鱼头外径为126mm。在造扣过程中下压3t、最大扭矩为11.5kN·m时扭矩突然回零，分析认为可能是此时发生了母锥断裂。

10. 反扣公锥打捞

12月6日下入大头公锥对扣，下压1t并反转，扭矩为8kN·m，释放扭矩后开泵，高架槽少量返浆；继续反转30圈，扭矩为10kN·m，释放扭矩后开泵，出现憋泵情况，高架槽不返浆，上提钻具至144t(原悬重为136t)后判断对扣成功。下压2t后反转转盘倒扣，在扭矩达13.5kN·m时，倒扣成功。上提钻具悬重至136.5t(原悬重为136t)，判断扣倒开后起钻。12 月 7 日起钻完，公锥带出落鱼 Φ88.9mm 钻杆 3 根。井内落鱼结构为：Φ149.2mmPDC ×0.27m + Φ120mm 螺杆(1.5°) ×6.31m + 单流阀 ×0.71m + Φ88.9mm 钻杆 ×37 根 ×355.28m。

11. 再次反扣母锥打捞

在造扣成功后，爆炸松扣队伍使用 Φ44mm 加重杆通钻具水眼，通至 6307m 处(母锥处)遇阻，尝试下放 3 次，均不能通过。井队采用转盘倒扣，倒开钻具至悬重 137t 后起钻(原悬重为 136t)，又起出落鱼 Φ88.9mm 钻杆 3 根。目前井内落鱼结构为：Φ149.2mmPDC × 0.27m + Φ120mm 螺杆(1.5°) ×6.31m + 单流阀 ×0.71m + Φ88.9mm 钻杆 ×34 根 × 326.55m。落鱼长度为 333.84m。

12. 倒扣接头打捞

10 日下入倒扣接头对扣，钻具原悬重为 136t，对扣成功后上提至 165t，然后进行反转倒扣。最大扭矩为 11kN · m，扣倒开，上提钻具至 136t 起钻，起出落鱼钻杆 3 根。

13. 再次反扣公锥打捞

下钻循环后悬重为 136t，造扣后试提钻具至悬重 146t，判断公锥对扣成功。倒扣扭矩为 13kN · m，扣倒开，上提钻具至 136t 并起钻，起出落鱼钻杆 3 根。鉴于继续打捞处理的难度较大，遂于 12 日从套管内开窗侧钻。

最终落鱼结构为：Φ149.2mmPDC ×0.27m + Φ120mm 螺杆(1.5°) ×6.31m + 单流阀 × 0.71m + Φ88.9mmDP ×28 根 ×269.07m。鱼顶位置为 6394m 处，落鱼长度为 276.36m。

(五)经验教训

(1)现场关键岗位人员应当提高对井下复杂情况的分析判断和处置能力。处理故障过程中，应避免存在侥幸心理，防止简单故障恶化、损失进一步扩大。

(2)出现井壁失稳现象后，应强化钻井液的抑制封堵能力，采用钾胺基聚磺钻井液体系，严格控制 FL(HTHP) ≤10mL；同时，采用可酸溶屏蔽暂堵材料进行随钻封堵和承压堵漏，提高地层的承压能力后，提高钻井液密度至 1.20 ~1.25g/cm^3(或更高)，从而调整好钻井液性能。

(3)对于主体区块鹰山组及以深地层可能存在的井壁失稳风险要充分重视，在井漏与井壁失稳现象共存时，应先简化钻具组合，增强物理支撑能力。将井内掉块处理干净后，再进行下一步作业。

(4)倒扣处理钻具时，在施加反扭矩后，要考虑到可能有多处钻具扣存在松动风险。在利用原钻具开泵循环泥浆前，一定要认真紧扣，防止因发生钻具刺漏而导致井下情况恶化。

(5)应重视对故障处理工具的采购和管理工作，确保“质量第一”。对于要送往现场的打捞工具，无论新旧，一律须在探伤合格后再送往现场。

六、TP352H 井卡拉沙依组卡钻

(一)基本情况

四级结构井二开，钻进中无掉块，扭矩平稳。钻头与扶正器之间为 12m 厚的玄武岩地层，故障时井深为 4691.53m，卡钻钻头位置为 4683.85m 处。

1. 钻具组合

Φ311.2mmPDC×0.38m＋Φ244mm 螺杆(0.5°)×8.09m＋Φ241.3mm 钻铤×9.06m＋731×630×0.76m＋Φ207mm 扶正器×1.67m＋Φ203mm 钻铤×53.82m＋631×410×0.75m＋Φ177.8mm 钻铤×83.23m＋411×520×0.85m＋Φ139.7mm 钻杆。

2. 钻井液体系与基本性能

采用聚磺防塌钻井液体系：密度为 1.28g/cm^3；黏度为 52s；塑性黏度为 25mPa·s；动切为 7Pa；静切为 3Pa/6Pa；失水量为 2.4mL；HTHP 为 8.4mL(100℃)；固体含量为 9%；含砂量为 0.2%；坂含为 36g/L；pH 值为 9。

(二)发生经过

2017 年 11 月 18 日 22：21 钻进至 4691.53m 处(层位为 C_1k_1，进入卡拉沙依组 15.53m，二叠系厚 168m)，打完单根上提钻具至井深 4683.50 处(提离井底 0.35m)，负荷由 1848kN 先上升至 1986kN，再下降至 1710kN，在 950～2140kN 区间上下活动钻具；22：26 下压 95t 悬重恢复正常，开泵开转盘下放悬重正常，上提遇阻，控制吨位在 130～250t 范围内活动钻具，至 23：30 仍未开，钻具无活动空间，发生卡钻故障。

(三)原因分析

(1)钻进到井深 4683.85m 处时(电测曲线显示为 4666～4677m 井段，厚 11m)，进入玄武岩地层 17.85m，而此时钻头和扶正器中间(19.58m)正好是二叠系灰黑色玄武岩段，结合起出钻头带出的掉块，判断此次故障为二叠系玄武岩掉块卡钻。上提钻具提不出，开泵后有打倒车现象，判断卡点在钻头处。

(2)钻具组合中使用 0.5°弯螺杆，不同方位钻头与井壁的间隙宽度不一致，掉块卡在间隙小的一侧的概率较大。

(3)该井二开实钻钻井液密度为 1.28g/cm^3，该密度不足以维持井壁的稳定性也是导致掉块的原因之一(钻井液密度设计上限为 1.30g/cm^3，邻井钻井液密度上调至 1.34g/cm^3)。

(4)该井在二叠系底部和卡拉沙依组钻时较快，玄武岩密度大，不易携带，此种情况下，打完单根后未在井底循环，也没有采取开动转盘和开泵倒划眼的方式上提钻具，这也是导致卡钻故障的原因之一。

(四)处理方式与效果

1. 上下活动钻具

11 月 18 日 23：30 发生卡钻故障后，至 20 日 1：50 控制吨位在 100 ~ 210t 范围内活动钻具，并间断性地强扭钻具 10 ~ 25 圈(释放后回转 4 ~ 5 圈)，间断性地下压钻具至 70t，并配合开泵循环钻井液(排量为 8 ~ 32L/s，立压为 4 ~ 22MPa)，转盘反扭矩为 20 ~ 25kN · m，未解卡。

2. 泡解卡剂

20 日 1：57 上提至原悬重 190t，泵入解卡剂 11.6m^3(环空 1m^3，水眼 10.6m^3，密度为 1.29g/cm^3，黏度为 60s，配方：6m^3 柴油 + 1.4t WFA 解卡剂 + 5.3m^3 清水 + 1t 快 T)；9：00 控制吨位在 120 ~ 220t 范围内活动钻具，间断性地下压钻具至 80 ~ 120t(每隔半小时水眼顶浆 0.5m^3)；12：30 控制吨位在 120 ~ 220t 范围内活动钻具，间断性地下压钻具至 80 ~ 120t(每隔 1h 水眼顶浆 0.5m^3)，未解卡。

3. 重稠塞携带岩屑，上下活动钻具

20 日 16：30 控制吨位在 120 ~ 220t 范围内活动钻具；16：50 打重力塞(密度为 1.52g/cm^3，黏度为 120s)，替重力塞到位；17：41 在 120 ~ 240t 范围内活动钻具；21：00 循环泥浆，替除井内重力塞未完(排量为 31L/s，泵压为 22MPa，反扭矩为 26kN · m)；23：14 上下活动钻具(活动吨位为 70 ~ 300t)；23：14 钻具恢复原悬重，上提下放正常，故障解除。

(五)经验教训

(1)在二叠系钻遇快钻时要控制钻时，每打完一根单根后在井底先循环 1 ~ 2min 后再上提钻具划眼，执行好“早开泵、晚停泵”的措施。

(2)钻井液性能方面，应结合邻井资料，充分考虑并解决二叠系的防漏和井壁稳定性问题，选择合适的钻井液密度。

(3)该井此次故障发生后，现场人员做出的判断是准确的，但是所采取的措施有待完善。若是在卡钻的第一时间采取注重泥浆塞来携带密度较高的玄武岩掉块的措施，或许能及时解卡。因为未发生黏卡，且不是软泥岩或泥饼造成的卡钻，所以采取的泡解卡剂的措施效果不理想。

七、TK678CX 井鹰山组井漏失返卡钻

(一)基本情况

该井为侧钻开发井，故障发生时井深为 5823.42m，钻头位置为 5813.50m 处。故障发生前，曾于 2017 年 7 月 26 日钻进至 5782.35m 处并发生井漏(密度为 1.17g/cm^3)，继续

钻进至5786.02m处时，发现溢流0.59m^3并关井，套压由0.25MPa下降至0，开井后高架槽不断流；20：00用1.20mg/cm^3压井液节流循环压井；20：33上提钻具至5772.75m处，大钩负荷由1249.33kN上升至1490.44kN，大吨位活动后正常。27日0：24钻进至5793.59m处时，溢流0.83m^3并关井；7：00套压由0.5MPa上升至2.2MPa，采用1.32g/cm^3的钻井液节流循环，压稳后起钻更换螺杆。29日18：00下钻至井深5771m处(液面在320~440m)；22：15划眼到底(多次憋泵12~14MPa，发生遇卡现象)。工程施工参数：原悬重为128t。测斜数据：测深为5774.76m(最后一测点)，垂深为5693.23m，井斜为55.5°，方位角为82.04°。

1. 钻具组合

*Φ*149.2mmPDC钻头+双母接头0.82m+单流阀0.62m+定向接头0.65m+*Φ*88.9mm无磁承压钻杆31m+*Φ*88.9mmDP×335.99m+*Φ*88.9mmHWDP×414.32m+*Φ*88.9mmDP×2979.02m+*Φ*101.6mmDP×2074.09m。

2. 钻井液体系与基本性能

密度为1.25g/cm^3；黏度为50s；塑性黏度为18mPa·s；动切为7.5Pa；静切为2.5Pa/8Pa；失水量为5mL；泥饼厚度为0.5mm；pH值为10.5；含砂量为0.1%；固体含量为7%；坂含为32g/L。

(二)发生经过

30日3：00钻进至5804.82m处井口失返(排量为8L/s，能够观察到液面，每钻进2~3m上提钻具一次，摩阻正常)，准备接单根，大钩负荷由1203.83kN先上升至1332.10kN，再下降至1197.55kN；4：30倒划起钻至5792.51m处(排量为12L/s，出现憋泵22~26MPa、遇卡现象，液面为209~270m)；6：00起钻至井深5484.00m处。根据批复意见，决定起钻简化钻具，降低钻井液密度至1.24g/cm^3并继续强钻。

8月1日14：45强钻(分段循环替浆密度为1.25g/cm^3，漏速为4~6m^3/h)，至5823.42m井口突然失返，上提至5813.50m遇卡(方钻杆提出转盘面)，大钩负荷由1283.45kN上升至1465.63kN，最大上提至1500kN，最大下压至400kN，强扭30圈未开，发生卡钻。

(三)原因分析

(1)该井为老井，曾于2011年对5530~5606m井段进行酸压，累计挤入地层633m^3；2013年对5515.63~5616m井段进行酸压，累计挤入374.8m^3；后期累计注气170×10^4m^3，累计产液15530t，地层情况比较复杂。

(2)强钻过程中，地层一直处于漏失(至卡钻前累计漏失771.61m^3)或失返状态，未钻遇放空井段，环空岩屑携带不干净。

(3)该井钻井过程中，钻井液密度从1.17g/cm^3先上升至1.20g/cm^3，再上升至

1.32g/cm^3，然后下降至1.25g/cm^3，密度变化较大，当钻进至5823.42m处时井口突然失返，压力平衡遭到破坏导致井壁失稳，同时岩屑下沉，最终导致卡钻。

(4)正挤后水眼液面高度较低(尝试建立循环时灌浆6～7min开始起压)，环空液面在四通处，由于压力差导致水眼倒返(怀疑此时浮阀已损坏)，部分岩屑沿钻头水眼进入钻具内，且尝试建立循环失败后钻具水眼2.5h未灌浆顶通，在上述综合作用下使得水眼堵塞。

(四)处理方式与效果

1. 强力活动、尝试循环

卡钻发生后，大幅度活动钻具，最大上提至180t，最小下压至40t，最高强扭35圈，未能解卡。8月1日20：15关井用1.20g/cm^3的钻井液反推、正挤一个井筒容积，环空注入70m^3，水眼注入26m^3；23：45开井活动钻具仍未解卡，开泵后钻井液只进不出，环空不返浆，开泵7min后开始起压，尝试4次后建立循环失败，开井观察发现环空液面高度在四通附近。

2. 采取泡酸处理

2日0：30组织安排盐酸和压裂车到井，经现场讨论，决定水眼注酸浸泡钻头。3：00对压裂车的流程管线试压时，发现钻具水眼不通，最高憋压23MPa仍不通；12：00用压裂车直接连接钻杆水眼打压50MPa，尝试憋通水眼失败。遂决定环空注酸，15：00环空注酸16.17m^3(盐酸浓度为20%)，注酸到位后，每隔20min向裸眼段替入3m^3；22：00大力活动钻具，最大上提至190t，最小下压至40t，最高强扭35圈，尝试解卡失败。

3. 测卡点、爆炸松扣

3日10：00卸掉方钻杆接钻杆单根并大幅度活动钻具，最大上提至190t，最小下压至0，尝试解卡失败。鉴于井下继续处理难度较大，且具备转测试条件，决定倒扣后直接转测试。4日1：30组下测卡仪器至5030m处遇阻，决定转盘倒扣；6：00转盘倒扣31圈，钻具倒开，原悬重由128t下降至126t，钻具水眼通畅；19：00起钻完，转测试。落鱼长度为136.63m，理论鱼顶位置为5676.87m处。

落鱼结构为：Φ149.2mmPDC + 双母接头 ×0.82m + 单流阀 ×0.62m + 定向接头 ×0.65m + Φ88.9mm无磁承压钻杆 ×9.31m + Φ88.9mmDP ×124.93m。

(五)经验教训

1. 对造成故障的原因分析

(1)钻进过程中发生井漏，有进无出，且提钻有阻卡，应采取提钻简化钻具、降密度强钻的做法。降密度至1.24g/cm^3后强钻近20m，井口失返。由于未建立循环，强钻过程中岩屑不能带出，加之井壁不稳存在掉块，遂导致卡钻。

(2)该井是一口开发侧钻井，老井曾在上部地层5500m以上几次酸化，老井井眼附近地层结构遭到破坏，导致侧钻井眼条件十分复杂，采用1.17g/cm^3钻井液钻至5782.35m

处时就曾发生漏失，继续钻至5786.02m处又出现溢流。说明漏失后，液面降低，液柱压力平衡不了地层压力。在发生溢流后，将钻井液密度提升至1.32g/cm^{3}并压井，压稳后提钻更换螺杆，下钻继续钻进。在这样的情况下，没有对漏失层进行处理就继续钻进的方式存在安全隐患。

(3)第二次钻进至5804m处，井口失返，上提钻具遇卡，倒划眼出现憋泵，循环不通，使井眼更复杂，决定起钻简化钻具，降密度强钻，同样留下了安全隐患。

(4)卡钻发生后，试图通过关井挤注泥浆来建立循环的做法也是不可取的。

(5)对于由于环空存在掉块、垮塌造成的卡钻，在建立不了循环的情况下，采取泡酸的做法也是不可取的。

2. 经验教训

(1)目的层发生井漏后，现场人员应当根据每口井的实际情况，正确分析强钻的风险，制定相应的防范措施，防止卡钻等故障的发生。尤其是斜井或水平井井漏后，应该结合地质资料分析是否具备强钻的条件，然后决定是否实施强钻。

(2)对于斜井或水平井，强钻期间应当将钻井液性能调整到合适的范围内，提高其携砂、润滑等性能，确保钻井液符合安全钻进的需要。

八、TP195X井井壁垮塌卡钻

(一)基本情况

该井为托甫台区块的三开制斜开发井，发生故障时井深为3988.8m，钻头位置为3946.6m处，扶正器位置为3924.95m处。该井曾于2017年4月21日10：30钻进至3585m处，进行短起下钻，短起下钻井段为2967～3585m，泥浆密度为1.14g/cm^3，短起下钻正常。短起下钻完成后继续钻进，钻进施工正常。工程施工参数为悬重172t(原悬重)。

1. 钻具组合

Φ250.88mm PDC钻头(SF56H3)+Φ197mm螺杆(1.25°)+631×NC560+NC561×410+Φ172mm坐键接头+Φ174mm无磁钻铤×1根+Φ246mm扶正器+Φ177.8mm钻铤×12根+411×520+Φ139.7mm斜坡加重钻杆×6根+Φ139.7mm钻杆。

2. 钻井液体系与基本性能

密度为1.14g/cm^3；黏度为40s；塑性黏度为12mPa·s；动切为2Pa；静切为1Pa/2.5Pa；失水量为5mL；泥饼厚度为0.5mm；pH值为8；含砂量为0.3%；固体含量为7%；坂含为30g/L；Cl^-浓度为11000mg/L；Ca^{2+}浓度为160mg/L。

(二)发生经过

2017年4月22日5：00钻进至3988.8m处，循环至6：30开始起钻，6：35起第2柱时上提遇阻(悬重由173t上升至188t)，经过多次活动(140～190t)仍未解卡；6：45接鼠洞单根开始活动钻具(80～220t)，未解卡；6：55接方钻杆开泵，排量为8L/s；8：15小排量开泵至19MPa顶通，上下活动钻具，活动范围为140～220t，转盘转动无效，钻具卡死。钻头位置为3946.6m处，扶正器位置为3924.95m处。

(三)原因分析

(1)该井1200～4500m井段设计钻井液密度为1.12～1.22g/cm³，钻进至3988.80m处时密度为1.14g/cm³，钻井液密度偏低导致井壁垮塌、起钻遇卡且开泵困难，是此次故障的直接原因。

(2)22日钻具阻卡后接方钻杆处理，6：55～8：15开泵顶通，用时1.33h。根据开泵及上提遇卡情况，现场判断分析认为是井壁垮塌造成的卡钻。两次测卡点位置分别为3325m和3333m处，此处地层为吉迪克组与苏维依组交界面，岩性为膏质泥岩夹浅棕色泥质粉砂岩、粉砂岩、棕色泥岩。

(四)处理方式与效果

1. 测卡点、爆炸松扣

22日8：15～23日2：30循环活动钻具，待测卡车(排量为40L/s，泵压为21MPa，活动范围为400～2600kN)。23日8：00测卡点为3325m处；10：30爆炸松扣准备；12：00导爆索输送到位；12：30转盘倒转9.5圈施加反扭矩，点火后导爆索未起爆；14：00起导爆索完成；15：00地面检查导爆索；16：15输送导爆索至3317m处；16：30转盘倒转9.5圈施加反扭矩，点火导爆索起爆，悬重由130t下降至122t，释放转盘无回转；18：00起电缆完成。24日2：00起钻完成，落鱼长1186.12m，鱼顶深2760.22m(落鱼结构为：Φ250.88mmSF56H3PDC钻头×0.38m+Φ197mm1.25°螺杆×8.81m+631×NC560×0.89m+NC561×410×0.92m+Φ172mm坐键接头×0.89m+Φ174mm无磁钻铤×9.16m+Φ246mm扶正器×1.61m+Φ177.8mm钻铤×109.12m+转换接头×0.88m+Φ139.7mm斜坡加重钻杆×54.61m+Φ139.7mm钻杆×998.85m)。

2. 下钻对扣打捞

24日9：00下钻至2760m处探鱼顶；10：50冲洗鱼顶(排量为25L/s，泵压为4.5MPa)；12：30对扣，累计进扣6.5圈后活动钻具(120～202t)并开泵循环(排量为25L/s，泵压为10MPa)，对扣成功；12：40上提钻具准备测卡点时提不动钻具，发现钻机中间轴低速齿轮带不动绞车滚筒，遂循环洗井(排量为25L/s，泵压为10MPa)检修钻机。25日0：30钻机检修完毕，接调整短节，坐钻杆卡瓦，坐挂吨位为140t；3：30测卡点完成，卡点位置为3333m处；4：00上提钻具(由140t上升至260t)，坐吊卡，甩调整短节，接方钻杆活动钻具(活动范围40～260t)，未能解卡，对接电缆；装钻具切割弹于6：00输送到位，切割位置为3330.1m处；7：00转盘倒转9圈，施加反扭矩，引爆切割弹，释放反扭矩回转 8.5 圈；8：00 起电缆完成，接方钻杆；11：30 在 40～250t 范围内上下活动钻具，转盘正转未扭断钻具；12：00 转盘正转 16 圈，钻具紧扣；13：00 电缆下导爆索至 3299m 处；13：30 转盘倒转 10 圈施加反扭矩，点火后导爆索起爆，释放转盘后无回转，爆炸松扣成功；14：30 起电缆完成。26 日 1：00 起钻完成（钻具探伤），起出钻具 114 柱共 3289.85m，落鱼长 657.25m，鱼顶深 3289.85m。

落鱼结构为：Φ250.88mm SF56H3 PDC 钻头 ×0.38m + Φ197mm1.25°螺杆 ×8.81m + 631 ×NC560 ×0.89m + NC561 ×410 ×0.92m + Φ172mm 坐键接头 ×0.89m + Φ174mm 无磁钻铤 ×9.16m + Φ246mm 扶正器 ×1.61m + Φ177.8mm 钻铤 ×109.12m + 转换接头 ×0.88m + Φ139.7mm 斜坡加重钻杆 ×54.61m + Φ139.7mm 钻杆 ×469.98m。

爆炸松扣完后，于 4 月 26 日 10：00 接到批复回填侧钻，事故处理结束。

（五）经验教训

1. 造成故障的原因分析

（1）发生故障后，接方钻杆开泵循环时有憋泵现象，说明环空有堵塞、井壁有垮塌，因而导致卡钻。

（2）在起钻遇卡时，在活动钻具近 2h 后才接方钻杆开泵循环，可见现场人员防卡意识不强，对复杂情况采取的处理措施不当。

2. 经验教训

（1）井队人员应提高风险意识，正确分析井下状况并制定合理的措施方案，所采取的各类措施一定要在保证井下安全的前提下执行。

（2）应加强沟通，合理上调钻井密度，严格执行设计规定的短起下要求，及时补充胶液，调整泥浆性能，泥浆性能不达标的情况下绝不能盲目抢进尺。

（3）管理人员必须掌握区域井队生产动态，及时提醒井队人员注意事项，避免复杂情况的发生。

九、TP193 井鹰山组中下部含白云质泥晶灰岩卡钻

（一）基本情况

该井为托甫台区块的四开制直开发井，发生故障时井深为 6935.35m。前期该井在奥陶系鹰山组加深钻进过程中，于 2017 年 3 月 6 日 5：17 钻进至 6885.88m 处，层位为奥陶系鹰山组；上提活动钻具，悬重由 180t 上升至 189t 后遇卡，下放钻具至原悬重后启动转盘，扭矩增大且无法转动解卡，遂循环活动钻具，组织泵车、酸液。7 日 5：25 酸车到井（浓度为 15% 的酸液 20m^3），做注酸前的准备工作；6：50 按注酸技术措施注入浓度为 15% 的酸液 9m^3，替浆至酸液出钻头时解卡；12：30 循环排酸，起钻至管鞋内循环处理钻井液。9 日接到补充设计第一稿，要求钻进至 7679.88m 处（蓬莱坝组），因该层位可参考

井较少，仅收集到TP275H井、TSH2井相关资料，故综合设计要求，将密度提至1.28g/cm^3。10日5：40在循环处理钻井液提密度时，发生漏失；至6：32循环观察(其间6：30～6：32，循环时井口失返)共漏失钻井液8.2m^3；8：30静止观察，每30min灌浆一次，液面监测：环空液面灌满，9：00建立循环。11日16：00返浆正常，截至16：00累计漏失密度为1.25～1.28g/cm^{3}的钻井液11.2m^3，漏失密度为1.20g/cm^{3}的钻井液60.3m^3，漏失密度为1.17g/cm^{3}的钻井液24.41m^3，累计漏失钻井液95.91m^3。根据井漏复杂情况，为了更好地给下一步施工打下基础，经报告请示后开展承压堵漏作业。12日19：00承压堵漏(挤入堵漏浆16.5m^3，停泵立压13MPa，30min压降0.5MPa，井底当量密度为1.36g/cm^3)；22：30人工泄压(返吐0.6m^3)，吹扫管线完成。

12日15：30接到补充设计第二稿，要求钻进至7340.76m处，垂深为7305m，完钻地层为鹰山组，根据承压堵漏结果及设计要求，将钻井液密度提至1.25g/cm^3。在调整泥浆性能的过程中，结合可参考井的施工经验可知，鹰山组下部地层复杂情况较多，容易发生垮塌，井漏风险极大，配备顶驱能更好地处理复杂情况。于是，19日5：30恢复加深钻进，22日5：03钻进至6930.40m处(测深为6916.30m，井斜为3.87°，方位角为108.39°，位移为42.5m)，决定纠斜；7：50纠斜钻进至6935.35m处时，泵压突然升高，立压由19.5MPa上升至21.2MPa，立即上提活动钻具，遇卡。

1. 工程施工参数

钻压为20～40kN；转速为30r/min+螺杆；排量为11L/s；泵压为21MPa。

2. 钻具组合

Φ165.1mmPDC(BESTEM1365D)+螺杆(1.25°)+浮阀+坐键接头+Φ120mm无磁钻铤+Φ120mm钻铤×11根+311×NC350+饶性短节+Φ120mm随钻震击器+NC351×310+Φ120mm钻铤×2根+旁通阀+Φ88.9mm钻杆+转换接头+Φ101.6mm钻杆。

3. 钻井液体系与基本性能

密度为1.25g/cm^3；黏度为59s；塑性黏度为20mPa·s；动切为8Pa；静切为3Pa/8Pa；失水量为4mL；泥饼厚度为0.5mm；HTHP为12mL(130℃)；pH值为11；含砂量为0.1%；固体含量为7%；坂含为37g/L；Cl^-浓度为17620mg/L；Ca^{2+}浓度为560mg/L。

4. 地层及岩性描述

奥陶系中下统鹰山组，含白云质泥晶灰岩。其中，6919～6935.35m井段，含白云质泥晶灰岩，呈灰色且色不匀，局部呈浅褐灰色；方解石含量为85%～90%，白云石含量为10%～15%，白云石分布较均匀。泥晶基质含量为100%；性硬，致密，断口呈贝壳状，岩屑呈片状。滴HCl反应液清澈，滴镁试剂见少量蓝色沉淀。岩屑中可见微裂缝被黑色沥青质完全充填。

(二)发生经过

3月22日5：03钻进至6930.40m处(测深为6916.30m，井斜为3.87°，方位角为

108.39°，位移为42.5m)；7：50纠斜钻进至6935.35m处时，泵压突然升高，立压由19.5MPa上升至21.2MPa，立即上提活动钻具并遇卡(活动钻具时悬重逐步由188t上升至219t)，钻头未离开井底，高架槽返浆正常，根据现场情况可知发生卡钻。

(三)原因分析

1. 卡钻原因

奥陶系鹰山组中下部地层岩性为含白云质泥晶灰岩，卡钻地层白云质含量达10%~15%，岩性较脆，井壁稳定性较差，岩屑中有明显的剥落掉块。3月6日发生过一次卡钻，经泡酸解除，综合分析可知，此次钻卡为井壁失稳导致的硬卡。

2. 井漏原因

(1)注酸液解卡可能导致原来被封堵裂缝溶蚀，失去封堵效果，出现复漏。

(2)奥陶系缝洞较发育，地层承压能力较低，造成漏失。

(四)处理方式与效果

1. 强力活动钻具

活动范围为160~220t，未解卡，遂决定泡酸。

2. 第一次泡酸

23日0：30注酸液8m^3(裸眼3m^3，钻具水眼5m^3)至卡点钻头位置，每10min顶通一次，每次注入0.5m^3，共注入5次之后，改为每10min顶通一次，每次注入0.2m^3；2：30开始每10min活动一次钻具(悬重由160t先上升至200t，再上升至220t)，顶替泥浆0.5m^3后未解卡，遂决定循环排酸；3：00开泵顶替泥浆后未返浆，发生漏失(漏失1.25g/cm^3钻井液1.1m^3)；4：00重新建立循环(排量为11L/s，累计漏失钻井液31.5m^3)；10：00每30min环空吊灌密度为1.25g/cm^3的钻井液2m^3，并活动一次钻具(活动范围为160~200t)，同时以3L/s的排量顶通一次水眼(累计漏失钻井液55.5m^3)，漏失量减小。针对以上复杂情况，决定进行第二次泡酸，从而解决卡钻问题，

3. 第二次泡酸

24日3：30注酸液8m^3(裸眼1m^3，钻具水眼7m^3)至卡点钻头位置；6：00反复活动钻具但未解卡(活动范围为160~220t)；15：00循环活动钻具解卡(下压钻具8t，14：30~15：00钻具反转，泵压由22MPa下降至18.5MPa，钻具悬重由180t上升至188t，恢复原悬重，逐步上提钻具无阻卡，判断认为钻具解卡，累计漏失1.25g/cm^3的钻井液104.7m^3)。3月25日8：00起钻完成，检查发现入井钻具完好，无落鱼。

(五)经验教训

1. 造成卡钻故障的原因分析

(1)在发生卡钻的前期，钻至井深6885.88m处时就发生过卡钻，通过泡酸解除，只

采取了提密度至 1.28g/cm³ 的处理措施，没有对钻井液进行润滑、封堵、防塌等其他性能的优化调整；在继续钻进过程中再次发生漏失时，又降低了钻井液密度；在进行地层承压堵漏后，再次提升钻井液密度至 1.25g/cm³。这就说明在面对复杂地层时，对钻井液密度与地层关系的认识不到位，处理措施不当，最终导致了事故的发生。

(2)地层复杂，井壁不稳定，施工难度大，加之发现井斜角增大后进行了纠斜，因而增大了卡钻的风险。

2. 发生卡钻后处理过程的分析

发生卡钻后，由于仍能正常循环，采取泡酸解卡的措施是可行的。第一次泡酸失败后，又进行了第二次泡酸并成功解卡，可见处理事故时要坚持，不要轻易放弃。

3. 经验教训

(1)在起下钻遇阻时，应立即接方钻杆进行循环，在保持循环畅通的情况下，通过活动钻具、划眼、处理泥浆等措施使井眼恢复正常后方可进行下一步作业。

(2)钻井液性能维护方面，应进一步加大沥青类封堵防塌材料和抑制类处理剂的用量，保证钻井液体系良好的封堵防塌能力和强抑制能力。

(3)塔河油田主体区块鹰山组中下部含白云质灰岩地层钻井、施工井较少，可借鉴的邻井资料有限，建议对该地层的岩石物理化学性质进行研究，这将有助于针对此地层采取有针对性的措施，解决井壁不稳定问题。

十、TH12451 井巴楚组沉砂卡钻

(一)基本情况

该井为塔河 12 区的一口三开制直开发井。2017 年 2 月 6 日 11：00 钻进至二开中完井深为 6488m；18：00 牙轮钻头通井起钻至 5144m 处，钻机出现故障，至 9 日 3：00 将设备修理好后，10 日开始组下牙轮钻头进行二开电测前通井。

1. 工程施工参数

悬重为 201t(原悬重)。

2. 钻具组合

Φ250.88mm 牙轮钻头(HAT127)+630×410+浮阀+Φ177.8mmDC×2 根+Φ245mm 扶正器+Φ177.8mm 无磁钻铤×1 根+Φ177.8mmDC×7 根+Φ127mmHWDP×6 根+Φ127mmDP×193 根+411×520+Φ139.7mmDP。

3. 钻井液体系与基本性能

密度为 1.31g/cm³；黏度为 57s；失水量为 4.4mL；塑性黏度为 23mPa·s；动切为 7Pa；初/终切为 2Pa/6Pa；pH 值为 9；泥饼厚度为 0.5mm；坂含为 40g/L；固体含量为 11%；含砂量为 0.2%；Cl^- 浓度为 22500mg/L；Ca^{2+} 浓度为 200mg/L；HTHP 为 12mL(120℃)。

(二)发生经过

2月10日开始下钻通井，10日17：00下钻至井深3410处循环2.5h，11日2：00下钻至5100m处循环4h，7：25～12：02下钻过程中在5203.22～5212.16m、5308.61～5319.06m、5421.19～5459.32m、5485.78～5504.47m井段进行划眼处理，划眼时参数为：钻压为10～30kN，转速为30～40r/min，扭矩为30～40kN·m，排量为10～25L/s，立压为10～13MPa。13：25～14：09从井深5820.33m处下钻至6131m处遇阻(其间用时45min，下钻300m，分析曲线下钻速度为0.3m/s)，悬重由201t下降至188t，遇阻13t；第11柱上单根接头下入转盘面后遇阻，上提252t至6126m坐吊卡，甩掉上单根后接方钻杆，开泵灌浆，灌满水眼后，间歇开泵不通，排量为6L/s，泵压为7～9MPa，井口不返浆，尝试开转盘，扭矩由43kN·m上升至56kN·m，转盘憋停，释放扭矩。16：00活动钻具，其间起甩一个单根，钻具活动范围为40～320t，开泵不通，泵压保持20MPa不降，转盘转不动，钻具卡死，钻头位置为6116m处，扶正器位置为6095m处。

(三)原因分析

(1)该井在前期维修钻机故障时，遇卡井段钻井液静止时间为4.92d，浸泡时间较长，加之返出钻井液的密度由1.31g/cm^{3}上升至最高1.37g/cm^3，井下泥浆沉降稳定性差，静滤失增大，造成巴楚组下泥岩段井壁形成虚厚泥饼，以及滤失液进入地层浸泡泥岩段，导致井眼不稳定。

(2)通过套铣过程的现象可以判定，卡点在扶正器位置。下钻过程中岩屑下沉、泥岩段水化膨胀导致井眼缩小，扶正器刮井壁虚厚泥饼，缓慢在扶正器位置堆积，下钻遇阻时没有及时开泵划眼将虚泥饼带出井眼，这可能是引发卡钻的直接原因。

(3)现场管理人员没有意识到钻井液长时间静止、浸泡井眼存在的隐患，没有针对井眼状况制定逐步分段循环清洗井眼的可行性措施方案；尤其是在5162～6116m井段间断性划眼过程中未彻底循环泥浆，未将井内掉块及岩屑、虚泥饼清理出井眼，最终导致其在扶正器处堆积并在扶正器处卡死。

(四)处理方式与效果

1. 测卡点、爆炸松扣

2月12日2：00测卡车到井，其间间断活动钻具(50～280t)；13：00测卡完(卡点位置为6095m处，为扶正器位置)；18：15下放爆炸松扣器至6000m处，并进行爆炸松扣准备(打反扭矩18圈，电缆校深时钻具自转倒开，倒开钻具悬重为204t)。13日16：30起钻完，计算鱼头位置为6061.34m处，落鱼总长57.96m。

落鱼结构为：Φ250.88mm HAT127牙轮钻头×0.30m+630×410双母接头×1.04m+浮阀×0.65m+Φ177.8mmDC×2根(18.02m)+Φ246mm扶正器×1.77m+Φ177.8mm无

磁钻铤×1根(9.30m)+Φ177.8mmDC×3根(26.88m)。落鱼总长57.96m。

2. 套铣、打捞筒和公锥打捞

16日2：00套铣前通井起钻完成；3：00组下套铣钻具至6060m处，冲洗、清理鱼头；13：30套铣至6109.27m处，其间落鱼下移11.22m至6072.56m处。18日8：15起套铣管柱完成。19日1：00组下卡瓦打捞筒打捞，未能捞获落鱼。20日15：30组下公锥打捞落鱼，上提悬重(由220t上升至250t)，再下降至230t，解卡。21日15：20起钻完成(公锥对扣的钻铤被套铣时产生的岩屑和铁屑堵死，下部钻具、浮阀及钻头水眼通畅)，捞获全部落鱼，故障解除。

(五)经验教训

(1)当施工现场发生影响正常施工的情况时，在恢复正常生产后应提高风险意识，正确分析井下状况并制定专门的措施方案。在松软地层或虚泥饼厚、井眼缩小的井段，应采取"一通、二冲、三划"的技术措施，只要遇阻就及时开泵冲划，大段划眼处理完成后应充分循环，确保井眼清洁后再进行下一步作业。

(2)处理卡钻故障的过程中需要进行套铣作业时，要把握好三点：一是入鱼前要彻底清洗井眼；二是保证入鱼不出偏差；三是严谨操作，防止套铣筒出现扭断等新的故障。

(3)测卡点施加反扭矩的过程中，往往会出现"未爆先开"的情况，为避免这一情况，应在施加反扭矩前分段认真紧扣。若出现"未爆先开"的情况，当开扣位置不在设计位置附近时，要重新紧扣后再施加反扭矩。

十一、TP345井志留系卡钻、断钻具

(一)基本情况

四级结构井三开，发生井漏后起钻更换钻具，泵堵漏浆时发生憋泵，故障发生时井深为6253m，卡钻钻头位置为5791.71m处。

1. 钻具组合

Φ215.9mm牙轮钻头(型号MD517X)+430×410+411×4A10+Φ165mm钻铤×6根+4A11×410+Φ127mm加重钻杆×6根+Φ127mm钻杆+411×DS550+Φ139.7mm钻杆。

2. 钻井液体系与基本性能

采用聚磺防塌钻井液体系：密度为1.35g/cm^3；黏度为50s；塑性黏度为25mPa·s；动切为6.5Pa；静切为2.5Pa/10Pa；pH值为10；失水量为3.2mL；泥饼厚度为0.4mm；含砂量为0.1%；固体含量为12%；坂含为36g/L；Kf为0.0524；Cl^-浓度为51200mg/L；Ca^{2+}浓度为360mg/L；HTHP为9.6mL(125℃)。

(二)发生经过

2016年3月16日发生井漏后起钻换钻具进行堵漏。17日下钻至套管内无漏失，17日

8：17 接方钻杆划眼至钻头位置 5826.00m 处时，出口流量突然由 26.5% 下降至 0，起钻至套管内配堵漏浆；17：30 下钻至 5789m 处；18：14 泵入堵漏浆 $43m^3$；18：58 替入密度为 $1.35g/cm^3$ 的井浆 $20m^3$（排量为 15L/s，泵压为 9.5MPa，从开始泵入堵漏浆至此，架空槽不返浆，此过程保持上下活动钻具），活动钻具时将悬重由 2050kN 上提至 2298kN，立压由 8.4MPa 上升至 21.6MPa，泵冲下降，此后下放至原悬重（2050kN），泵压由 21.6MPa 下降至 8.4MPa，开转盘后钻具不能自由转动，判断为卡钻。

卡钻后，3 月 18 日 18：58 ~ 19 日 22：00 以向下冲击下压为主，活动范围为 400 ~ 2500kN，同时向转盘施加扭矩（钻具转 18 ~ 21 圈）然后下冲，释放扭矩，钻具静止时下压至 40t。3 月 19 日 22：00 ~ 3 月 21 日 7：57，以大幅上提钻具为主，上提后吨位主要为 240t、260t、280t，此外，还较少次地上提至 300t、310t，同时向转盘施加扭矩（钻具转 18 ~ 21 圈），释放掉扭矩，钻具静止时上提至 240t。21 日 7：57 上提钻具至原悬重（2007kN），开转盘转 21 圈时录井仪器扭矩由 0 上升至 12.1kN·m，再下降至 0（钻井参数仪扭矩由 0 先上升至 29kN·m，再下降至 8.2kN·m），悬重由 2007kN 下降至 1870kN，钻具发生断裂。

落鱼结构为：Φ215.9mm 牙轮钻头（型号 MD517X）×0.24m + 430 × 410 × 0.8m + 411 × 4A10 × 0.73m + Φ165.1mm 钻铤 × 6 根（55.64m）。落鱼长度为 57.41m，鱼顶位置为 5734.3m 处。

（三）原因分析

（1）在注堵漏浆及替浆过程中，井内掉块严重、井壁坍塌，钻具埋死、环空不畅，造成卡钻。

（2）在处理卡钻过程中，为防止上部钻具黏卡，长时间大幅度上提、下压钻具，转转盘施加扭矩，导致钻具疲劳，最终钻具断裂。

（四）处理方式与效果

1. 母锥打捞

23 日 13：00 组下母锥打捞，因鱼头靠近井壁，母锥没有套住鱼头，打捞失败。

2. 回填侧钻（等回填打水泥塞期间下卡瓦打捞筒打捞）

25 日 4：00 组织入井卡瓦打捞筒、下击器进行打捞作业，探鱼头、循环冲洗，捞获落鱼后泵入 $15m^3$ 解卡剂，活动钻具（范围为 1800 ~ 2300kN）后仍未解卡，接到批复打水泥塞回填侧钻，故障处理结束。

（五）经验教训

前期施工过程中多次出现井漏复杂情况，在塔塔埃尔塔格组、柯坪塔格组起下钻作业时井眼不通畅，并且存在井壁掉块严重、井壁不稳定的情况。

（1）由于对井下风险认识不足，在入井钻具组合选择方面考虑欠妥，加剧了井下情况的复杂性。

(2)钻井液性能维护方面，应保障沥青类封堵防塌材料和抑制类处理剂的加量，保证钻井液体系具有良好的封堵防塌能力和抑制能力。

(3)处理卡钻事故时，在长时间大吨位上提、下压钻具无效的情况下，应尽快根据井下情况制定下一步方案，避免对井下钻具造成疲劳损伤，导致发生断钻具故障。

(4)应认识到，在打水泥塞期间打捞到落鱼后，注解卡剂是无效措施。

(5)该故障的正确处理思路是在确保鱼头以上井眼稳定、畅通后，通过套铣进行处理。

第三节　黏附卡钻及其他卡钻

黏附卡钻(简称“黏卡”)是钻井过程中十分常见的故障之一。一般情况下，黏附卡钻故障发生得突然，处理过程相对简单。但若是在发生黏卡故障后对黏卡的性质判断不准确或没有及时处理，则往往会贻误最佳处理时机，并且可能会演变为其他类型的卡钻。一旦演变为其他类型的卡钻，则处理的难度和所造成的损失都将大大增加。本节对比较典型的黏卡故障进行了总结分析。

一、YZ2 井压差黏附卡钻

(一)基本情况

该井为五开结构，二开钻进期间振动筛见石膏，起钻期间有遇阻显示，发生故障时井深为4983.6m，钻头位置为4598.7m处。

1. 钻具组合

Φ333.38mmPDC + Φ244mm 螺杆 + Φ228.6mmDC × 1 根 + Φ331mm 球形扶正器 + Φ228.6mmDC × 2 根 + 变扣 + Φ203.2mmDC × 9 根 + Φ203.2mm 震击器 × 1 根 + 变扣 + Φ139.7mmHWDP × 9 根 + 变扣 + Φ139.7mmDP。

2. 钻井液体系与基本性能

采用聚磺防塌钻井液体系：密度为1.75g/cm^3；黏度为56s；塑性黏度为30mPa · s；动切为7.5Pa；静切为1.5Pa/5.5Pa；pH 值为11；失水量为2.6mL；泥饼厚度为0.5mm；坂含为24g/L；固体含量为25%；含砂量为0.2%；Cl^-浓度为43000mg/L；Ca^{2+}浓度为220mg/L；K^+浓度为20000mg/L；HTHP 为9.2mL(120°)；Kf 为0.0524；含油量为5%。

(二)发生经过

2018年4月30日11：05起钻至井深4598.70m，卸立柱后上提钻具遇卡，悬重由196t上升至220t，下放钻具至吊卡坐于转盘面，未开；接顶驱开泵循环，立压、返浆正常，上提至原悬重(196t)后开顶驱，顶驱憋停，扭矩为14.1kN · m；随后带泵活动钻具，以下压为主，活动吨位为25～220t，最大扭矩为24.2kN · m，最多强扭11圈，钻具未活动开，活动钻具期间震击器未工作，发生卡钻故障。

(三)原因分析

(1)由于没有下压空间，卸立柱后上提钻具遇卡吨位不宜过大(由196t上升至220t)，根据上一柱的起钻静摩阻实际吨位增加5t即可。

(2)上提遇卡后下放钻具吊卡至转盘面压不开后，应第一时间抢接立柱或单根下压至悬重为0，而不是先开泵后下压。

(3)活动钻具时震击器没有工作，应考虑震击器上部钻具或震击器本身是否出现了黏卡现象。

(四)处理方式与效果

1. 活动钻具尝试解卡

发生卡钻故障后，5月1日5：12接顶驱开泵上下活动钻具，活动吨位为40～220t(钻具原悬重为196t)，最大扭矩为24.2kN·m，最多扭转11圈，未解卡；活动钻具期间立压、返浆正常，但震击器未工作。

2. 泡解卡剂

5月1日5：45注解卡剂32m^3，其中，环空17.31m^3，水眼预留14.69m^3，环空浸泡井段为4310～4610m，然后继续上下活动钻具，活动吨位为35～196t(以下压为主)，最多扭转15圈，每半小时顶浆0.3～0.5m^3。5月2日0：00开泵循环排出井内解卡剂，未解卡。

3. 循环降密度、测卡点

5月2日0：00开始循环降密度。5月3日11：00钻井液密度由1.75g/cm^{3}下降至1.66g/cm^3，其间间断上下活动钻具，活动吨位为35～196t(以下压为主)，最多扭转17圈，最大扭矩为25kN·m；20：00测卡点准备，至5月4日5：30测卡点，测得卡点位置为4237m处。

4. 第二次泡解卡剂

5月4日21：50注解卡剂48.7m^3，其中，环空38.7m^3，水眼预留10m^3，环空浸泡井段为4145～4610m，然后继续上下活动钻具，活动吨位为30～196t(其间间断性地最高提至260t)，最大扭矩为35kN·m，每半小时顶浆0.3～0.5m^3。5月5日19：30开泵循环排出井内解卡剂，未解卡。

5. 测卡点、循环降密度

5月5日20：00进行测卡点前准备，至5月6日1：00测卡点，测得卡点位置仍为4237m处，然后循环降密度。5月7日4：15钻井液密度由1.66g/cm^{3}下降至1.54g/cm^3，然后循环处理钻井液，静止观察未发现异常，此后继续配制解卡剂。

6. 第三次泡解卡剂

5月8日0：30注强碱泥浆30m^3(浓度为5%，返高为4245m)；4：30上下活动钻具，活动吨位为30～190t，最多扭转15圈，每半小时顶浆0.3m³；先后注低黏泥浆20m³（密度为1.65g/cm³，黏度为44s）、高黏泥浆15m³（密度为1.54g/cm³，黏度为165s）；8：15循环排出强碱泥浆。

5月8日9：05注解卡剂73m³，其中，环空44.3m³，水眼预留28.7m³，环空浸泡井段为4085～4610m，然后继续上下活动钻具；11：20活动钻具上提至180t（钻具原悬重为196t），强扭18圈，扭矩为35kN·m，在下放钻具过程中，悬重由120t上升至196t，恢复原悬重，启动顶驱转动正常，卡钻故障解除。

（五）经验教训

1. 故障原因分析

此次故障主要是由于压差导致的，加之操作不当、钻井液润滑性能差，最终造成卡钻。

（1）该井段所钻地层岩性以棕褐色泥岩、粉砂岩和灰白色石膏岩为主，设计钻井液密度为1.15～1.4g/cm³。由于有石膏岩的出现，为降低其蠕变速度，实际钻井液密度为1.75g/cm³，这就使得在井底井筒与地层之间存在15～27MPa的压差。

（2）起钻时就存在挂卡现象，说明钻井液性能因受到石膏污染而变差，泥饼虚厚，润滑性差。

（3）起钻技术措施方案制定和执行不到位，在卸开立柱和下柱起钻之间没有转动转盘，因而增加了钻具的静止时间。

2. 发生卡钻后的处理过程分析

卡钻发生后第一时间强接钻具是正确的，但是不应该先开泵后活动钻具，这样会增加钻具的静止时间。正确的做法是先下压钻具或带扭矩下压钻具，无法解卡后再开泵保持井眼畅通，为下一步措施做准备。在活动钻具无效时采取浸泡解卡剂、降密度、测卡点的措施是正确的，但是应该首先拉个卡点为浸泡解卡剂提供依据，而不应该根据经验决定浸泡井段。在此次故障处理过程中，第一次浸泡解卡剂的用量明显偏少，没有完全浸泡被卡钻具，延误了解卡时间。

二、TP12－Q3H井黏附卡钻

（一）基本情况

该井为三开制水平开发井，发生故障时井深为4449.90m，钻头位置为4449m处。二开滑动钻进期间存在托压15～24t。

1. 钻具组合

Φ215.9mmPDC＋Φ172mm单弯无扶螺杆（1.5°）＋浮阀＋Φ177.8mm无磁DC×1根＋无磁悬挂短节＋Φ127mmDP×131根＋旁通阀＋Φ127mmHWDP×60根＋411×520＋Φ139.7mmDP。

2. 钻井液体系与基本性能

密度为1.20g/cm^3；黏度为54s；塑性黏度为20mPa·s；动切为7Pa；静切为2.5Pa/6Pa；HTHP为9.8mL(130℃)；失水量为3.2mL；泥饼厚度为0.5mm；pH值为10；含砂量为0.2%；坂含为32g/L；固体含量为11%。

3. 井身质量数据

测深为4432.10m，垂深为3995.34m，井斜为89.60°，方位角为52.02°，位移为629.70m，狗腿度为0.31°/30m。

(二)发生经过

该井于2018年8月8日21：10定向滑动钻进至4449m处，滑动钻进托压严重，上提活动钻具，原悬重为163t，上提活动至210t时提开，超拉47t时提开(含摩阻20t)。钻具活动开后继续定向钻进；至22：05定向钻进至4449.90m处，发现托压至24t，准备上提活动钻具；至22：14上提钻具至4445.57～4449.21m井段时遇阻卡，悬重由150t上升至243t，原悬重为164t，钻具未提开，发生黏附卡钻。

(三)原因分析

(1)在已经出现托压向上多提47t才能提开的情况下，仍对井下恶劣情况认识不足，盲目打进尺、抢进度，最终导致了卡钻的发生。

(2)应针对井下实际情况及时调整钻井液性能，通过短程起下钻、有针对性的划眼、大排量洗井等措施来破除岩屑床，净化井眼。

(四)处理方式与效果

1. 活动钻具、泡原油试解卡

9日0：28替入原油与井浆比例为1∶1的混合物共计16m^3(钻杆内预留5m^3)；2：00上下活动钻具尝试解卡无效(悬重变化范围为165～325t)。

2. 第一次泡解卡剂

9日10：37循环泥浆，现场配解卡剂28m^3；11：21泵入密度为1.20g/cm^3的解卡剂25m^3(环空泡解卡剂15m^3，井段为3809.90～4449.90m，水眼内预留10m^3)；24：00泡解卡剂，间断性地活动钻具(悬重变化范围为164～280t)，每半小时顶通0.5m^3。10日14：00排解卡剂，循环泥浆(排量为26L/s，泵压为21.62MPa，其间振动筛有泥皮返出，持续15min)，间断活动钻具试解卡无效(悬重变化范围为165～279t)。

解卡剂配方为：18m^3柴油+4m^3清水+12t重晶石粉+2.5t SR301+1t有机土+1.4t快T。

3. 第二次泡解卡剂

10日14：00现场配制解卡剂45m^3；15：00泵入密度为1.20g/cm^3的解卡剂36.4m^3

（环空泡解卡剂 $20m^3$，井段为 3617～4449.90m，水眼内预留 $16.4m^3$）。11 日 14：20 泡解卡剂，间断性地活动钻具但无效（悬重变化范围为 164～278t），每半小时顶通 $0.5m^3$；18：00排解卡剂，循环泥浆，间断性地活动钻具（悬重变化范围为 164～278t）；18：30 替入密度为 $1.19g/cm^3$、黏度为 35s 的稀浆 $20m^3$（带出少量红棕色岩屑）。12 日 10：30 大排量循环冲洗井筒（排量为 28L/s，泵压为 21.56MPa），降泥浆密度至 $1.17g/cm^3$，间断性地活动钻具但无效（悬重范围为 164～248t，强扭钻具 9～12 圈，扭矩范围为 10～22kN·m）；12：00 停泵观察；13：30 循环冲洗井筒、测油气后效（无后效显示）；19：00 循环冲洗井筒（振动筛无岩屑返出），降密度至 $1.16g/cm^3$，其间活动钻具但无效（悬重范围为 162～246t，强扭钻具 9～12 圈，扭矩范围为 9.68～20.24kN·m）。

解卡剂配方为：$22m^3$ 柴油 +$6m^3$ 清水 +2t SR301 +2t 有机土 +2t 快 T +14t 重粉。

4. 第三次降压差泡解卡剂

12 日 19：00 现场配制密度为 $1.16g/cm^3$ 的解卡剂 $36m^3$（配方：$25m^3$ 柴油 +$6m^3$ 清水 +2t SR301 +2t 有机土 +2.4t 快 T +13t 重粉）；19：40 泵入密度为 $1.16g/cm^3$ 的解卡剂 $30.6m^3$（环空泡解卡剂 $18.6m^3$，井段为 3674.90～4449.90m，水眼内预留 $12m^3$）。14 日 10：00 泡解卡剂，间断性地活动钻具但无效（悬重范围为 164～260t，强扭钻具 9～12 圈，扭矩范围为 10～22.64kN·m）；11：00 循环冲洗井筒同时，决定进行钻具倒扣回填侧钻。15 日 2：00 循环冲洗井筒（11：25～11：30，振动筛内有少量泥皮返出，循环过程中全烃值变化范围为 0.663%～0.997%，C1 变化范围为 0.0054%～0.2818%，循环加重，逐渐将泥浆密度增大至 $1.18g/cm^3$）。

5. 测卡点、倒扣

15 日 2：45 倒扣取钻杆滤网、接短钻杆（上提至 164t，转盘倒扣 15 圈，悬重由 164t 下降至 128t，倒扣成功；上提坐卡取出钻杆滤网，接短钻杆 4.86m）；2：50 下放钻具至鱼顶，下压 2t，转盘上扣 15 圈，继续正转 9 圈，扭矩由 0 上升至 22.4kN·m，释放扭矩后上提钻具，悬重由 128t 上升至 164t（钻具原悬重）。16 日 11：00 循环冲洗井筒、测卡点车到井；14：00 循环冲洗井筒、加重（调整泥浆密度至 $1.20g/cm^3$），分段紧扣（悬重为124～170t，正转 11 圈，回 10 圈），进行测卡点、爆炸松扣前准备；16：30 下测卡点仪器至井深4153m 处遇阻，上提仪器至井深4143m 处测卡点，正转 8 圈，仪器有显示，释放扭矩后再次正转 10 圈，仪器有明显显示，释放扭矩后反转 6 圈，仪器显示不明显，释放扭矩后再次反转 8 圈，仪器有显示，证明 4143m 以上钻具未黏卡；19：00 上提测卡点仪器，下入爆炸松扣仪器至井深 4020m 处，反转转盘 12 圈后引爆成功，司钻释放扭矩使转盘正转 12 圈，上提钻具至悬重为 220t，验证爆炸松扣未成功。考虑井深 4140m 处井斜偏大（70.10°），爆炸松扣较困难，因此拟用切割弹对井深 4140m 处钻具进行切割。

6. 下切割弹切钻具

16 日 9：00 接方钻杆循环，间断性地活动钻具，待切割弹到井（切割弹于 9：00 到井）；10：30 下模拟切割弹至井深 4183m 处遇阻，上提无遇卡显示；11：30 模拟切割弹完成；13：30 下切割弹至井深 4166m 处，上提至悬重为 190t，点火 4 次，电缆张力无变化，大钩悬重无变化，切割未成功，起出切割弹检查；14：30 仪器出井，切割弹未引爆；16：30 第二次下切割弹至井深 4152m 处，点火引爆，仪器有明显显示；17：00 仪器出井，切割弹已引爆；17：17 上提至悬重为 220t，悬重无变化，下放至原悬重为 164t 后再次上提至悬重为 240t，此后悬重下降至 174t，确认成功切割钻具。17 日 6：00 起钻完成并检查钻具，钻具从 Φ127mm 钻杆处断裂。打水泥塞回填侧钻。

（五）经验教训

1. 故障原因分析

（1）摩阻的产生受岩屑床、井轨迹、岩屑浓度、钻井液性能（润滑性）等因素的影响。在该井中，由于没有有效破除岩屑床，致使在滑动钻进时钻具“躺”在岩屑床上，随着时间的延长，钻具与井壁（岩屑床）贴合越来越紧，摩阻也越来越大，显示为“托压”，“托压”越大，上提的吨位越大，再加上地层的压差作用，最终造成了卡钻。

（2）钻井液性能差是导致此次故障的重要原因。钻井液不能有效携带岩屑且润滑能力不足、井壁质量差，致使岩屑堆积在下井壁上，形成了岩屑床。

（3）应尽量提高钻井排量，提高携岩效率，加强对井壁的冲刷，降低岩屑床形成的可能性，从而降低钻具摩阻。

2. 发生卡钻后的处理过程分析

（1）故障发生后，首先大排量洗井并及时浸泡原油的思路是正确的；在泡原油无效的情况下所采用的浸泡解卡剂、降密度浸泡解卡剂的方法也是合理的。

（2）由于处理此类水平井故障时不可控因素较多、处理难度较大，从经济性角度考虑，进行侧钻的选择也是合理的。

三、SHB5－3 井四开钻进残余套管附件卡钻

（一）基本情况

四级结构井四开钻进，准备接单根带泵上提时遇挂卡，下压方钻杆至无下放空间但未放开，发生故障时井深为 7386.45m，卡钻钻头位置为 7383.57m 处。

1. 钻具组合

Φ149.2mmPDC＋330×310 双母×0.86m＋浮阀×0.59m＋Φ120mmDC×18.6m＋Φ146mm 扶正器×1.14m＋Φ120mmDC×204.26m＋310×311 旁通阀×0.66m＋Φ88.9mmDP×3852.05m＋311×DS550×0.75m＋Φ127mmDP。

2. 钻井液体系与基本性能

采用聚磺防塌泥浆体系：密度为 1.24g/cm^3；黏度为 48s；塑性黏度为 16mPa·s；动切为 5.5Pa；初/终切为 2Pa/6Pa；失水量为 4.2mL；pH 值为 10；泥饼厚度为 0.5mm；坂含

为30g/L；固体含量为9%；含砂量为0.1%；HTHP为11.6mL(150℃)；Kf为0.0612。

(二)发生经过

该井三开中完井深为7330m，2017年11月14日21：00四开钻进至7386.45m处，停转盘，带泵上提钻具准备接单根；上提至7383.57m处发生挂卡，悬重从195t上升至211t，排量为15L/s，立压为18.5MPa，逐级下放至172t，此时，由于方钻杆已放完，无法继续下压，钻具卡死。

(三)原因分析

(1)根据四开测井曲线显示可知，四开裸眼段井径较规则，最大井径在管鞋附近(7330m/7.23in)。

(2)故障解除起钻完成后，发现钻头保径部分有明显磨痕，扶正器无明显刮痕，在水眼内发现附件残余。对后期钻具组合中打捞杯捞出的物体进行分析发现，部分可被磁铁吸附，判断为套管浮箍内弹簧；另有部分掉块和不可被磁铁吸附的合金物体，分析认为该故障为套管残余附件造成的卡钻。该井处理故障时中途停泵、倒扣加单根后，泵压异常(排量为3.5L/s，立压为21MPa)，据此判断钻头处应该有物体没有循环干净。

(3)该井打完单根后停转盘、开泵上提时，没有采取开动转盘和开泵倒划眼的方式上提钻具，也是导致卡钻故障的原因之一。

(四)处理方式与效果

1. 活动钻具

活动范围为172~220t，辅以在原悬重下间断性地逐级强扭钻具30圈，带扭矩下压，扭矩由0上升至17.4kN·m，下压20~30min后释放扭矩，继续控制在172~200t活动钻具，未解卡。

2. 泡酸、卡点下移

16日3：10开始注酸，浸泡井段为7330~7386.45m，每30min顶浆0.5m^3，钻具活动范围为172~220t，泡酸期间间断性地施加扭矩下压活动钻具，累计活动钻具52次；6：55下放钻具至7385.01m处，悬重从180t上升至188t，钻具放脱，启动转盘正转30圈(扭矩为17.4kN·m)，未转开，上提钻具，悬重从188t上升至200t后遇卡，然后(卡点下移)下放至184t但未脱(方钻杆已放完)，判断为块状物随钻头下行未解卡。

3. 倒扣、对扣接单根、活动钻具

钻具倒开、井口接一个单根后对扣成功，开始对扣(排量为3.5L/s，立压缓慢上涨，至13.6MPa时出口返浆，立压为21MPa时停泵，判断水眼内存在部分堵塞)；17：30活动钻具时脱扣，对扣成功后对钻具逐级紧扣；19：00悬重在177t紧扣时，扭矩回零，钻具解卡，上提钻具恢复原悬重196t。

2017年11月18日19：30起钻完，钻头出井，检查发现钻头完好，6#刀翼保径面有明显刮痕，钻头1#水眼完全被岩屑堵塞，2#、3#水眼局部被岩屑堵塞。

(五)经验教训

(1)扫管鞋及附件时注意控制参数，扫穿后多循环一段时间并配合上下活动钻具，从而将井底清理干净。

(2)方钻杆单根钻进时要预留方入1m以上，钻进过程中，打完方钻杆后在井底增加循环时，尽量将钻屑或其他异物上返后再上提钻具。

(3)无论是钻水泥塞还是套管附件，都要重视泥浆性能，要保证其有一定的悬浮能力。该井在钻附件时，泥浆的塑性黏度和动切都偏低，值得注意。

(4)扫套管附件推荐做法：

①扫塞至重力塞、浮箍、浮鞋位置时，适当降低转盘(顶驱)转速、钻压，确保将附件磨碎磨小，避免出现较大块状附件，不利于后期研磨及泥浆携带。

②扫塞至最后浮鞋位置时，应严格控制扫塞参数，保证扫浮鞋时间在120min以上，以确保附件磨碎。

③扫塞过程中可能出现胶皮或者金属附件随钻头转动的现象，此时应停泵并上下活动钻具，在不开泵的情况下压一定钻压，然后缓慢启动泵及转盘(顶驱)，在附件位置可以多次尝试，从而确保扫塞效益且附件均被磨碎。

④在扫穿浮鞋进入口袋后，应多次停泵、停转盘，待附件下沉至井底后再开泵、开转盘研磨，同时使用黏度为120s以上的稠浆携带，保证井底清洁。

⑤针对Φ127mm套管附件(Φ120mm井眼)，建议采用磨鞋对附件进行处理；若技术套管未回接，在上部套管环空返速低的情况下，要使用随捞杯对附件进行清理。

⑥小井眼施工所使用的钻具、工具尺寸小，发生异常情况时应精心操作，禁止蛮干。小井眼遇卡时以上提下放活动为主，尽量少施加扭矩，若不能解卡，则应保持钻具的完整性，并通过泡酸等方式解卡。

四、SHB5－10井塔塔埃尔塔格组堵漏浆卡钻

(一)基本情况

四级结构井三开，堵漏完下钻时遇阻，故障发生时井深为5921.21m，钻头位置为5897.56m处。

1. 井身数据

井身数据如表1－1所示。

表1-1 SHB5-10井井身数据

开次	钻头尺寸/mm	套管尺寸/mm	套管下深/m	备注
一开	444.5	339.70	1014.00	
二开	311.2	244.544.50+250.83	5138.31	
三开	215.9			目前位于5604m处
四开				

2. 钻具组合

Φ215.9mmPDC+430×4A10+Φ158.8mmDC×12根+挠性短节+震击器4A11×410+Φ127mmHWDP×8根+411×NC520+Φ127mmDP+NC521×DS550+Φ139.7mmDP。

3. 钻井液体系与基本性能

采用聚磺防塌钻井液：密度为1.40g/cm^3；黏度为58s；塑性黏度为23mPa·s；动切为7Pa；静切为2.5Pa/9Pa；失水量为4mL；泥饼厚度为0.5mm；pH值为9.5；HTHP为9.6mL(120℃)；固体含量为14%；含砂量为0.1%；Cl^-浓度为63100mg/L；K^+浓度为15432mg/L；坂含为35g/L。

(二)发生经过

该井2018年7月8日钻至井深5524.57m处，至8月15日钻至井深5840m处，其间共发生8次井漏，分别进行膨胀型高桥塞、凝结型中强度堵漏技术施工12次，漏失数据如表1-2所示。

表1-2 SHB5-10井漏失数据

序号	井深/m	漏速/(m^3/h)	地层	漏层分析	处理方法	效果
1	5525.10	27.89	塔塔埃尔塔格组	第1个漏失点	两次凝结型堵漏	恢复钻进
2	5527.41	10.68	塔塔埃尔塔格组	第2个漏失点	一次凝结型堵漏	恢复钻进
3	5547.61	50.00	塔塔埃尔塔格组	第3个漏失点	一次凝结型堵漏	恢复钻进
4	5603.23	18.21	塔塔埃尔塔格组	第4个漏失点	两次凝结型堵漏	承压至当量密度为1.50
5	5711.98	8.40	塔塔埃尔塔格组	第5个漏失点	一次凝结型堵漏	承压至当量密度为1.50
6	5731.65	37.20	塔塔埃尔塔格组	第6个漏失点	一次凝结型堵漏	恢复钻进
7	5788.15	16.07	塔塔埃尔塔格组	第7个漏失点	一次凝结型堵漏	恢复钻进
8	5790.55	10.00	塔塔埃尔塔格组	第8个漏失点	一次凝结型堵漏	恢复钻进

在经过了12次堵漏后恢复钻进。2018年8月19日钻达井深5921.21m处。21日15：22下钻至5897.56m处接顶驱开泵循环，同时转动顶驱，扭矩较大(转速由7r/min先上升至12r/min，再上升至29r/min；扭矩由10kN·m先上升至24kN·m，再上升至32kN·m)，上提下放活动钻具(由2158.7kN先上升至2393.5kN，再下降至2135.5kN)；15：27再次转动顶驱，扭矩由18.79kN·m上升至40.0kN·m后频繁憋停顶驱，上提下放活动钻具(由2300kN先上升至2853.49kN，再下降至1800kN)；15：30上提钻具，甩一单根增加活动范围；16：42循环、活动钻具(活动范围为5890.68~5905.46m，大钩负荷由

2407.67kN先上升至2853.49kN，再下降至898.72kN，转盘转速为67r/min，扭矩由18.79kN·m上升至47.0kN·m后憋停钻具），判断钻具卡死。

(三)原因分析

(1)上趟钻堵漏完后，井眼中由于井漏无法返出地面的岩屑分散在井浆和堵漏浆中，下钻时没有通过分段循环将其排出地面，井眼中的泥浆、堵漏浆、岩屑混合后导致井眼缩小。

(2)堵漏完下钻时，在堵漏浆中下钻，摩阻较大，钻铤周围充满带岩屑的堵漏浆。随着时间的延长，堵漏浆也逐渐稠化，在原悬重的基础上多提36t很难提出钻具。

(3)在堵漏浆中下钻是非常危险的做法，应该以冲划的方式将堵漏浆循环出地面。

(四)处理方式与效果

1. 循环活动钻具

发生卡钻后所采取的措施以上提下放变吨位活动钻具为主，循环排量为24L/s，泵压为13MPa，原悬重为230t，活动范围为40～280t。每次钻具上提及下放后静止5min，并间断转动顶驱施加扭矩，扭矩变化范围为0～40kN·m。

2. 泡解卡剂

8月22日8：00注解卡剂21m^3(配方：13m^3柴油+2t CX－158+1t快T+25t重晶石粉，解卡剂密度为1.38g/cm^3)，浸泡井段5597.56～5897.56m，钻具活动吨位为40～280t；震击器累计上击18次、下击17次；20：26开泵顶通，泵压不降、出口不返浆，无法建立循环。8月23日1：13带扭矩上提钻具，大钩负荷由230t突然降至218t；21：00起钻完，鱼顶位置为5782.75m处。此后，接到批复打水泥塞回填侧钻。

(五)经验教训

1. 故障原因分析

此次卡钻故障是由于下钻进入堵漏浆中遇阻而导致的，且处理过程中存在操作不当的问题。

(1)由于井漏后未返出地面的岩屑分散在井筒中，在堵漏结束后，堵漏浆中也存在一定的岩屑。随着时间的延长，堵漏浆逐渐稠化，强度逐渐增大。

(2)下钻直接进入堵漏浆中，并且遇阻42t后才停止，这属于严重违章操作。

2. 发生卡钻后处理过程的分析

(1)卡钻发生后第一时间上提钻具是正确的，但是上提吨位不够，应该在确保钻具安全的情况下以最大吨位上提。

(2)在提不开时应及时开泵循环，但是短时间内很难将环空内的堵漏浆循环干净。此时，可以尝试变排量的方法，再配合震击器上击尝试解卡。

(3)在浸泡解卡剂期间使震击器下击的措施是错误的，因为该井是下钻造成的卡钻，应该坚持不懈地向上震击，而下击产生的激动压力会直接造成二次井漏，增大井下处理的难度。

(4)钻具断裂后填井侧钻的措施是正确的，该措施减少了卡钻造成的经济损失。

第二章　钻具、工具故障

性能良好的钻完井钻具、工具是实现安全、优质、快速、高效钻完井作业的重要保障。随着科技的不断进步，钻具、工具质量不断提高，品种不断增多。但是随着勘探开发需求的延伸，对钻完井钻具、工具提出的要求越来越高，尤其是在顺北及外围地区，钻完井的深度越来越大，超过8000m的特深井占比越来越高，部分井温度高达200℃以上，加之特殊油气藏的存在，使得钻完井钻具、工具相关技术面临前所未有的挑战。

目前在执行的钻完井技术标准体系中，缺乏关于特深井钻完井钻具、工具的相关内容，所执行的标准都在沿用超深井的标准体系，实际应用中难免存在不适应问题。

第一节　钻具故障

一、SHB1－12井断钻杆故障(第一次)

(一)基本情况

SHB1－12井于2018年5月30日18：27钻进至井深5038.55m处时，发现泵压和钻压异常，上提钻具时发生断钻杆故障，故障井深为5038.55m。

1. 工程施工参数

钻压为60～120kN，转速为45～50r/min，排量为30～35L/s，泵压为8～10MPa。

2. 井身结构

一开：Φ444.5mm×1000m＋Φ339.7mm×999.06m。二开：Φ311.2mm×5038.55m，未完成。

3. 钻具组合

Φ311.2mmPDC(水眼：Φ17.5mm×8)×0.31m＋630×630×1.05m＋Φ203mm钻铤×12根×108.65m＋Φ203mm随钻震击器×1根×9.56m＋631×410×0.78m＋Φ127mm加重钻杆×42根×390.61m＋411×DS550×0.85m＋Φ139.7mmDP。

4. 钻井液性能

所采用钻井液的基本性能为：密度为1.25g/cm^3；黏度为50s；塑性黏度为22mPa·s；动切为5.5Pa；初/终切为1.5Pa/5.5Pa；FL为3.8mL；pH值为9；泥饼厚度为0.5mm；HTHP为11.4mL(110℃)；坂含为36g/L；固体含量为10.8%；含砂量为0.3%；Kf为

0.096；Cl^-浓度为34500mg/L；K^+浓度为14700mg/L。

5. 地层及岩性描述

二叠系，浅灰色凝灰质粉砂岩。

（二）发生经过

2018年5月30日18：27钻进至井深5038.55m处（层位为P2），进入二叠系675.55m，立压由7.9MPa下降至3.7MPa，钻压由126.2kN下降至113.2kN，出口流量由22.7%上升至26.5%，泵冲由93次/min上升至99次/min；18：30上提钻具至井深5034.11m处（层位为P2），井底井深为5038.55m（层位为P2），悬重突然由2329.0kN下降至666.2kN（基重为22t）；至21：45起出钻具至1137.84m处，发现第40柱的120根钻杆本体距母扣0.68m处断裂。

（三）处理方式与效果

根据对第40柱下单根钻杆母扣端面以下0.68m处的断裂分析，选用LT－T245卡瓦打捞筒进行打捞作业。打捞钻具组合为：LT－T245卡瓦打捞筒（卡瓦直径为137mm）＋631×DS550＋Φ139.7mm双台肩钻杆。经过两次打捞，6月2日19：00落鱼出井，故障解除。

1. 第一次打捞

5月31日8：00下篮状卡瓦打捞筒（Φ136mm卡瓦），到底后实探落鱼顶深为1136.29m处，循环冲洗鱼头；8：15下压15t，上提钻具，悬重由75t逐步上提至260t，判断认为已捞住落鱼。31日8：15～12：00上下活动钻具，活动范围为210～260t，活动距离为1125.72～1130.59m，开泵（6.8～13.6L/s，4～6MPa），间断性地施加扭矩至最高25kN·m，顶驱正转7圈，释放扭矩反转7圈未开，下压至180t，释放扭矩后，延迟1min左右，震击器下击，悬重由180t上升至190t，其余方式震击器不下击。活动钻具时，震击器没有上击。根据震击器能下击，判断卡点在震击器以下。12：00～17：30逐级上提排量至27L/s，控制悬重为180～280t活动钻具，间断性地施加扭矩至最高25kN·m；17：30～18：00下压至180t，上提至280t，悬重恢复正常（240t），鱼头位置为1125.64m处，判断认为钻具解卡；18：25倒划眼至1125.59m处（鱼头位置），悬重由240t下降至76t，判断认为落鱼掉落；19：40检修设备，检查提升、刹车系统等关键装置；20：10多次下探鱼头但无法进入打捞筒；24：00起钻完成，卡瓦打捞筒带出落鱼0.31m。

2. 第二次打捞

6月1日11：30下钻至1135m处；12：00循环顶通，下压15t打捞落鱼，逐级上提悬重至240t，开泵试顶通憋压，未建立循环，分析认为钻具水眼堵塞；11：30～13：00上下活动钻具（活动范围为180～250t）；14：40上下活动钻具（下压至180t，上提至284t，悬重恢复至240t，解卡，下压过程中震击器下击两次）。6月2日19：00落鱼全部出井。

（四）原因分析

（1）此次故障为第40柱下单根母扣端面以下0.68m处断裂（钻杆本体），检测时间为2018年4月17日，到井时间为2018年4月20日，该井使用时间共490h，从钻杆断裂处的断面看，有明显刺漏痕迹及扩展开的裂纹，断裂位置位于井眼的侧钻点附近，且在断裂前钻时较长（最长达343min）。综合分析认为，这是钻杆在侧钻点附近长时间受到复合交变应力作用，在外表腐蚀坑底部因疲劳萌生裂纹而形成的刺穿断裂。

（2）第一次捞获落鱼后活动钻具时，钻杆发生了第二次断裂。具体过程为：打捞建立钻井液循环过程中，钻井液流入钻杆外壁和卡瓦打捞筒内壁环空间隙处，形成涡流，致使钻杆被刺穿；同时，随着钻震击器的频繁震击，加快了刺穿位置的疲劳扩展，在大负荷上提后，致使在打捞过程中再次发生断裂。

（五）经验教训

1. 故障原因分析

断裂的钻杆为钻杆本体对焊过渡带，且位于侧钻点附近，且断裂处有明显刺漏痕迹及扩展开的裂纹，说明钻杆质量存在一定缺陷。同时，钻杆对焊过渡带长时间受复合交变应力的作用，产生疲劳，出现裂纹后，被刺穿形成断裂。

2. 故障处理分析

采用卡瓦打捞筒打捞钻杆本体的打捞方案是合理的，但在操作方面，第一次打捞时，捞获落鱼后，进行开泵、转动，最后落鱼掉落；第二次采用同样的工具，捞获并提出了落鱼，说明第一次打捞在操作上存在一定问题。

3. 经验教训

（1）应加强现场钻具管理，严格按探伤周期和修扣周期对钻具进行探伤和修扣，保证入井钻具的安全。

（2）应加强新钻具入场质量控制，做好第三方钻具材质分析。

（3）对于上部存在侧钻点的井，处于井眼轨迹拐点处的钻具要勤倒换、勤检查，避免其因长时间承受复合应力而发生疲劳失效；特别在钻时较长时，应加大侧钻点附近钻具的倒换力度。

（4）深井及超深井应强化井眼轨迹控制。侧钻时，特别是在上部侧钻时，应控制好全角变化率。

二、SHB1－12井断钻杆故障（第二次）

（一）基本情况

该井于2018年6月19日1：49划眼至井深5048.74m处，发现泵压、悬重异常，判断认为发生了断钻杆故障，故障井深为5081m。

1. 工程施工参数

钻压为60～120kN；转速为45～50r/min；排量为15～22L/s；泵压为3～5MPa。

2. 井身结构

一开：Φ444.5mm×1000m+Φ339.7mm×999.06m。二开：Φ311.2mm×5081m(未完成)。

3. 钻具组合

Φ311.2mm牙轮钻头(水眼：Φ33mm×3)×0.3m+630×730×1.05m+Φ228.6mm钻铤×2根×18.8m+Φ307mm扶正器×1.07m+Φ228.6mm钻铤×1根×9.33m+731×630×0.92m+Φ203mm钻铤×9根×81.63m+631×DS550×0.92m+Φ139.7mm钻杆。

4. 钻井液性能

所采用钻井液的基本性能为：密度为1.25g/cm^3；黏度为55s；塑性黏度为22mPa·s；动切为5.5Pa；初/终切为1.5Pa/5.5Pa；FL为3.8mL；pH值为9；泥饼厚度为0.5mm；HTHP为11.4mL(110℃)；坂含为36g/L；固体含量为10.8%；含砂量为0.3%；Kf为0.096；Cl^-浓度为34500mg/L，K^+浓度为14700mg/L。

5. 地层及岩性描述

卡拉沙依组，棕褐色泥岩、浅灰色粉砂岩。

(二)发生经过

6月19日1：49(井深5081.00m，层位为卡拉沙依组)，泵冲由70次/min上升至79次/min，立压由4.2MPa先降至2.8MPa，再降至0，悬重由2384.9kN下降至677.9kN，判断认为发生了断钻具故障；5：00起钻完，发现第41柱下单根母扣端面以下0.62m处断裂，起出至1123.36m，落鱼长度为3925.38m，理论鱼顶位置为1123.36m处。

(三)处理方式与效果

6月19日15：00组下篮状卡瓦打捞筒至井深1120m处；15：10缓慢下放下探鱼头(鱼头理论位置为井深1123.36m处，未探得鱼头)；15：20缓慢下放至井深1132.42m处(实际探得鱼头井深为1132.42m)；15：30上提钻具缓慢开泵，立压由0上升至2.84MPa，停泵，缓慢下压15t；19：00上下活动钻具，悬重由90t逐步上提至240t，上下活动钻具解卡(活动范围为200～280t)。6月20日12：00落鱼全部出井。故障解除。

(四)原因分析

该故障为第41柱下单根母扣端面以下0.62m处断裂(钻杆本体)，检测时间为2018年2月11日，到井时间为2018年2月12日，断裂钻杆自3月28日第一次回填侧钻后开始使用，纯钻时间为800h。从钻杆断裂处的断面来看，有明显刺漏痕迹及扩展开的裂纹，与第一次断裂断面情况相似，且断裂位置基本相同，为钻杆在侧钻点附近长时间受复合交变应力作用，在外表腐蚀坑底部因疲劳萌生裂纹而形成的刺穿断裂。

（五）经验教训

（1）该井两次发生断裂的钻杆都是由同一厂家生产的，送到现场前都进行了严格的探伤，且探伤没有发现问题；使用时间也没有超出规定范围。说明该厂的钻杆存在探伤无法探及的质量问题。

（2）对于上部存在侧钻点的井，处于井眼轨迹拐点处的钻具要勤倒换、勤检查，避免因长时间承受复合应力而发生疲劳失效；尤其是在钻时较长时，应提高侧钻点附近钻具的倒换频率。同时，深井及超深井应强化井眼轨迹控制，侧钻时，特别是在上部侧钻时，应控制好全角变化率，尽量保持井眼轨迹的平缓。

三、SHB1－14 井断方钻杆保护接头故障

（一）基本情况

该井于 2018 年 10 月 6 日 0：05 钻进至井深 7667.19m 处时，发生断方钻杆保护接头（简称“方保”）故障，故障井深为 7667.19m。

1. 工程施工参数

钻压为 20～30kN，转速为 36r/min，排量为 13.5L/s，立压为 19.2MPa，扭矩为 9kN·m。

2. 井身结构

一开：Φ374.65mm×2000m＋Φ298.5mm×1999.11m。二开：Φ269.9mm×6695m＋Φ219.1mm×6693.1m。三开：Φ190.5mm×7588m＋Φ168.3mm×7580m。四开：Φ143.9mm×7667.19m。

3. 入井管串结构

Φ143.9mmPDC＋330×310＋浮阀＋Φ120.65mmDC×2 根＋Φ140mm 扶正器＋Φ120.65mmDC×16 根＋旁通阀＋Φ88.9mmDP＋311×DS401＋Φ114.3mmDP。

4. 钻井液性能

所采用钻井液的基本性能为：密度为 1.29g/cm^3；漏斗黏度为 56s；塑性黏度为 24mPa·s；动切为 6Pa；静切为 2Pa/5Pa；API 失水量为 4.6mL；泥饼厚度为 0.5mm；pH 值为 10.5；含砂量为 0.1%；固体含量为 12%；坂含为 28g/L。

5. 地层及岩性描述

一间房组，黄灰色泥晶灰岩。

（二）发生经过

该井于 2018 年 10 月 6 日 0：05 钻进至井深 7667.19m 处时，悬重由 224t 下降至 24t，

方保从根部断裂，钻具串同时落井，发生断方保故障。

(三)处理方式与效果

1. 高强公锥造扣打捞落鱼

10 月 6 日 11：00 下入高强公锥进行打捞，打捞钻具组合为：高强公锥(打捞范围为直径 42 ~ 78mm) + 311 × WMT400 + Φ114.3mm 钻杆 ×3 根。顶驱空转扭矩为 4.6kN · m，缓慢下探落鱼，扭矩由 4.6kN · m 上升至 10kN · m；11：40 造扣成功，尝试上提钻具，悬重由 27t 下降至 12t。起出打捞钻具检查，发现公锥从尖部 300mm 处断裂。打捞落鱼未成功，公锥尖部 300mm 处落井。

2. 卡瓦打捞筒打捞落鱼

7 日 7：00 下入卡瓦打捞筒打捞落鱼，打捞钻具组合为：Φ180mm 卡瓦打捞筒(打捞范围为直径 137 ~ 150mm) + 411 × WMT400 + Φ114.3mm 钻杆 ×3 根。下放钻具至鱼顶位置，开启顶驱，正转转速为 15r/min，尝试将鱼头引入卡瓦打捞筒内，多次尝试均未成功，判断认为钻杆节箍贴边严重，与套管间隙小，卡瓦打捞筒引鞋无法将落鱼引入打捞筒内；8：00 起出卡瓦打捞筒，打捞落鱼未成功。

3. 反扣母锥打捞落鱼

7 日 8：30 更换反扣母锥进行打捞。打捞钻具组合为：Φ180mm 反扣母锥(打捞范围为直径 115 ~ 150mm) + 411(反) × WMT400 + Φ114.3mm 钻杆 ×3 根。开启顶驱，反转转速为 5r/min，缓慢下探，下放反扣母锥至鱼头位置，扭矩在 4 ~ 7kN · m 范围内波动，下压时钻压上升较快，判断认为反扣母锥无法通过套管与落鱼之间的间隙；10：00 起出钻具，打捞落鱼未成功；12：00 拆井口封井器与钻采四通之间的螺栓，将封井器吊起向后平移，检查井内落鱼情况，发现公锥断裂本体卡在了钻杆节箍与套管之间。

4. 磨鞋磨铣，自制震击工具，弯钩打捞落井公锥

7 日 17：00 下入磨鞋验证落井公锥位置，使用自制弯钩打捞落鱼公锥但未成功，其间尝试使用钢丝绳套从公锥底部穿过，兜住公锥大力上提，将公锥提出，因钻杆节箍、公锥和套管环空间隙小，无法使钢丝绳套从公锥底部穿过，打捞公锥未成功。

第一次磨铣。7 日 18：00 下入外径为 189mm 的磨鞋进行磨铣，磨铣钻具组合为：Φ189mm 磨鞋 + 411 × WMT400 + Φ114.3mm 钻杆 ×3 根。磨铣参数为：钻压为 1t，转速为 30r/min，排量为 6.6L/s，泵压为 0.2MPa，磨铣长度为 10mm。磨铣进度缓慢，效果不明显。至 20：00 起出磨铣钻具组合，判断磨鞋上部钻具太轻，不能有效施压，遂组织更换钻铤进行磨铣。

第二次磨铣。8 日 2：30 下入外径为 189mm 的磨鞋进行磨铣，磨铣钻具组合为：Φ189mm 磨鞋 + Φ165mm 钻铤 ×1 根 + Φ127mm 加重钻杆 ×1 根 + 411 × WMT400 + Φ114.3mm 钻杆 ×1 根。磨铣参数为：钻压为 2t，转速为 30r/min，排量为 6.6L/s，泵压为 3.2Pa，磨铣鱼头长度为 20mm。磨铣效果不明显。至 9：00 起出磨铣钻具组合。

第三次磨铣。8 日 10：00 下入外径为 190mm 的磨鞋进行磨铣，磨铣钻具组合为：Φ190mm 磨鞋 + Φ165mm 钻铤 ×1 根 + Φ127mm 加重钻杆 ×1 根 + 411 × WMT400 + Φ114. 3mm 钻杆 ×1 根。磨铣参数为：钻压为 2t，转速为 30r/min，排量为 6. 6L/s，泵压为 1MPa，磨铣鱼头长度为 30mm。10 月 9 日 2：00 起出磨铣钻具。

第四次磨铣。9 日 5：00 下入外径为 150mm 的磨鞋进行磨铣，磨铣钻具组合为：Φ150mm 磨鞋 + 311 × 410 + Φ165mmmm 钻铤 ×1 根 + Φ127mm 加重钻杆 ×1 根 + 411 × WMT400 + Φ114. 3mm 钻杆 ×1 根。磨铣参数为：钻压为 2t，转速为 30r/min，排量为 6. 6L/s，泵压为 3. 2MPa，磨铣鱼头长度为 30mm。至 11：00 起出磨铣钻具组合。

四次磨铣作业累计磨铣鱼头 90mm；13：00 拆封井器检查鱼头情况。10 月 10 日 3：00 尝试使用自制弯钩钩住公锥底部水眼，震击、打捞落井公锥成功。

5. 反扣母锥尝试倒扣，套筒磨鞋磨铣鱼头，使用钻具对扣打捞落鱼

10 日 10：00 下入外径为 165mm 的反扣母锥造扣打捞，钻具组合为：Φ165mm 反扣母锥(打捞范围为直径 115 ~ 150mm) + 411(反) × WMT400 + Φ114. 3mm 钻杆 ×3 根。造扣参数为：扭矩为 2. 3kN · m，钻压为 2t，排量为 26L/s，泵压为 0. 9MPa。至 11：00 母锥无法成功造扣，判断认为鱼头不规则。

10 日 16：00 下入外径为 165mm 的套筒磨鞋修复鱼头。入井钻具组合为：Φ165mm 套筒磨鞋 + 311 ×410 + Φ165mmmm 钻铤 ×1 根 + Φ127mm 加重钻杆 ×1 根 + 411 × WMT400 + Φ114. 3mm 钻杆 ×1 根。磨铣参数为：钻压为 2t，转速为 20r/min，扭矩为 3. 1kN · m，排量为 6. 6L/s，泵压为 1MPa，磨铣鱼头长度为 40mm。17：00 起出套筒磨鞋钻具。

6. 打捞

10 日 17：30 更换外径为 165mm 的反扣母锥下钻进行对扣，钻具组合为：Φ165mm 反扣母锥(打捞范围为直径 115 ~ 150mm) + 411(反) × WMT400 + Φ114. 3mm 钻杆 ×3 根。造扣参数为：排量为 26. 6L/s，泵压为 0. 3MPa。17：45 进行反扣造扣，泵压由 0. 3MPa 上升至 0. 6MPa，造扣成功，设定顶驱上扣扭矩为 24. 3kN · m，造扣下放钻具 160mm，理论母锥造扣 60mm，扭矩由 2. 4kN · m 先上升至 24. 3kN · m，再下降至 2. 8kN · m，倒扣成功；19：10 上提钻具，打捞出 Φ114. 3mm 钻杆两根，长度为 19. 13m。

10 日 21：00 下 Φ114. 3mm 钻杆进行对扣，对扣成功，上提钻具至 150t，开泵排量为 3. 3L/s，泵压逐步上涨至 20MPa，无法建立循环，下放钻具坐卡。11 日 1：00 更换为 Φ127mm 钻杆方保接头；3：15 上提钻具至原悬重(222t)，钻具未提开，尝试建立循环并逐步上提吨位，由 230t 分别上提至 240t、250t、260t、270t、280t，悬重由 280t 下降至 222t，落鱼打捞成功，上提钻具正常，故障解除。

(四)原因分析

(1)该顶驱方保于 2018 年 9 月 15 日加工螺纹，经检测合格后，于 2018 年 10 月 3 日在该井第一次入井，使用纯钻时间为 36h。

(2)方保上方外径为197mm，下方外径为140mm，小头处为应力集中部位，也是接头的弱点，在工作中易发生疲劳断裂。

(3)对同批次顶驱接头毛坯硬度进行测量可知，实测硬度为225~240HB，达不到标准要求的285~341HB。

(五)经验教训

(1)在故障处理方面，第一次用公锥打捞的方案是欠妥的。由于鱼顶位于方保接头的公扣根部，内径尺寸小，用公锥风险大，所以公锥尖部断裂且掉在环空间隙后，对后续处理工作造成了困难，以致花费了较长的处理时间。直接用母锥打捞是比较合理的选择。用母锥造上扣后，进行倒扣、对扣并提出钻具的方案是正确的。如果通过造扣直接用母锥提7000m以上的钻具，很可能导致提脱。

(2)由于顶驱方保直接加工成WMT401×631(方保上方外径为197mm，下方外径为140mm)可能会存在应力集中问题，故对顶驱连接调整为：顶驱方保(631×411，方保上方外径为197mm，下方外径为168mm)+Φ127mm钻杆×1根+接头(410×WMT401)+Φ114.3mm钻杆+旋塞。钻进过程中，通过严格控制Φ127mm钻杆位置(不进入环形防喷器)来控制井控风险。

(3)发生断钻具故障后，应认真分析井下落鱼断面及其位置，制定详细的打捞方案，选择合适的打捞工具。落鱼质量大或鱼头内有断扣时不宜采用造扣方式打捞。

(4)带班领导应在司钻房全程指导打捞施工，防止故障恶化。

(5)顶驱厂家应对顶驱结构进行优化设计或提供接头成品。

(6)须加强顶驱接头材质质量控制，应提供顶驱毛坯及成品的原材料厂家信息，加强探伤和硬度测量，并严格按顶驱厂家提供的图纸进行加工，确保顶驱接头质量。

四、SHB5-14H井钻铤脱扣落井故障

(一)基本情况

该井是一口水平开发井，设计井深为8640m，故障井深为1902.42m。

1. 井身结构

Φ444.5mm×1499.5m+Φ365.13mm×1498.83m+333.38mm×1902.42m。

2. 钻具组合

Φ333.38mmPDC钻头+Φ244mm螺杆+Φ241mm螺旋钻铤×2根+变扣接头(731×630)+Φ330扶正器+定向接头(630×631)+Φ203.2mm螺旋钻铤(630×631)×9根+变扣接头(631×410)+变扣接头(411×520)+Φ139.7mm加重钻杆×9根+变扣接头(521×DS550)+Φ139.7mm非标钻杆。

3. 地层及岩性描述

库车组，灰白色粉砂层、细粒砂层夹黄色泥岩。

4. 钻井液性能

所采用钻井液的基本性能为：密度为1.12g/cm^3；黏度为43s；塑性黏度为9mPa·s；动切为3Pa；静切为1Pa/3Pa；API失水量为10mL；泥饼厚度为0.5mm；pH值为9；坂含为43g/L；含砂量为0.25%；固体含量为6%。

（二）发生经过

2020年10月17日22：26钻进至井深1902.42m处(层位为N_2k)时，立压由17.7MPa下降至9.98MPa，大钩负荷由1259kN下降至984kN，扭矩由3.8kN·m下降至2.5kN·m。18日1：00，循环、泵入封闭浆封闭上部裸眼井段；5：00起钻至第二根Φ203.2mm钻铤公扣处时脱扣，落鱼总长为95.14m，落鱼结构为：Φ333.38mmPDC钻头+Φ244mm螺杆+Φ241mm螺旋钻铤×2根+变扣接头+Φ330扶正器+定向接头+Φ203.2mm螺旋钻铤×7根。

（三）处理方式与效果

组下卡瓦打捞筒打捞。10月19日0：30现场组织打捞工具到井；2：15打捞工具现场探伤，组合打捞钻具；6：45井队下钻至鱼顶位置(1807.28m处)；8：00在鱼顶上方冲洗鱼头(由170冲7MPa逐渐降低至70冲2MPa)，其间间断性地转顶驱下探鱼头，下放76cm时钻压上升2t，后续下放26cm，钻压上升4t，下压17cm后验证进入鱼头；8：25逐渐开泵，排量由10L/s上升至30L/s，泵压由4MPa上升至11MPa；9：00井队持续活动钻具，悬重为160~110t，开双泵，排量为47L/s(13MPa)，活动悬重由148t降至124t(进鱼前钻具悬重为99.5t，落鱼净重24t)，判断认为已捞获落鱼并起钻。10月19日18：00起钻完成，捞获落鱼，故障解除，损失时间为20h34min。

（四）原因分析

(1)脱扣钻铤钢印号为：外螺纹820012XNG、内螺纹820013XNG，接头外径为204~206mm，接头内径为71.4mm。螺纹类型为6⅝REG，纯钻时间为82.5h。脱扣内、外螺纹中部均存在明显刺痕，整体来看，刺痕最先从外螺纹小端连接啮合牙底间隙，逐步刺漏贯通至根部圆角半径处，再反向产生纵向刺痕。外螺纹主要受力的中径部位有拉伸向下的压痕和螺纹损伤脱落，螺纹内、外壁没有产生贯通刺穿，刺漏过程泵压无变化。

(2)根据脱扣内、外螺纹中刺痕情况判断，在上扣过程中，螺纹损伤使得螺纹连接处密封不好，导致钻铤公、母扣刺漏，钻铤、公母扣强度降低最终引起脱扣。

（五）经验教训

(1)现场要加强钻具使用管理，钻具上扣时应严格采用标准扭矩，在出现黏扣现象时要加强对所使用钻具的检查，及时更换问题钻具。

(2)该井使用的 Φ203.2mm 钻铤为新钻铤，外径为 206mm，打捞中心无相应尺寸的卡瓦牙，导致组织工具时间较长，影响了处理进度。建议现场储备相应非常规尺寸的打捞工具。

(3)现场人员必须掌握清楚入井钻具和接头尺寸，为处理可能发生的井下故障做好准备。

五、SHB53 -5H 井钻杆脱扣故障

(一)基本情况

该井设计井深为 6622m，发生故障时井深为 4756m，故障位置为 3694m 处。

1. 井身结构

Φ660.4mm ×603m + Φ508mm 套管 ×603m + Φ406.4mm ×4756m。

2. 钻具组合

Φ406mmPDC 混合钻头 ×0.47m + 扭冲 ×0.7m + Φ286mm 螺杆 ×9.59m + Φ279.4mm 钻铤 ×2 根 ×18.85m + 转换接头 730 ×831 ×0.91m + NC610 ×731 ×0.92m + Φ406mm 扶正器 ×2.32m + 转换接头 730 × NC611 ×0.92m + Φ228.6mm 钻铤 ×4 根 ×36.3m + 转换接头 NC560 ×731 ×0.9m + Φ215.9mm 钻铤 ×3 根 ×28.12m + 转换接头 630 × NC561 ×0.92m + 屈性长轴 ×3.04m + 随钻震击器 ×7.25m + 转换接头 NC560 ×631 ×0.92m + Φ203mm 无磁钻铤 ×9.41m + Φ215.9mm 钻铤 ×9 根 ×84.37m + 转换接头 520 × NC561 ×0.92m + Φ139.7mm 加重钻杆 ×6 根 ×169.57m + 转换接头 DS550 ×521 ×0.92m + Φ139.7mm 钻杆。

3. 地层及岩性描述

二叠系，灰色凝灰质泥岩、棕褐色泥岩、英安岩、灰黑色玄武岩。

4. 钻井液体系与基本性能

采用钾胺基聚磺：密度为 1.25g/cm^3；黏度为 58s；塑性黏度为 34mPa · s；动切为 10.5Pa；静切为 2Pa/6Pa；失水量为 3mL；HTHP 为 9.5mL(110℃)；pH 值为 9.5；含砂量为 0.3%；K^+浓度为 25200mg/L。

(二)发生经过

2021 年 2 月 11 日 8：30 下钻至井深 3694m 处，大钩负荷由 1777kN 下降至 1378kN，开泵排量为 48L/s，泵压由顶通时的 10MPa 降至 5MPa；18：00 下钻“追鱼”探底尝试对扣。2021 年 2 月 12 日 4：30 起钻完，发现第一柱加重钻杆上单根与第二柱加重钻杆下单根之间脱扣，起出钻具的有效长度为 4316.53m，落鱼长度为 235.59m。落鱼钻具组合为：Φ406mmPDC 混合钻头 ×0.47m + 扭冲 ×0.7m + Φ286mm 螺杆 ×9.59m + Φ279.4mm 钻铤 ×2 根 ×18.85m + 转换接头 730 ×831 ×0.91m + NC610 ×731 ×0.92m + Φ406mm 扶正器 ×2.32m + 转换接头 730 × NC611 ×0.92m + Φ228.6mm 钻铤 ×4 根 ×36.3m + 转换接头

NC560×731×0.9m+Φ215.9mm 钻铤×3 根×28.12m+转换接头 630×NC561×0.92m+屈性长轴×3.04m+随钻震击器×7.25m+转换接头 NC560×631×0.92m+Φ203mm 无磁钻铤×9.41m+Φ215.9mm 钻铤×9 根×84.37m+转换接头 520×NC561×0.92m+Φ139.7mm 加重钻杆×1 柱×28.76m。

(三)处理方式与效果

组下卡瓦打捞筒打捞。12 日 22：40 下钻至井深 4308.9m 处遇阻，上提钻具，开泵清洗鱼顶，缓慢下探，泵压由 13.3MPa 上升至 14MPa，轻转钻具，下放悬重由 185.9t 下降至 179.5t，泵压由 14MPa 上升至 15.4MPa，判断认为探到鱼顶，落鱼进入卡瓦打捞筒(距理论鱼顶位置 7.5m)；22：47 停顶驱，下压 30t，缓慢上提钻具，将悬重提至 235t，然后再次下压 50t，上提钻具悬重至 250t，确定落鱼捕获成功。开始起钻，至 2 月 15 日 1：30 钻头出井，故障解除，损失时间为 89h。

(四)原因分析

(1)视频回放检查时发现，组加重钻杆上扣前已清洁丝扣、涂丝扣油，并使用了铁钻工自动上扣装置，上扣扭矩设定为 45kN·m，且信号灯提示扭矩到位、上扣到位。

(2)带螺杆下钻期间钻具存在转动现象，对于钻具的异常转动，井队人员没有予以足够重视，未及时采取措施。

(五)经验教训

(1)下钻时应注意控制下放速度，中途分段顶通水眼，将钻具灌满，避免因钻具内、外压差导致钻具反转。

(2)加强司钻、工程师和值班干部等重要岗位人员的责任感，对井下异常情况应及时分析并汇报，对可能出现的钻具倒扣现象准备应对措施。

(3)准确掌握入井钻具的具体打捞尺寸，并在现场配备齐全打捞工具。

六、SHB1-10H 井断顶驱保护接头故障

(一)基本情况

该井于 2017 年 10 月 25 日 18：01 发生断顶驱保护接头故障，发生故障时井深为 7300m，故障地层为一间房组。

1. 井身结构

一开：Φ346.1mm×2000m+Φ273.1mm×1999.24m。二开：Φ250.88mm×6750m+Φ250.88mm×6748.68m。三开：Φ165.1mm×7300m。

2. 钻具组合

Φ165.1mm 牙轮钻头+330×310+单流阀+Φ120.65mmDC×1 根+Φ120.65mmNMDC+

159mmSTB + Φ120.65mmDC ×23 根 + Φ88.9mmDP ×255 根 + 311DS400 + Φ114.3mmDP。

3. 钻井液性能

所采用钻井液的基本性能为：密度为 1.60g/cm^3；黏度为 54s；塑性黏度为 27mPa·s；动切为 8Pa；静切为 3Pa/8Pa；失水量为 3.2mL；HTHP 为 11.2mL(150℃)；泥饼厚度为 0.5mm；pH 值为 9；含砂量为 0.1%；固体含量为 24%；坂含为 22g/L；Cl^- 浓度为 20500mg/L；K^+ 浓度为 16000mg/L；Ca^{2+} 浓度为 320mg/L。

4. 地层及岩性描述

一间房组(井段为 7295～7300m)，灰岩。

(二)发生经过

2017 年 10 月 25 日 18：01，三开电测前通井到底循环泥浆，悬重由 2142t 下降至 248t，其他参数无变化，排量为 12L/s，泵压为 21MPa，转速为 20r/min，扭矩为 7.5kN·m，钻头位置为井深 7291.38m 处，距离井底 8.62m，发生断钻具故障，钻具从顶驱方保公扣根部断裂，钻具落井。落鱼钻具组合为：Φ165.1mm 牙轮钻头 + 330 × 310 + 单流阀 + Φ120.65mmDC × 1 根 + Φ120.65mmNMDC + 159mmSTB + Φ120.65mmDC × 23 根 + Φ88.9mmDP ×255 根 +311 ×DS400 + Φ114.3mmDP。落鱼长度为 7304.73m。

(三)处理方式与效果

1. 公锥打捞

25 日 2：00 将变径法兰与钻采四通的连接处拆开，上提封井器。3：30 下入公锥打捞落鱼，钻具组合为：Φ114.3mmDP ×3 + DS400 ×311 + Φ80mm 公锥。下探鱼头位置距转盘面 10.91m，通过公锥造扣打捞，悬重由 25t 上升至 96t，在钻采四通上法兰面扣好吊卡，下放钻具坐卡。至 5：00 倒开公锥及方保公扣部分，使用钻杆对扣成功起钻，悬重为 214t，判断落鱼已全部捞出。26 日 22：30 起钻完，检查发现牙轮钻头 3 个牙轮落井。

2. 磨鞋、随钻打捞杯磨铣

27 日 8：00 重新安装封井器并在井口试压、钻铤探伤完后下钻，钻具组合为：Φ155mm 磨鞋 + Φ140mm 捞杯 + Φ120.65mmDC ×3 根 + 单流阀 + Φ120.65mmDC ×20 根 + Φ88.9mmDP + 311 × DS400 + 114.3mmDP。28 日 13：30 下钻到底；23：30 磨铣进尺 0.46m，扭矩由 9～10.5kN·m 下降至 8～9.5kN·m，开始起钻。29 日 15：00 起钻完，捞杯捞出相当于两个牙轮的碎片，故障解除。

(四)原因分析

(1)该方保接头钢印号为 17084JH，为生产厂家用新毛坯加工而成，在该井第一次入井使用，累计纯钻时间为 71h；且在探伤检测周期内，钻具检测报告和钻具检测原始记录齐全。

(2)该接头在循环过程中发生断裂，断裂前无刺漏痕迹。从断裂位置来看，断裂发生在该接头螺纹根部倒数第2～第3扣，属于应力集中部位。从断面来看，该断面表面较光滑，纹路从内向外扩展，无疲劳扩展痕迹，判断认为该接头本身材质存在问题。

(3)牙轮钻头的3个牙轮落井，原因为钻具断裂后牙轮钻头硬接触井底，导致3个牙轮因受力超过载荷而断裂。

(五)经验教训

(1)从钻采四通连接处拆开并上提封井器处理井下故障的做法是严重违章行为，尤其是现场人员在该井已经进入产层一间房组、油气层已经钻开的情况下，仍采用此种方式处理钻具故障，说明井控意识非常差。

(2)应选择先处理鱼头后对扣的方式进行处理。

(3)方保接头(或顶驱配合接头)作为钻柱管理中最重要的部分之一，对其质量及现场使用管理应高度重视。应加强对接头采购质量的监督检查，着重检查材质、抗拉强度、扭矩等关键数据。

(4)使用过程中，须加强对方保接头的探伤检查，严格规范使用时间，到期及时更换。

(5)建议每次使用新接头后，都应拆下检查并重新涂抹丝扣保护油，从而减少钻具黏扣现象，提前发现疲劳破坏。

(6)对于新的工具(无论是井口工具还是下井工具)，不仅要认真检查出厂时的质量检查证明，还要在运往现场时再进行一次探伤等安全监测。另外，对于关键工具，采购时要认真考察厂家的质量保证体系，确保工具质量合格。

(7)对于顶驱保护接头等关键部位的部件，原则上宜采购原设备厂家的配套部件。

七、SHB1－2H井断扶正器故障

(一)基本情况

该井于2016年2月20日0：30发生断扶正器故障，发生故障时井深为6279.78m。

1. 工程施工参数

钻压为60～120kN；转速为70～75r/min；排量为32L/s；泵压为16MPa。

2. 井身结构

一开：Φ346.1mm×2000m＋Φ273.1mm×2000m。二开：Φ250.88mm×6279.78m。

3. 钻具组合

Φ250.8mmPDC钻头(U513S)＋扭冲＋630×410＋单流阀＋Φ177.8mmDC×2根＋Φ248mm扶正器＋无磁钻铤＋MWD悬挂短节＋Φ177.8mmDC×11根＋Φ127mmHWDP×15根＋Φ127mmDP＋Φ139.7mm DP。

4. 钻井液性能

所采用钻井液的基本性能为：密度为1.27g/cm^3；黏度为54s；失水量为3.4mL；塑性

黏度为 17mPa·s；动切为 7.5Pa；初/终切为 2.5Pa/9.5Pa；pH 值为 9；泥饼厚度为 0.4mm；坂含为 33g/L；固体含量为 12%；含砂量为 0.1%；Cl^-浓度为 21957mg/L；Ca^{2+}浓度为 240mg/L；Kf 为 0.06。

5. 地层及岩性描述

柯坪塔格组，灰色细粒砂岩与棕褐色泥岩互层。

(二)发生经过

2016 年 2 月 19 日 3：27 钻进至井深 6278.99m 处，录井队通知立压下降 0.8MPa(钻压为 10～12t，泵冲为 89 次/min，立压由 16MPa 下降至 15.2MPa，悬重无明显异常变化，钻时为 16.5min/m)；3：46 继续加压钻进至井深 6279.22m 处(钻压为 11～14.5t，泵冲为 89 次/min，立压为 15.2～15.7MPa，钻时为 19min/m，进尺为 0.23m，最后 0.01m 钻时为 3min/m)，然后上提钻具检查发现悬重无明显变化；3：58 开泵至正常排量后继续钻进；4：19 钻进至井深 6279.67m 处(钻压为 14～19t，泵冲为 89 次/min，立压为 15.9～16.4MPa)；5：16 上提活动钻具，检查发现地面循环系统无异常，测斜正常，验证无磁钻铤完整；低压循环后，开泵到正常排量并钻进；5：33 钻进至井深 6279.78m 处(钻压为 12～14.5t，泵冲为 89 次/min，立压为 15.7～16MPa)，钻压不回，钻时从 16.5min/m 上升至 85min/m，其间试钻两次均无进尺，决定起钻检查钻具；10：00 循环钻井液、打封闭浆，循环期间泵压无异常。20 日 0：30 起钻完成，发现扶正器下部公扣自根部断裂，扶正器以下钻具落入井内，落鱼长 20.78m。

(三)处理方式与效果

根据所起出扶正器的断痕分析发现，鱼头整齐，遂决定采用螺旋卡瓦打捞筒打捞鱼头。20 日 16：00 打捞工具到井，探伤检测报告齐全。打捞工具到井后井队进行了认真检查、丈量，根据井下需要采用的钻具组合为：Φ206mm 螺旋卡瓦打捞筒 + Φ127mmHWDP × 11 根 + Φ127mmDP + Φ139.7mm DP。2 月 21 日 12：00 组下打捞钻具组合至井深 6259m 处鱼顶位置；15：00 循环处理泥浆，冲洗鱼头；17：00 打捞落鱼，上提钻具，原悬重由 2210kN 上升至 2240kN，排量为 0.4m^3/min，泵压由 2MPa 上升至 4.5MPa，判断认为落鱼打捞成功。22 日 10：30 起钻完成，捞获全部落鱼，故障解除。

(四)原因分析

(1)发生断裂的 Φ248mm 扶正器，其检测时间为 2015 年 12 月 2 日，钻具编号为 Q15006，为全新扶正器，纯钻时间为 225.5h，在规定的检测周期内。

(2)该趟钻钻具组合为 PDC + 扭矩冲击器，扭冲工具对于强化钻井参数的要求可能会加速对钻具及扶正器的疲劳损害，导致钻具在使用过程中因疲劳引发故障(故障解除后对钻铤探伤发现，1 根钻铤内螺纹根部存在疲劳裂纹，另外 5 根钻铤螺纹因黏扣损坏，无法使用)。由于断裂扶正器端口已磨平，因而无法通过断裂面对故障原因进行分析。

(3)录井时发现立管压力下降0.8MPa(由16MPa下降至15.2MPa)，通知钻井队后，钻井队继续钻进20min后至钻时明显变小，上提钻具降排量检查井内情况，可见钻井队对异常预报处置不及时。在钻时较正常钻进钻时明显上升时(由16.5min/m上升至85min/m)，又盲目试钻进，导致断面磨损。

(五)经验教训

(1)在使用钻具的过程中，应根据下井工具的特点及井下情况综合判定钻具使用周期。在使用有可能引起大扭矩或具有一定冲击力的新工具时，应评估其对钻柱稳定性、安全性方面产生的影响，缩短安全监测周期。

(2)可使用随钻减震器以及采取上下倒换钻具的措施避免故障，使用新工具前应对入井钻具进行全面探伤检查，并适当缩短检测时间。

(3)加强对井下异常情况的分析判断，若发现立压下降，应及时停钻停泵检查，在验证地面循环系统无异常、地下地层情况无明显换层指示且井内井控安全后，要果断起钻检查钻具。

(4)在此次故障过程中，司钻知道泵压下降后，进行了相关检查并试钻，钻时从16.5min/m上升至85min/m，发现钻压不回才完全停止钻进，试钻时间明显偏长，说明司钻风险意识差，教训深刻。

八、SHB2井断钻杆故障

(一)基本情况

该井于2016年3月25日21：45发生断钻杆故障，发生故障时井深为7117.07m。

1. 工程施工参数

钻压为20~40kN；转速为50r/min；排量为27L/s；泵压为22MPa。

2. 井身结构

一开：Φ444.5mm×1500m + Φ339.7mm×1499.22m。二开：Φ311.2mm×5108m + Φ(250.83+244.5)mm×5106.41mm。三开：Φ215.9mm×7117.07m。

3. 钻具组合

Φ215.9mmPDC(型号MDi516)+Φ172直螺杆(东远)+浮阀+Φ177.8mm无磁钻铤×1根+MWD短节+Φ213mm扶正器+Φ165.1mm钻铤×10根+旁通阀+Φ127mm加重钻杆×6根+Φ127mm钻杆×186根+Φ139.7mm非标钻杆。

4. 钻井液性能

所采用钻井液的基本性能为：密度为1.34g/cm^3；黏度为63s；塑性黏度为26mPa·s；动切为6Pa；初/终切为1.5Pa/7Pa；pH值为10；失水量为3mL；泥饼厚度为0.5mm；坂

含为32g/L；固体含量为12%；含砂量为0.1%；Cl^-浓度为34195mg/L；Ca^{2+}浓度为480mg/L；HTHP为11.2mL(150℃)；K^+浓度为11000mg/L。

5. 地层及岩性描述

奥陶系桑塔木组，灰质泥岩等。

（二）发生经过

2016年3月25日21：29钻进至井深7117.07m处，悬重突然由2295kN下降至265kN；21：45起出钻具发现自顶驱以下第8个单根公扣根部断裂，下部钻具落井。

（三）处理过程

1. 公锥对扣

25日23：35组下Φ114.3mm公锥+Φ139.7mm钻杆下探至鱼顶。26日0：05公锥造扣、倒扣成功；1：30起出鱼顶，甩掉打捞公锥及落鱼顶部钻杆。

2. 原钻具对扣

2：00下钻对扣，紧扣至40kN·m；2：05上提钻具至100t，再下降至42t，判断认为落鱼脱扣；3：25起出18柱钻杆，发现最下端钻杆公扣前5扣磨损严重，判断认为下部落鱼母扣磨损严重。

3. 反扣钻具打捞

17：30组织反扣钻杆及反扣公锥；20：00打捞钻具下钻探鱼顶；20：30反扣公锥造扣，原悬重为42t，上提吨位至43.5t，倒扣成功；21：00起出鱼头，甩公锥。

4. 原钻具对扣

27日0：00组下正扣钻杆探鱼头；1：30对扣，紧扣，上提悬重由190t下降至89t，钻具脱扣；4：00起钻完成(起出全部Φ139.7mm非标钻杆+34根Φ127mm钻杆)；23：00甩Φ139.7mm非标钻杆，组合Φ139.7mm常规正扣钻杆下钻探鱼头；24：00对扣，逐根紧扣，上提至原悬重，故障解除。

（四）原因分析

钻具钢号为S140414，探伤检测日期为2015年12月28日，检测报告编号为1-201512028-ZY，此次纯钻时间为17.5h。判断认为可能是钻具质量缺陷导致的故障。

（五）经验教训

(1)处理断钻具故障时，在断点以上的井内加重钻杆、钻铤、螺杆、变扣接头、钻头起出来后尽可能全部更换。没有条件更换的，应对起出的井内所有钻杆进行探伤检测，合格后方可重新入井。

(2)加强与管具供应单位的沟通协调，保证上井钻具、配合接头、井口工具等的质量，避免钻具事故再次发生。

(3)加强深井钻具管理，除日常探伤外，还要检查钻杆丝扣的磨损程度，了解钻杆的修复情况，减少使用疲劳钻具。

(4)加强对新购进管具、工具的监管。对于重点工程使用的特殊工具、管具，业主方要派专业人员监制。

九、SHB5－15H 井断方保接头故障

(一)基本情况

该井于 2019 年 1 月 12 日 16：21 发生断钻杆故障，发生故障时井深为 4082.81m。

1. 工程施工参数

钻压为 40～60kN；转速为 40～50r/min；排量为 38～40L/s；泵压为 20MPa。

2. 井身结构

一开：Φ444.5mm × 1200m + Φ339.7mm × 1200m。二开：Φ311.2mm × 5116m + Φ(250.8mm + 244.5mm) × 5114m。三开：Φ215.9mm × 7560m + Φ177.8mm × 7558m。四开：Φ149.2mm × 8344.39m。

3. 钻具组合

Φ311.2mmPDC + Φ244mm 螺杆(型号 H5LZ244 × 7.0－3.5D－0.5°) + Φ228.6mm 钻铤 × 1 根 + 731 × 630 + 311mmSTB + 无磁短节 + Φ203.2mm 无磁钻铤 + 631 × 520 + Φ190.5mm 钻铤 × 12 根 + Φ139.7mm 钻杆。

4. 钻井液性能

所采用钻井液的基本性能为：密度为 1.25g/cm^3；黏度为 48s；塑性黏度为 20mPa·s；动切为 6Pa；静切为 2Pa/5Pa；pH 值为 9；失水量为 4.8mL；泥饼厚度为 0.5mm；坂含为 30g/L；固体含量为 9%；含砂量为 0.1%；Cl^- 浓度为 32500mg/L；Ca^{2+} 浓度为 320mg/L；K^+ 浓度为 15855mg/L。

5. 地层及岩性描述

塔塔埃尔塔格组，棕褐色泥岩、灰色泥岩、粉砂质泥岩。

(二)发生经过

12 日 16：21 二开钻进至井深 4082.81m 处，悬重由 1997.3kN 下降至 376.8kN，转速由 40r/min 下降至 0，顶驱方保公扣根部断裂，鱼头在钻台面，遂直接起钻检查钻具。

(三)处理方式与效果

钻进期间方保接头断裂，钻具在井口，卸扣后将井内钻具起出。

(四)原因分析

(1)断裂方保接头编号为J18230JH，螺纹类型为521×631，出厂编号为2018070318，生产时间为2018年。2018年12月6日检测合格后发井，有效长度为350mm，外径为197mm，内径为71mm。1月8日21：00首次使用，纯钻时间为45h，钻井参数较平稳，未见异常。

(2)综合分析认为，顶驱接头为钻具组合中的薄弱环节，频繁上卸扣过程中易产生疲劳损伤，该顶驱方保接头材质韧性达不到要求，质量存在问题，因而导致公扣螺纹根部发生低应力疲劳脆断。

(五)经验教训

(1)顶驱接头为钻具组合中的薄弱环节，承受着最大的抗拉、抗扭载荷，频繁上卸扣过程中易产生疲劳损伤，在使用过程中应加大检查频次，强化探伤检查，并定期更换顶驱接头。

(2)须加强对采购厂家原材料的质量管控，明确材质组分、锻造工艺和硬度指标等，对存在质量问题的批次做好跟踪处理，避免再次入井。

(3)使用单位应加强对顶驱接头质量管理，制定明确的抗拉、抗扭等力学参数规范，确保设备性能满足现场安全生产需要。

十、SHB53X井断钻杆故障

(一)基本情况

该井于2018年8月9日22：00发生断钻杆故障，发生故障时井深为6089.97m，故障地层为塔塔埃尔塔格组。

1. 工程施工参数

钻压为60kN；转速为60r/min；排量为21L/s；泵压为12MPa。

2. 井身结构

一开：Φ444.5mm×1001m+Φ365.1mm×1000.5m。二开：Φ333.38mm×4972m+Φ273.1mm×4970.37m。三开：Φ241.3mm×6089.97m。

3. 钻具组合

Φ241.3mmPDC(型号为KS1652DGR，编号为18076141，喷嘴类型为22×8，新度为100%)+Φ177.8mm钻铤×11根+Φ165.1mm随钻震击器×1根+Φ165.1mm钻铤×3根+Φ127mm加重钻杆×15根+Φ127mm钻杆+Φ139.7mm钻杆。

4. 钻井液性能

所采用钻井液的基本性能为：密度为1.40g/cm^3；黏度为52s；塑性黏度为22mPa·s；

动切为5Pa；静切为2Pa/4Pa；失水量为4.0mL；泥饼厚度为0.5mm；pH值为9；含砂量为0.1%；固体含量为14%；坂含为28g/L；Cl^-浓度为30200mg/L；K^+浓度为15000mg/L；HTHP为10mL(120℃)。

5. 地层及岩性描述

塔塔埃尔塔格组，棕褐色泥岩、灰色泥岩、粉砂质泥岩。

（二）发生经过

9日13：21，钻进至6089.97m处，悬重突然由248t下降至140t，泵压由12MPa下降至4.5MPa，判断认为发生了断钻具现象；22：00起钻完，发现107柱下单根母扣端以下0.67m处断裂，起出钻具的有效长度为3046.44m，落鱼长度为3043.53m。

（三）处理方式与效果

1. 母锥打捞

8月10日5：00下入母锥进行打捞；5：30下钻至3045m处开始下探鱼顶，探得鱼顶位置为3053.94m处。第一次母锥造扣打捞：下探至鱼头位置，缓慢加压至6t，正转17圈，回11.75圈，最大扭矩为30kN·m；释放完扭矩后再次造扣，正转14圈，回14圈，最大扭矩为35kN·m；释放扭矩后再次缓慢加压至8t，正转15圈，回15圈，最大扭矩为38kN·m；释放扭矩后缓慢上提钻具，悬重由143t上升至214t时突然回落至143t，母锥与落鱼脱扣。第二次母锥造扣打捞：顶驱转速为10r/min，正转24.5圈，回21圈，最大扭矩为45kN·m，开泵泵压为11.5MPa，循环15min后泵压稳定，降泵压至4.5MPa，缓慢上提钻具，悬重由143t上升至214t时突然回落至143t，泵压下降至2.4MPa，落鱼再次脱扣。第三次母锥造扣打捞：缓慢加压至6t，转速为10r/min，正转25圈，回21圈，最大扭矩为45kN·m；释放扭矩后再次正转17.5圈，回17圈，最大扭矩为48kN·m；释放扭矩后缓慢上提钻具，悬重由143t上升至232t时突然回落至143t，落鱼再次脱扣，打捞不成功，起钻更换卡瓦打捞筒进行打捞。

2. 卡瓦打捞筒打捞

10日14：00组下卡瓦打捞筒进行打捞；21：30下钻至鱼顶位置3053.94m处，开泵泵冲为30次/min，泵压为1.09MPa，下探鱼顶并逐步下压吨位至20t，泵压上升至3.86MPa，上提钻具至原悬重，转动顶驱转速为25r/min，扭矩为10~16kN·m，对扣成功。12日4：00起钻至3046m处，起出卡瓦打捞筒和断裂钻具（断裂钻杆钢印号为120433JH，场地号为1012，长度为9.64m）；11：30起钻完，落鱼全部出井，故障解除。

（四）原因分析

（1）断裂钻杆钢印号为120433JH，2012年10月19日入场使用。该钻杆前期共使用12井次，2018年7月12日检测合格后发井，7月23日入井使用，在该井的纯钻时间为

175h。钻井公司钻具保有量不足，钻具频繁供井使用，应力未得到有效释放。

(2)该井在二开时进行过侧钻，侧钻点为3043.59m处。该井发生钻具断裂的位置为3046.44m处(距母接箍端面0.67m)，在侧钻点附近。通过对比第一次发生钻具刺漏位置(3120m处，长约400mm、宽5~6mm的口子)和第二次发生钻具刺漏位置(2333m处，距公接箍400mm，长约20mm、宽5mm的口子)，加之钻杆断面能看到部分疲劳损伤的痕迹，分析认为侧钻点附近钻具可能会形成应力集中，从而加速钻具疲劳。

(3)录井曲线显示：该井钻进过程中自13：12左右立压开始下降，由12.7MPa下降至12.2MPa，13：18降至11.1MPa，13：21降至6MPa，悬重由2348kN下降至1327kN。出井的钻具断面上有部分刺痕，判断钻具在井底是先发生了刺漏，后发生的断裂。在立压发生异常时，现场人员未停止钻进查找原因，而是继续钻进9min直至发生钻具断裂。

(4)该井前期采用深井卡瓦配合进行起下钻，在钻杆管体上形成了不同程度的牙痕，不仅降低了钻杆的使用寿命，也给后期的钻井施工造成了较大的安全隐患。

(五)经验教训

(1)该井钻具断面有刺痕，且都在上部井段侧钻点附近，因此，对于上部存在侧钻点的井，其处于井眼轨迹拐点处的钻具在交变应力的影响下易受到损伤，可能发生疲劳失效，要勤倒换、勤检查。

(2)应加强对深井及超深井的井眼轨迹控制，侧钻时(特别是上部侧钻时)应控制好全角变化率。

(3)该井断裂位置为使用卡瓦的位置，为长期使用卡瓦磨损所致。今后在深井施工过程中应尽量减少使用卡瓦开展起下钻作业；负荷较重时，建议采用双吊卡。

(4)除接头探伤外，在钻具使用一定年限或进行过复杂工程处理后，应进行管体无损检测。

(5)现场技术人员应加强对参数异常的判断，发现泵压下降时，应立即停钻检查，不能边钻进边观察。该井如果及时停钻，则不会发生钻具断裂。

(6)对钻具管体进行打捞作业时，应优先采用卡瓦打捞筒打捞，特别是落鱼较长时，使用卡瓦打捞筒打捞的成功率高于使用母锥。

十一、YZH2井断扶正器故障

(一)基本情况

该井于2018年1月15日12：40发生断扶正器故障，发生故障时井深为2133.34m，故障地层为阿图什组。

1. 工程施工参数

钻压为50~60kN；转速为80r/min+螺杆；排量为65L/s；立压为13MPa；扭矩为8~

11kN·m。

2. 井身结构

导管：Φ660.4mm/Φ508mm×101.47m。一开：Φ444.5mm×2133.34m(未完)。

3. 钻具组合

Φ444.5mmPDC 钻头×0.47m+Φ286mm 直螺杆×9.62m+Φ279.4mm 钻铤×2 根×18.14m+变扣接头×0.91m+Φ442mm 扶正器×1.83m+Φ228.6mm 钻铤×3 根×28.19m+变扣接头×0.85m+Φ203.2mm 钻铤×16 根×147.86m+变扣接头×1.01m+Φ139.7mm 钻杆。

4. 钻井液性能

所采用钻井液的基本性能为：密度为 1.19g/cm^3；黏度为 52s；塑性黏度为 14mPa·s；动切为 4Pa；静切为 1.5Pa/5.5Pa；失水量为 7.8mL；泥饼厚度为 0.5mm；pH 值为 8.5；含砂量为 0.2%；固体含量为 9%；坂含为 55g/L；Cl^- 浓度为 4015mg/L；Ca^{2+} 浓度为 180mg/L。

5. 地层及岩性描述

阿图什组，灰黄色泥岩、粉砂质泥岩。

(二)发生经过

10 日 22：00 一开 Φ444.5mm 井眼开钻。15 日 6：55 钻进至井深 2133.34m 处(此时的钻进参数为：钻压为 50～60kN；转速为 80r/min＋螺杆；泵冲为 174 次/min；泵压为 13MPa)，总悬重突然由 134t 下降至 124t，扭矩由 8～11kN·m 下降至 2～3kN·m，泵冲由 172 次/min 上升至 187 次/min，泵压由 13.1MPa 下降至 11.1MPa，遂决定起钻检查。15 日 12：40 起出井内钻具，发现扶正器距离母扣端面 120mm 处断裂。

(三)处理方式与效果

16 日 14：00 组织打捞工具到场；23：00 组下卡瓦打捞筒管柱至井深 1369.50m 处遇阻，且接顶驱开泵后无法通过，随后起钻，决定下一步用牙轮钻头通井。17 日 4：00 起钻完成；10：00 下通井钻具组合至井深 1369m 处遇阻；10：30 划眼至井深 1376m 处；13：00下钻探至鱼顶位置 2102.95m 处；15：30 循环泥浆；20：00 起钻完。18 日 5：30 下入卡瓦打捞筒管柱至井深 2102m 处；6：00 循环冲洗鱼顶(其间下探鱼顶位置 2103.06m 处)；6：30 打捞落鱼(排量为 10L/s，转速为 20r/min，下探鱼头至卡瓦位置后停泵，下压 10t 后上提，悬重为 114t，打捞前钻具称重为 103t，悬重增加 11t，判定认为捞获落鱼)；18：00 起钻完成，落鱼全部出井，故障解除。

(四)原因分析

(1)扶正器基本信息为：断裂扶正器钢印号为 Q16010XNC，螺纹类型为 7⅝REG，本体外径为442mm、内径为76mm、长度为1830mm，接头外径为229mm，出厂时间为2016年3月13日。发井前根据钻具管理标准做转入工区检测，两头在管具公司重新修扣，并于2018年1月1日由管具公司进行无损检测及螺纹质检并合格。扶正器使用的纯钻时间为69.5h。

(2)该井一开 Φ444.5mm 井眼，大井眼快速钻进过程中钻速快，存在送钻不均匀现象，扭矩为20~32kN·m，参数波动较大，导致扶正器从其母扣根部疲劳断裂。

(3)后期对钻具进行探伤时发现，其中2根 Φ279.4mm 钻铤公扣和母扣密封面损伤；3根 Φ228.6mm 钻铤中，1根公扣损伤，2根公母扣密封面损伤；13根 Φ203.2mm 钻铤螺纹部位全部损伤。

(五)经验教训

(1)大尺寸扶正器在井底受力情况复杂，螺纹加工时应加工应力槽。

(2)大尺寸扶正器应按推荐的最高的扭矩值进行上扣。

(3)上部大井眼钻进时，须控制好跳钻，进一步加强钻井参数的核实、对比、分析。送钻要均匀，采取有效的处理措施避免异常情况复杂化、复杂情况故障化。

(4)每次起钻时要对大尺寸钻铤进行逐根卸扣和倒换位置，并按推荐使用时间进行探伤检查，扶正器检测时间不超过120h。

(5)一般情况下，在发生钻具故障后进行打捞前，应该先通井，稳定上部井眼，调整好泥浆性能。

十二、SHNP1 井断扶正器故障

(一)基本情况

该井于2018年4月27日0：30发生断扶正器故障，发生故障时井深为1839.80m，故障地层为白垩系。

1. 工程施工参数

钻压为10~40kN；转速为50r/min+螺杆；排量为60L/s；立压为13.7MPa；扭矩为1~10kN·m。

2. 井身结构

导管：Φ914.4mm×24m+Φ720mm×24m。一开：Φ660.4mm×306m+Φ508mm×306m。二开：Φ444.5mm×1839.80m(未完)。

3. 钻具组合

Φ444.5mmPDC钻头×0.46m+Φ286mm直螺杆×9.53m+变扣接头×0.93m+Φ241.3mm钻铤×1根×9.2m+Φ442mm扶正器×2.18m+变扣接头×0.92m+Φ203.2mm钻铤×9根×82.74m+变扣接头×0.93m+Φ139.7mm加重钻杆×9根×83.54m+

Φ139.7mm 钻杆。

4. 钻井液性能

所采用钻井液的基本性能为：密度为 1.17g/cm^3；黏度为 45s；塑性黏度为 14mPa·s；动切为 4.5Pa；静切为 1.5Pa/5.5Pa；失水量为 5.6mL；泥饼厚度为 0.5mm；pH 值为 8.5；含砂量为 0.3%；固体含量为 9%；坂含为 35g/L；Cl^- 浓度为 14000mg/L；Ca^{2+} 浓度为 7000mg/L。

5. 地层及岩性描述

白垩系，浅黄色、棕色砂岩，黄色、棕色粉砂质泥岩。

(二)发生经过

4 月 20 日 9：00 二开 Φ444.5mm 井眼开钻。26 日 16：55 钻进至井深 1835.84m 处，立压由 16.2MPa 缓慢下降至 14.4MPa；17：14 钻进至井深 1839.80m 处(此时的钻进参数为：钻压为 10～40kN；转速为 50r/min + 螺杆；泵冲为 191 次/min；泵压为 13.7MPa)，立压由 13.7MPa 下降至 10.6MPa，泵冲由 191 次/min 上升至 196 次/min，扭矩由 8.2kN·m下降至 2.1kN·m，遂决定起钻检查。27 日 0：30 起钻完并检查钻具，发现扶正器距离母扣端面 110mm 处断裂。

(三)处理方式与效果

27 日 1：00 组下光钻杆冲洗鱼头；7：00 下钻至井深 1730m 处遇阻；9：30 冲划至鱼顶 1817.61m 处；14：00 循环、冲洗鱼头、打封闭浆起钻；22：00 起钻完成。

28 日 6：00 组下卡瓦打捞筒管柱至井深 381m 处遇阻，接顶驱开泵冲划无法通过；7：30起钻完更换钻头后下钻通井；16：00 下钻通井至鱼顶位置 1817.61m 处；17：30 循环、打封闭浆起钻；22：00 起钻完成。

29 日 5：00 组下卡瓦打捞筒管柱至井深 1817m 处；5：30 循环冲洗鱼顶(其间下探鱼顶位置 1817.61m 处)；6：00 打捞落鱼(排量为 10L/s，转速为 15r/min，下探鱼头至卡瓦位置后停泵，下压 20t 后上提，悬重为 112t，打捞前钻具称重为 106t，悬重增加 6t，判断认为捞获落鱼)；12：30 起钻完成，落鱼全部出井，故障解除。

(四)原因分析

(1)扶正器基本信息为：断裂扶正器钢印号为 Q18009 – ZY，螺纹类型为 730 × 731，本体外径为 442mm、内径为 70mm、长度为 2180mm，接头外径为 230mm，出厂时间为 2014 年 8 月 26 日。发井前根据分公司钻具管理标准做转入工区检测，2018 年 4 月 18 日由管具公司进行无损检测及螺纹质检并合格。扶正器使用的纯钻时间为 81h。

(2)从钻具结构方面分析，扶正器附近是应力集中区；从钻具使用方面分析，钻进期间扭矩波动幅度大，扭矩在 1～18kN·m 区间波动。在长期交变应力作用下，导致扶正器螺纹疲劳失效。

(3)现场故障调查发现，该井二开 9 根 Φ203.2mm 钻铤螺纹全部黏扣，台阶面损伤，部分加重钻杆出现黏扣现象，大尺寸钻具上扣扭矩不符合要求，或丝扣油可能存在质量不合格问题，因此造成了螺纹损伤。

(五)经验教训

(1)大尺寸扶正器在井底受力情况复杂，螺纹加工时应加工应力槽。

(2)上部大井眼快速钻进时，须控制好跳钻，加强钻井参数控制，出现异常情况时应及时验证核实井下情况，降低复杂故障的发生率。

(3)加强各岗位人员的技能培训。现场操作时，应严格按推荐上扣扭矩紧扣，防止发生螺纹黏扣或脱扣。

(4)大尺寸扶正器上扣时宜采用推荐扭矩较大值，且使用合格的螺纹密封脂。

(5)起下钻时应做好钻具的检查和倒换，保证入井钻具安全。

(6)一般情况下，在发生钻具故障后进行打捞前，应该先通井，稳定上部井眼，调整好泥浆性能。

十三、SHBY1 井断扶正器故障

(一)基本情况

该井于 2017 年 9 月 27 日 20：00 发生断扶正器故障，发生故障时井深为 3057.91m，故障地层为吉迪克组。

1. 工程施工参数

钻压为 60～80kN；转速为 60r/min + 螺杆；排量为 66L/s；泵压为 19.5MPa。

2. 井身结构

一开：Φ660.4mm × 607m + Φ508mm × 606.8m。二开：Φ444.5mm × 3057.91m(未完)。

3. 钻具组合

Φ444.5mmPDC 钻头 + Φ286mm 直螺杆 + 731 × 830 + Φ279.4mm 钻铤 × 2 根 + Φ441mm 扶正器 + Φ279.4mm 钻铤 × 1 根 + 831 × 730 + Φ241.3mm 钻铤 × 3 根 + 731 × 630 + Φ203mm 钻铤 × 4 根 + Φ203.2mm 随钻震击器 + Φ203.2mm 钻铤 × 2 根 + 631 × 520 + Φ139.7mmHWDP × 5 根 + 521 × HT550 + Φ139.7mm 非标钻杆。

4. 钻井液性能

所采用钻井液的基本性能为：密度为 1.19g/cm^3；黏度为 44s；塑性黏度为 15mPa · s；pH 值为 9；失水量为 7.8mL；泥饼厚度为 0.5mm；坂含为 35g/L。

5. 地层及岩性描述

吉迪克组，棕色泥岩。

(二)发生经过

27日6：23钻进至井深3057.91m处，泵冲由195次/min上升至203次/min，立压由19.5MPa下降至17.5MPa，扭矩由11kN·m下降至4kN·m，悬重由1530kN下降至1460kN，其余参数无变化；9：00循环泥浆、打封闭浆，起钻；20：00起钻完成，发现扶正器母扣根部断裂。

(三)处理方式与效果

28日4：00组织公锥打捞工具到井，组下打捞钻具：GZΦ65－Φ98mm＋411×630接头＋631×630安全接头＋Φ309mm扶正器＋Φ203mm随钻震击器＋Φ203mm钻铤×3根＋631×520＋Φ139.7mmHWDP×5根＋521×HT550＋Φ139.7mm非标钻杆。14：40下打捞钻具至鱼顶位置，井深为3026.42m；15：00顶通冲洗鱼头，排量为19.2L/s，立压为4MPa，钻具悬重为130t；15：25公锥造扣打捞落鱼，逐渐增加造扣扭矩至15kN·m后进行造扣，累计造扣5扣；15：35上提活动钻具，悬重由130t上升至144t，判断认为捞获落鱼。29日4：00起钻完成，捞获全部落鱼，PDC钻头完好，复杂状况解除，打捞成功。

(四)原因分析

(1)扶正器基本信息为：断裂扶正器为LX型整体式螺旋稳定器，钢印号为Q17002HB，螺纹类型为8⅝REG，本体外径为441mm、内径为71.8mm，接头外径为254mm。该扶正器采购时间为2017年3月。经核查，该扶正器前期在SHB4井(原SHB7井)使用的纯钻时间为18h，在该井的纯钻时间为113h。2017年8月25日检测合格，检测报告编号为2－201708010－HB。

(2)该井使用的扶正器内螺纹接头外径为257mm，比上部连接的Φ279.4mm钻铤外径小22.4mm，形成了大小头，造成扶正器内螺纹连接部位强度减弱，加速形成应力集中，根据断面分析认为发生了疲劳断裂。该扶正器断裂位置为内螺纹根部第3～第4扣，未发现旧伤痕迹，断口平整，断面有开裂纹路，且有明显刺漏痕迹，符合疲劳断裂特征。

(3)该井使用Φ444.5mmPDC钻头及型号为7LZ286×7.0－VⅢSF的7头螺杆，使用过程中反扭矩较大，加速了扶正器内螺纹的疲劳损伤。

(五)经验教训

(1)钻具组合中的大小头连接处是应力变化较大的地方，抗扭能力较弱，在使用过程中易发生疲劳破坏；大小头的内径变化通常较大，循环使用过程中易发生冲蚀破坏。应严禁使钻具中的大小头成为钻柱组合中的薄弱点。

(2)钻进时应控制好钻进参数，控制好跳钻，避免因扭矩异常波动而导致应力集中，引发钻具薄弱点故障。应及时记录对比钻进参数，以及时发现井下异常。

(3)大尺寸扶正器处于钻柱应力集中部位，螺纹易形成应力疲劳。要求加工 Φ444.5mm 井眼及以上尺寸扶正器时，两端的内、外螺纹处宜加工 API 应力槽。同时，缩短大尺寸扶正器的使用时间，每趟钻后更换扶正器、释放应力，且每只扶正器使用时间不得超过 120h。

十四、TSH6 井三次钻具故障

(一)基本情况

该井于 2017 年 8 月 15 日 23：35 发生断扶正器故障，发生故障时井深为 1176.73m，故障地层为库车组；于 2017 年 8 月 20 日 0：30 发生断加重钻杆故障，发生故障时井深为 1847.99m，故障地层为康村组；于 2017 年 8 月 27 日 3：30 发生断无磁钻铤故障，发生故障时井深为 1933.03m，故障地层为康村组。

1. 入井管串结构

断扶正器：Φ444.5mmPDC(ATS1605L) + 730 × NC61 母 + Φ228.6mm 钻铤 × 2 根 + Φ443mm 扶正器 + Φ228.6mmDC × 1 根 + NC61 公 × NC56 母(带托盘) + Φ203mm 无磁钻铤 + 196.85mm 钻铤 × 12 根 + NC56 公 × 410 + Φ127mmHWDP × 12 根 + DS55 母 × 411 + Φ139.7mmDP。

2. 断加重钻杆结构

Φ444.5mmPDC(ATS1605L) + 730 × NC61 母 + 228.6mmDC × 2 根 + 443mm 扶正器 + NC61 公 × NC56 母(带托盘) + 203mm 无磁钻铤 + 196.85mmDC × 12 根 + NC56 公 × 410 + 127mmHWDP × 12 根 + DS55 母 × 411 + 139.7mmDP。

3. 断无磁钻铤结构

Φ444.5mmPDC(ATS1605L) + 730 × NC61 母 + Φ228.6mmDC × 2 根 + Φ443mm 扶正器 + NC61 公 × NC56 母(带托盘) + Φ196mm 无磁钻铤 + Φ203mmDC × 14 根 + NC56 公 × 410 + Φ127mmHWDP × 15 根 + NC52 母 × 411 + Φ127mmDP。

4. 钻井液性能

采用膨润土聚合物钻井液体系：密度为 1.11g/cm^3；黏度为 63s；塑性黏度为 19mPa · s；动切为 6Pa；中压失水量为 9mL；泥饼厚度为 0.5mm；pH 值为 9；含砂量为 0.2%；固体含量为 7%；坂含为 53g/L；Cl^- 浓度为 859mg/L；Ca^{2+} 浓度为 55mg/L。钻井液体系：膨润土聚合物。

(二)发生经过

1. 第一次故障：断扶正器

2017 年 8 月 15 日 18：07 钻进至井深 1176.73m 处，扭矩由 12 ~ 13kN · m 上升至 30 ~ 32kN · m，转速为 90 ~ 100r/min；18：08 大钩高度由 12.63m 下降至 12.40m，扭矩由 30 ~ 32kN · m 下降至 6kN · m，转速由 90 ~ 100r/min 下降至 88r/min，再上升至 144r/min，泵

压由 9.7MPa 下降至 9.2MPa，悬重由 723.7kN 下降至 579.6kN，钻压由 72.48kN 上升至 216.55kN。上提钻具下放至原井深，转转盘无扭矩，泵压下降至 9.2MPa；18：30 累计尝试下放 4 次至井底，无扭矩、无进尺，循环至 19：00 时开始起钻；23：35 起出钻具，发现 Φ443mm 扶正器从距母扣根部 11.2cm 处断开，扶正器及以下钻具落井。

2. 第二次故障：断 Φ127mm 加重钻杆

2017 年 8 月 19 日 17：20 钻进至井深 1847.99m 处时，悬重由 1086kN 下降至 857.4kN，钻压由 24.9kN 上升至 250.2kN，转速由 94r/min 上升至 113r/min，扭矩由 12.8kN 先上升至 13.3kN，再下降至 4.4kN，立压由 10.3MPa 上升至 7.7MPa，钻时由 7min/m 下降至 1min/m，提离井底；20：00 循环钻井液。20 日 0：30 起钻至第 12 根加重钻杆，发现 Φ127mm 加重钻杆公扣加厚过渡带对焊部位断裂，落鱼长 142.83m，鱼顶位置为 1705.16m 处。

3. 第三次故障：断无磁钻铤

2017 年 8 月 26 日 19：10 钻进至井深 1933.03m 处，悬重由 1200kN 下降至 1130kN，泵压由 14.9MPa 下降至 13.9MPa，转速由 85r/min 上升至 124r/min，扭矩由 13.4kN · m 先上升至 17.5kN · m，再下降至 0；21：30 循环钻井液。27 日 4：00 起钻完成，发现 Φ203mm 无磁钻铤距母扣端 11cm 处断开，落鱼长 31.53m，鱼顶位置为 1901.5m 处。

（三）处理方式与效果

1. 第一次故障：断扶正器

8 月 16 日 6：00 下 Φ55 ~ 82mm 公锥至井深 1146m 处，冲洗鱼头，公锥造扣，原悬重为 66t，上提至 82t 滑脱；13：30 起打捞管柱完成，未捞获；23：00 下 Φ286mm 打捞筒（配 Φ209mm 螺瓦）至井深 1148m 处；23：30 冲洗鱼头；24：00 打捞（排量为 27L/s，泵压由 1.1MPa 上升至 1.3MPa，悬重由 68.6t 上升至 74t）。17 日 4：00 起打捞管柱完成，捞获落鱼，故障解除。

2. 第二次故障：断加重钻杆

8 月 21 日 5：00 组织 Φ245mm 打捞筒（配 Φ200mm 螺瓦、加大引鞋、加长筒）；10：45下 Φ245mm 打捞筒至井深 1705.16m 处；11：10 冲洗鱼头；11：40 打捞（悬重由 877kN 先上升至 1270kN，再下降至 1130kN）；22：30 起钻完成，起出全部落鱼，故障解除。

3. 第三次故障：断无磁钻铤

8 月 27 日 4：00 开始组接 Φ286mm 打捞筒（配 Φ194mm 篮瓦）入井；13：30 下 Φ286mm 打捞筒至井深 1896m 处；14：30 循环钻井液；15：30 冲洗鱼头，打捞（悬重由 920kN 上升至 990kN）；22：00 起管柱完成，起出全部落鱼，故障解除。

（四）原因分析

1. 技术原因

1）第一次故障：断扶正器

使用的扶正器内螺纹接头外径为 210mm，比上部连接的 Φ228.6mm 钻铤外径小

18.6mm，易因应力集中而产生疲劳。钻进过程中，司钻送钻不均，扭矩在 12～32kN·m 区间波动，转盘转速在 90～100r/min 区间波动，间歇存在憋转盘情况，扶正器承受着较大的轴向震动，易造成扶正器快速发生疲劳断裂。

2)第二次故障：断加重钻杆

使用的加重钻杆本体厂家为不知名的钢管生产厂家，无生产编号；断口呈现低应力脆断形状，加重钻杆热处理工艺不达标，摩擦焊存在质量问题，这是导致断裂的主要原因。

3)第三次故障：断无磁钻铤

钻具组合刚度偏低(未使用 11in 钻铤)，且前期钻进过程中扭矩在 12～32kN·m 区间波动，加剧了无磁钻铤内螺纹根部的应力集中，降低了螺纹的承载能力，结合断面分析(断面存在开裂区和剪切区，开裂区可观察到贝纹线)认为此次断裂为早期疲劳断裂。

2. 管理原因

(1)钻井公司内部管理存在严重问题。采购钻具的生产厂家不具备合格的加工能力和技术能力，甚至有厂家提供了虚假螺纹密封脂商品信息。

(2)生产作业中弄虚作假，刻意隐瞒。8 月 20 日发生断加重钻杆故障后，监督中心要求更换全部在用钻具，严禁使用公司自有钻具；8 月 25 日组下钻具期间，该公司驻井领导擅自决定下入公司自有无磁钻铤，导致了第三次钻具故障。

(3)结合两次钻具黏扣情况可知，组织对在用液压大钳进行扭矩校验时，部分实际测量扭矩值比标定值小 25% 左右，相邻某两个兆帕的输出扭矩基本无变化(4MPa 输出扭矩为 18.52kN·m，5MPa 输出扭矩为 18.46kN·m)，使得上扣大钳扭矩不标准，这也是导致钻具断裂的重要原因之一。

(4)该井连续发生钻具故障，除施工单位没有执行相关规定且管理混乱外，还暴露出业主方监督不到位、不能及时制止违规行为等问题。

(五)经验教训

(1)公司应依法经营、诚信施工，杜绝弄虚作假、刻意隐瞒等现象。对于现场已经发生的隐患要进行风险评估，采取有效措施及时处理。

(2)钻井队管理人员应加强责任心，强化对现场操作人员的技能培训，提高其操作水平。还应该提高现场人员对异常情况的分析判断能力，对长期存在的异常工程参数应充分重视，并采取有效的处理措施。

(3)规范对其他工区入场钻具的管理，除核查出厂合格证外，还要严格检查出厂资料；对于新转入工区的钻铤，第一次入井使用前均应进行修扣。

(4)项目监督部应严格落实分级管理制度，对长时间不在工区施工、可能存在较大施工风险的队伍，应该重点关注，强化施工过程管理，出现问题从严处置；一旦施工过程中出现问题，应认真分析、查找原因。

十五、TH10383 井断钻杆故障

(一)基本情况

该井 2016 年 1 月 14 日 19：30 发生断钻杆故障，发生故障时井深为 4363.26m，故障地层为舒善河组。

1. 工程施工参数

2016 年 1 月 14 日 7：19 发生井漏时，钻压为 60kN，排量为 40L/s，转速为 65r/min，泵压由 17.9MPa 下降至 3.6MPa，扭矩由 24.7kN · m 上升至 30.6kN · m。

2. 井身结构

Φ346.1mm×1206m + Φ273.1mm×1205.5m + Φ250.88mm×5964.14m。

3. 钻具组合

Φ250.88mmPDC(TS1952)×0.35m + Φ197mm 螺杆 ×7.88m + 631×410×0.84m + Φ177.8mmDC×1 根 ×9.03m + Φ248mm 扶正器 ×1.52m + Φ177.8mmDC×20 根 ×180.71m + 411×DS55×0.79m + Φ139.7mm 钻杆。

4. 钻井液性能

所采用钻井液的基本性能为：密度为 1.30g/cm^3；黏度为 50s；塑性黏度为 16mPa · s；动切为 7Pa；静切为 2.5Pa/6.5Pa；失水量为 4.6mL；泥饼厚度为 0.5mm；pH 值为 10；含砂量为 0.1%；固体含量为 11%；坂含为 35g/L；Cl^- 浓度为 7600mg/L；Ca^{2+} 浓度为 260mg/L；HTHP 为 10.4mL(120℃)。

5. 地层及岩性描述

井漏地层：良里塔格组，黄灰色泥晶灰岩。卡钻地层：舒善河组，棕色、棕褐色、灰绿色泥岩，浅棕色、灰白色细粒砂岩、粉砂岩。

(二)发生经过

1 月 14 日 7：19 钻至 5964.14m 处(层位为奥陶系上统良里塔格组，良里塔格组顶界深度为 5931.00m，设计良里塔格组厚 55m)时井口失返，泵压由 17.9MPa 下降至 3.6MPa，漏失密度为 1.30g/cm^3 的泥浆 10.52m^3；立即停泵停转盘，上提方钻杆，悬重由 237t 先上升至 275t，再下降至 240t，恢复正常后立即起钻；12：17 起钻至 4363.26m 处遇阻，悬重由 195t 上升至 205t，上提下放活动钻具(210～130t)；12：20 上提至 180t 时，悬重突然降至 145t，判断认为钻具脱落。14 日 19：30 起钻完成，起钻期间共灌浆 57.52m^3，发现 Φ139.7mm 钻杆距母接箍 1.94m 处发生断裂，井内落鱼长 790.05m。

(三)处理方式与效果

15 日 9：00 起出上部钻具，现场分析并制定下一步施工方案。因井漏期间打捞钻具风

险较高，故申请堵漏及打塞侧钻作业，其间下光钻杆探鱼顶位于3532.82m处。1月15日10：00接到批示后堵漏、打塞侧钻，停止故障处理。

（四）原因分析

断裂的Φ139.7mm钻杆为非标钻杆（钢级为S级，壁厚为9.17mm，扣型为DS55），检测时间为2015年12月25日，钻具编号为S150538HD，纯钻时间为222.5h，探伤合格并判定为一级钻杆，带检测报告，符合入井要求。

（1）从断面观察，断口弯曲变形严重，在受挤压侧有清晰的挤压疲劳裂纹，判断认为是在上提下压过程中使得钻具被折弯拉断。

（2）井漏导致井筒液面降低，井壁垮塌，起钻至4363.26m处遇卡。活动钻具（活动吨位为130～210t，原悬重为194t）过程中，断裂钻杆因承受的下压吨位较大而被折弯且受损严重，并在上提时被拉断。

（3）井漏井深为5964m，地层底界为C_1b（5829m）、D_3d（5931m）。侧钻后地层底界为C_1b（5829m）、D_3d（5935m）、O_3l（5971m）、O_3q（5987m）。对比两次地层界面，分析认为井漏地层为良里塔格组。

（五）经验教训

（1）应加强和各协作方的配合，发生地质卡层时，要多与录井队沟通，做好井漏复杂情况的预防。

（2）在处理复杂情况时应严格遵守操作规程，避免强拉硬提。在井漏失返情况下起钻时，应保持持续灌浆，维持液面高度，尽量平衡地层坍塌压力。

十六、TH12276井断扶正器故障

（一）基本情况

该井于2016年1月28日18：00发生断扶正器故障，故障井深为6280m，故障地层为鹰山组。

1. 工程施工参数

悬重为2650kN，泵压为20MPa，排量为43L/s。

2. 钻具组合

Φ250.88mm牙轮钻头＋630×630＋631×410＋单流阀（托盘）＋Φ177.8mmNDC×1根＋Φ250mmSTB×1根＋Φ177.8mmDC×9根＋411×4A10＋Φ159mmDC×12根＋14A11×410＋Φ127mmHWDP×12根＋411×ST540＋ST54DP。

3. 钻井液性能

所采用钻井液的基本性能为：密度为1.32g/cm^3；黏度为54s；塑性黏度为25mPa·s；

动切为8Pa；静切为2Pa/8Pa；失水量为4mL；泥饼厚度为0.5mm；pH值为9；含砂量为0.2%；固体含量为12%；坂含为35g/L；Cl^-浓度为10280mg/L；Ca^{2+}浓度为600mg/L。

（二）发生经过

该井于2016年1月24日18：20钻进至二开中完井深，随后进行电测前通井作业。28日1：00投测多点完并起钻；18：00起钻完发现从扶正器根部断裂且断落在井内，井内落鱼长11.72m（Φ177.8mm无磁钻铤×9.35m＋单流阀×0.49m＋631×410×0.88m＋630×630×0.74m＋Φ250.88mm牙轮钻头×0.26m），鱼顶位置为6268.28m处，另外，无磁钻铤内有多点仪器（长6m）。从通井下钻到底至起钻期间参数无异常。

（三）处理方式与效果

1. 下Φ206mm螺旋卡瓦打捞筒打捞

2016年1月30日8：00下打捞工具至井深6260m处，接方钻杆开泵循环，开泵正常，泵压为9MPa，排量为18L/s；11：00循环正常后缓慢下钻探鱼顶，此时悬重为266t，泵冲为100次/min，立压为12.2MPa。慢转2圈下探0.05m，重复此操作下探至6268.28m处，遇阻2t，上提0.20m；转2.5圈下探至6268.30m处，再上提0.20m；再转2.5圈下探，遇阻4t，开双泵，泵冲为156次/min，立压为19.4MPa；继续缓慢下探钻具，显示钻压为20t，立压为19.4MPa，上提2.00m，下放钻具至井深6269.50m处，显示钻压为10t，上提钻具摩阻8～10t后正常。2月1日1：30起钻完成，未捞获落鱼。

2. 下Φ218mm螺旋卡瓦打捞筒打捞

2月2日6：30下钻至鱼顶井深6268.28m处，接方钻杆开泵循环，开泵正常，泵压为8.5MPa，排量为18L/s；8：00循环正常后缓慢下钻探鱼顶，待引鞋套入落鱼后，继续下压12t至井深6269.20m处，立压由11.6MPa上升至12.2MPa，上提钻具3.00m，摩阻为10～12t；继续下探3次，均下探至井深6269.20m处，下压12t，起钻。2月3日6：30起钻完成，未捞获落鱼。

3. 下Φ234mm篮式卡瓦打捞筒打捞

4日13：00组合钻具下钻至井深6268.28m处并循环；16：00循环正常后，下放钻具至井深6270.99m处，钻压为6t，立压为12.3MPa；上提钻具2.00m，下探钻具至井深6270.99m处，无钻压，继续下探，钻压在6～8t来回波动了3次，然后继续下压至钻压为16t，立压由12.3MPa上升至13.03MPa，此时为井深6271.81m处；上提钻具4.00m，立压为12.3MPa，继续下探，下压钻压20t，在井深6272.00m处立压由12.3MPa上升至12.7MPa，判断认为已捞获落鱼。2月5日10：30起钻完毕，卡瓦打捞筒带出井内全部落鱼，故障解除。

（四）原因分析

（1）断裂扶正器直径为246mm，生产日期为2014年10月，纯钻时间为253.34h，2015年12月13日检测合格。

（2）通井短起下至井深6276m处进行循环，因换绞车刹车片，不能上下活动，间断性地转动转盘活动，其间无大范围的扭矩异常和波动，泵压亦无明显变化，扶正器断口较平整，未发现有刺漏及老伤痕迹，断面有明显的裂纹萌发、扩展纹路，符合疲劳断裂的特征。抽查前期钻进期间的钻井参数，发现有多处存在钻压及扭矩波动较大的情况。由于扶正器刚性较大，且靠近钻头部位，承受较大的轴向震动，若钻压波动大，则更易造成扶正器因过快疲劳而发生断裂。综合分析认为此次故障为疲劳断裂。

（五）经验教训

（1）钻井队技术管理人员应增强责任感，加强技能培训，提高对异常情况的判断能力。

（2）钻井公司应切实增大对钻井队的技术指导及后勤保障力度，提高故障处理效率。

（3）组下打捞工具时，一定要认真分析鱼头的形态和尺寸，优选合适的打捞工具。该井经过3次打捞才成功，说明前两次的打捞工具不合适。

（4）该井故障处理过程中尚存在需要改进之处：应该在第一次打捞没有成功后先进行一次通井，再进行后续打捞。

十七、TH12562H井单吊环故障

（一）基本情况

该井为TH12区的五开制水平开发井，发生故障时井深为6560m。

1. 钻具组合

Φ165.1mm钻头×0.30m＋330×310×0.75m＋浮阀×0.45m＋Φ120.65mm钻铤×1根×9.09m＋Φ120mm无磁钻铤×1根×8.76m＋Φ120.65mm钻铤×23根×209.52m＋Φ88.9mm钻杆×99根×953.20m＋311×4A10×0.94m＋4A11×ZY54×0.94m＋Φ139.7mm钻杆×184柱×5773.85m。

2. 钻井液性能

所采用钻井液的基本性能为：密度为1.30g/cm^3；黏度为66s；塑性黏度为37mPa·s；动切为7.5Pa；静切为2Pa/7Pa；失水量为4.8mL；HTHP为12mL（125℃）；泥饼厚度为0.5mm；pH值为9；含砂量为0.2%；固体含量为11%；坂含为35g/L；Cl^-浓度为46532mg/L。

（二）发生经过

该井于2017年3月8日12：00钻至四开中完井深6560m处，经过短起下、循环、打

封闭浆后，于3月10日20：00开始起钻。11日5：52起钻至井深3812.08m处坐吊卡（钻具总长3812.76m）。由内、外钳工配合挂吊环，内钳工将吊环挂入吊卡内时，外钳工还未将吊环挂入吊卡内（所使用的天翼顶驱无夹合功能），此时副司钻操作刹把上提顶驱，钻具自井口钻杆母接箍端面下0.75m处折断，发生单吊环断钻具故障，下部钻具落井。

落鱼结构：Φ165.1mmPDC钻头+330×310×0.75m+浮阀×0.45m+Φ120.65mm钻铤×1根×9.09m+Φ120mm无磁钻铤×1根×8.76m+Φ120.65mm钻铤×23根×209.52m+Φ88.9mm钻杆×99根×953.20m+311×4A10×0.94m+4A11×ZY54×0.94m+Φ139.7mm钻杆×270根×2628.06m。落鱼总长3812.76m。

（三）处理方式与效果

3月12日13：35组下打捞筒，打捞钻具组合为：Φ206mm卡瓦打捞筒（篮状卡瓦内径为136.7mm）+Φ139.7mmDP。下至井深2744.56m处遇阻，下压3～5t鱼头进入卡瓦，开泵（排量为9L/s，泵压由6MPa先上升至11MPa，再下降至7MPa），返浆正常；打捞钻具原悬重为109t，逐步上提钻具，悬重增加（全部钻具悬重为232t），捞获钻具，在140～240t之间活动钻具，钻具未提活，循环钻井液；16：00上提钻具至248t，钻具提活起钻。13日4：15起出卡瓦打捞筒；5：30甩卡瓦打捞筒及落鱼头，恢复至起钻工况。3月14日0：30全部落鱼出井。

（四）原因分析

内、外钳工挂吊环不同步，副司钻没得到信号就起游车。此次故障为典型的配合失误造成的断钻具故障。

（五）经验教训

（1）刹把操作者和井口操作人员应配合好，避免失误。

（2）在此次故障处理过程中，钻具折断落井后下卡瓦打捞筒打捞的做法是正确的。

十八、SB13X井断钻具故障

（一）基本情况

该井设计井深为8045m，发生故障时井深为2949.82m。

1. 井身结构

Φ444.50mm×1500m+Φ365.13mm×1499.92m/Φ333.40mm×5032m+Φ282.58mm×5032m+Φ273.05mm×3588.18m+Φ282.58mm×989.82m。

2. 入井钻具结构

Φ241.3mmPDC钻头（型号：HAT127G）+630×410+177.8mm浮阀（编号：

FJF21018SG）+ Φ177.8mm 钻铤 ×15 根 +411 ×520 + Φ139.7mm 加重钻杆 ×9 根 +521 × DS550 + Φ149.2mm 钻杆。

3. 钻井液性能

所采用钻井液的基本性能为：密度为 1.57g/cm^3；黏度为 53s；塑性黏度为 21mPa·s；动切为 10.5Pa；静切为 3Pa/9Pa；API 失水量为 4.0mL；泥饼厚度为 0.5mm；HTHP 为 10.2mL(110℃)，pH 值为 9；含砂量为 0.1%；固体含量为 20%；坂含为 33g/L；K^+ 浓度为 25200mg/L；Cl^- 浓度为 38000mg/L。

4. 地层及岩性描述

库姆格列木群，棕红色细粒砂岩夹棕色泥岩。

(二) 发生经过

4 月 22 日 10：16 组下扫塞钻具至 2949.82m 处，检查小组在现场进行安全检查，发现远控房手柄处于中位，要求打至开位，工程师随即将剪切闸板控制手柄打至开位，但未及时通知司钻、值班干部；10：21 司钻及值班干部在不知情的情况下，接完立柱后上提钻具发现遇卡，安排人员检查了半封闸板和全封闸板状态，确认无误后，怀疑有硬物落井(其间钻台曾更换钳头)；10：40 尝试上提，悬重最大提至 258t，没有活动迹象；11：00 再次上提，悬重最大提至 274t，后突然降至 26t，起出钻具后发现钻具断裂，落鱼总长 2949.82m，落鱼结构为：Φ241.3mm 牙轮钻头 + 双母 + 单流阀 + Φ177.8mm 钻铤 ×15 根 + 变扣 + Φ139.7mm 加重钻杆 ×9 根 + 变扣 + Φ149.2mm 钻杆 ×284 根 + 断裂钻杆剩余 1.39m(1.14m 钻杆本体 +0.25m 钻具接箍)。

(三) 处理方式与效果

1. 第一趟打捞[Φ232mm 捞筒(Φ181mm 卡瓦牙) + 加长筒]

捞钻具接箍现场考虑井下鱼头变形，下入加长打捞筒准备避开钻杆本体，捞钻杆接箍。23 日 5：00 下入打捞筒；9：30 下探至井深 1917m 处探至鱼头，反复打捞 4 次，打捞悬重为 88t，最大下压 30t，最大上提至 120t，上提滑脱，打捞未成功。出井检查时发现捞筒卡瓦牙有磨损，但加长筒内无磨损(加长筒内径为 178mm)，分析认为鱼头变形，导致其无法进入加长筒。

2. 第二趟磨铣鱼头[Φ220mm 磨鞋(磨鞋直径为 198mm)]

23 日 18：00 下入“裙子”磨鞋；21：30 下磨鞋到底。24 日 0：00 磨铣 0.3m(磨铣井段为 1917 ~1917.30m)后扭矩波动大，指重表不回，无进尺。起出磨鞋后发现磨损严重。

3. 第三趟打捞[Φ232mm 捞筒(Φ147mm 卡瓦牙)]

捞钻具本体。24 日 5：30 组接打捞筒；10：00 下探至鱼头位置，反复打捞 3 次，通过打捞现象分析可知，鱼头不能进入止退环，打捞未成功。

4. 第四趟打捞[Φ232mm 捞筒(Φ181mm 卡瓦牙) + 加长筒]

捞钻杆接箍。24 日 15：30 组接加长打捞筒；19：00 下打捞钻具探至鱼头，反复打捞

4次，打捞悬重为88t，最大下压30t，最大上提至120t时发生滑脱，打捞未成功。起出后发现止退环及卡瓦牙均有磨损，但加长筒(内径为178mm)内无磨损痕迹，分析认为鱼头变形后无法进入加长筒，落鱼鱼头接箍以上钻杆本体还需磨铣。

5. 第五趟磨铣鱼头[Φ235mm 磨鞋(磨鞋直径为220mm)]

25日6：00下入“裙子”磨鞋；10：30下磨铣钻具到底；14：00磨铣0.8m(磨铣井段为1917.30~1918.10m)。根据落鱼长度，分析认为已磨铣至接箍加厚部位，磨铣及循环期间出口返出铁屑量正常，参数正常(钻压为1~2t，转速为50r/min，空转扭矩为1.5kN·m，磨铣扭矩为1.5~3.5kN·m，排量为33L/s，泵压为4.7MPa)。

6. 第六趟打捞[Φ232mm 捞筒(Φ180mm 卡瓦牙)+加长筒]

捞钻杆接箍。25日20：00下入打捞筒。26日0：00下钻到鱼头以上15m处并开泵(排量为32L/s，泵压为2.5MPa)，下放至鱼顶位置后，泵压由2.5MPa上升至4.9MPa，判断认为鱼头进入打捞筒，停泵下压24t，计算钻具总悬重为210t，从100t逐步上提至240t仍未提开，遂下放至200t。判断认为可能是混浆、胶塞等造成的卡钻，尝试开泵后出口见返液，钻头水眼畅通(排量为32L/s，泵压为14MPa)。23：30再次上提至240t时悬重突降至210t，判断认为已捞获，遂停泵起钻。26日6：00起至卡瓦打捞筒，退出捞筒，继续起钻检查钻具及钻头；14：30起钻完成，落井钻具无弯曲变形，起出的钻头完好，故障解除。

(四)原因分析

(1)剪切闸板的进、出油液控管线连接反，造成远控房手柄开关与闸板实际开关不一致，在远程控制台操作剪切闸板手柄活动至开位时，实际剪切闸板进行的是关闭操作，导致钻具挤扁变形。

(2)钻井公司检查组人员及工程师对安全风险识别不到位，检查发现远控房剪切闸板手柄未在工作位后，在未通知钻台司钻的情况下，将剪切闸板手柄活动至开位(实际剪切闸板关闭)。

(3)值班干部及带班领导安全意识薄弱，在第一次发现钻具上下活动遇卡后，均在钻台指挥，未全面落实闸板开关状态。

(五)经验教训

(1)该故障是管理不规范造成的，处理过程也十分不合理，具体体现在：安装井控设备的操作人员基本业务不熟练，检查人员没有尽到责任。应加强井控设备安装人员、钻井队人员的井控安全培训，细化井控装备的安装、调试、规范化操作程序，杜绝对于井控装置的违章操作。

(2)井控设备主体安装完成后，必须在试压前调试远控房及司控台手柄开关状态与闸板开关状态一致，避免液控管线接反的情况出现；同时，要做好开关控制管线标识并检查两侧管线标识，避免中途检修或更换时出现混乱。

(3)认真分析井下情况，了解硬物落井卡钻与钻具挤扁变形卡钻的区别。

(4)对于中完的井，也要注意泥浆性能的调整。大量实践表明，若中完泥浆性能没有调整好，受到固井水泥浆的污染，会导致泥浆性能变差稠化，甚至会因部分井段固结而造成卡钻。

(5)对于已经变形的鱼头，在制定打捞方案时，首先应明确鱼头的位置和形态。就此次故障来看，应该在完成鱼头修理后再进行打捞，从而缩短处理时间。

十九、SHB9X 井钻具落井故障

(一)基本情况

该井设计井深为8701m，发生故障时井深为7600m，鱼头位于套管内。

1. 井身结构

Φ444.5mm×1505.00m + Φ365.1mm×1505.00m(表层套管)/Φ333.4mm×4980.00m + Φ282.58/273.1mm×4978.74m(技术套管)/Φ241.3mm×7600.00m + Φ(200.03mm + 193.7mm)×(4731.81~7600.00m)(尾管)。

2. 钻具组合

Φ165.1mm 牙轮钻头(型号为 HJ517G，水眼 3×Φ23mm，新度为 100%)+330×310(外径为 127mm，内径为 51mm)+4¾in 浮阀(外径为 128mm，内径为 58mm)+Φ88.9mm 加重钻杆×15 根+Φ88.9mm 钻杆+520×311(外径为 179mm，内径为 39mm)+Φ139.7mm 钻杆+Φ149.2mm 钻杆。

3. 钻井液性能

所采用钻井液的基本性能为：密度为 1.70g/cm^3；黏度为 56s；塑性黏度为 30mPa·s；动切为 8Pa；静切为 2Pa/7Pa；失水量为 3.6mL；泥饼厚度为 0.5mm；HTHP 为 12mL(150℃)；pH 值为 10；含砂量为 0.1%；固体含量为 27%；坂含为 18g/L；Cl^- 浓度为 71500mg/L，K^+ 浓度为 21500mg/L；Ca^{2+} 浓度为 300mg/L；Kf 为 0.0875。

(二)发生经过

该井于 2021 年 3 月 28 日 9：06 下通井钻具至井深 1006.57m 处，在气动卡瓦抱死的情况下，内、外钳工手扶钻杆对扣时，公扣端先坐在钻杆台阶断面上，下部钻具掉井。落鱼总长 1006.57m，落鱼钻具结构为：Φ165.1mm 牙轮钻头+330×310(外径为 127mm，内径为 51mm)+Φ120.6mm 浮阀(外径为 128mm，内径为 58mm)+Φ88.9mm 加重钻杆×15 根+Φ88.9mm 钻杆×90 根。落鱼重 150kN。

(三)处理方式与效果

2021 年 3 月 29 日 9：30 原钻具下钻至井深 6449.36m 处时遇阻 10t(鱼顶位置为

6449.36m处)；10：00上提至井深6436.4m处，开泵冲洗鱼头(排量为4L/s，泵压为23MPa)；11：30对扣成功。累计紧扣5次，共正转50圈，回22圈；未对扣前上提230t，下放160t，对扣成功后上提悬重由230t上升至285t，最大上提至300t，开泵憋压27MPa仍不通，对扣成功并起钻。3月30日12：00起钻完，钻头起出井口。

(四)原因分析

卡瓦牙与钻具尺寸不匹配是造成钻具落井故障的主要原因。该井中，气动卡瓦牙尺寸为Φ88.9mm×Φ73mm，根据生产厂家推荐可知，下Φ88.9mm×Φ73mm钻具时，卡瓦牙应使用Φ88.9mm×Φ88.9mm尺寸。

(五)经验教训

(1)现场操作时应严格按照厂家推荐的尺寸配套使用卡瓦牙，钻井队、现场监督人员应该做好监督与检查工作，并做好日常记录。

(2)下钻时井口内、外钳工应与司钻配合好，避免上部钻具压在台阶断面处或其他不当位置。

二十、SB57X井断钻铤故障

(一)基本情况

该井设计井深为8638.32m，发生故障时井深为5146.15m。

1. 井身结构

Φ660.4mm × Φ603m + Φ508mm × 603m/Φ444.5mm × 4450.67m + Φ365.1mm × 4449.28m/Φ333.38mm×5146.15m。

2. 钻具组合

Φ333.38mmPDC + 244mm 螺杆 + 浮阀 + Φ228.6mmDC × 1 根 + Φ327mmSTB + Φ228.6mmDC×1根+731×630+无磁短节+Φ203.2DCmm×8根+631×NC56+Φ203mm液压随钻震击器+Φ203mm挠性短节+NC56×630+Φ203mmDC×1根+Φ127mmDP+Φ139.7mmDP。

3. 地层及岩性描述

克孜尔塔格组，棕红色泥岩。

4. 钻井液性能

所采用钻井液的基本性能为：密度为1.32g/cm^3；黏度为56s；塑性黏度为26mPa·s；动切为6Pa；静切为1Pa/3.5Pa；API失水量为2.6mL；泥饼厚度为0.5mm；pH值为9；HTHP为8.8mL(120℃)；固体含量为11%；坂含为25g/L；Ca^{2+}浓度为400mg/L；Cl^-浓度为100800mg/L；K^+浓度为20500mg/L；Kf为0.05。

(二)发生经过

2020年1月9日7:00划眼到底，其间泵入$25m^3$稠浆洗井；9:40稠浆全部返完，带出克孜尔塔格组3cm×2cm×1.5cm棕红色粉砂质泥岩，占比为55%。巴楚组底部为灰白色粉砂岩(3cm×1.5cm×0.6cm)，占比为30%，卡拉沙依组为灰色灰质泥岩(2cm×1.5cm×0.5cm)，占比15%。

划眼到底后，开始钻头造型，钻压为10kN以内，转速为50r/min，排量为46L/s，泵压为25.1MPa，扭矩为4~8kN·m。低钻压造型钻进至5145m处，进尺为2m，在5144m、5155m处钻时分别为75min/m、43min/m。造型完成后，逐渐加压至正常钻进参数：钻压为40~60kN，转速为50r/min，排量为46L/s，泵压为25.5MPa，扭矩为7~12kN·m。9:22钻进至井深5145.79m处时钻时开始变慢；9:22~9:55活动钻具，其间在9:39~9:40，扭矩由10.6kN·m上升至14.5kN·m，转速由45r/min下降至0；9:55恢复钻进后，钻压为40~60kN，转速为45r/min，扭矩为4.8~5.0kN·m，扭矩平稳。继续钻进至5146m，钻时为39min/m。15:00钻进至5146.15m处，扭矩平稳，钻时过高，怀疑在9:40时钻铤公母扣或螺杆可能出现了问题，遂起钻检查。起钻完成后，检查发现最下部一根Φ228.6mm钻铤公扣断于浮阀母扣内并落井，落鱼长8.6m，结构为：Φ333.38mmPDC+244mm螺杆+浮阀。

(三)处理方式与效果

1. 牙轮钻头通井

2020年1月11日9:00组下通井钻具组合循环、冲洗鱼头(探鱼头下深为5137.55m，其间泵入$40m^3$重稠浆洗井，返出掉块较少)，短起下后使用两段$2.0g/cm^3$的重稠浆洗井。第一段重稠浆返出掉块约$0.3m^3$，主要为克孜尔塔格组棕红色泥质粉砂岩掉块(70%)和卡拉沙依组深灰色泥岩掉块(30%)，平均尺寸为2cm×1cm×0.3cm，大部分为磨圆掉块，新剥落掉块很少；第二段重稠浆返出掉块约$0.05m^3$，平均尺寸有增大，约为3cm×2cm×0.5cm，重量增大，主要是卡拉沙依组灰色、深灰色泥岩掉块，全部为磨圆掉块。钻具组合为：Φ333.38mm牙轮钻头(型号：HJT537GK)+630×730+浮阀+731×630+Φ203.2DCmm×8根+631×NC56+Φ203mm液压随钻震击器+Φ203mm挠性短节+NC56×630+Φ203mmDC×1根+Φ127mmDP+Φ139.7mmDP。

2. 卡瓦打捞筒打捞落鱼

钻具组合为：Φ286mm卡瓦打捞筒(227mm篮瓦)+631×NC560+Φ203mm超级震击器(厂家：贵州高峰)+NC561×630+Φ203.2mmDC×6根+631×NC560+Φ203mm液压加速器(厂家：贵州高峰)+NC56×630+Φ203mmDC×3根+630×411+Φ127mmDP+Φ139.7mmDP。13日12:00组下打捞钻具组合循环、冲洗鱼头；22:00开始进行打捞作业；22:30打捞落鱼(打捞前双泵泵冲为54次/min，排量为32L/s，泵压为12.2MPa，悬

重为204t)，缓慢下放钻具下压36t，泵压上涨较快，由12.2MPa上升至17.5MPa后仍继续上涨，降泵冲至单泵48次/min，排量为14L/s，继续下压吨位至44t，泵压由8.5MPa上升至9.0MPa。提离井底1m，双泵泵冲为54次/min，排量为32L/s，泵压为13.1MPa，泵压较打捞前上涨0.9MPa。降泵冲至单泵60次/min，排量为17L/s，泵压为5.6MPa，水眼顶通，继续下压吨位至50t，泵压上涨至8.5MPa，缓慢上提至原悬重，继续上提至212t，悬重缓慢下降至204t，提离井底1m后再次开双泵至泵冲为54次/min验证，排量为32L/s，泵压为11.7MPa，较打捞前下降0.5MPa。14日13：30起钻完检查发现未捞获落鱼。

3.“裙子”磨鞋磨铣鱼头

14日16：00组合磨铣钻具。15日6：00下钻至4744m处遇阻；7：00划眼至4785m处；8：30下钻至5137.32m处，其余井段下钻过程中均无异常情况，一次性下钻到底。至15日9：00“裙子”磨鞋探到鱼顶5137.32m处，进入前参数为：排量为45L/s，泵压为25.2MPa，转速为20r/min，扭矩为4.1～4.8kN·m。15日9：00～11：00磨铣鱼顶，磨铣参数为：钻压为10～20kN，扭矩为3.8～5.5kN·m，泵压为25.6MPa，转速为20r/min，磨铣进尺为10cm。磨铣完扭矩为3.8～5kN·m，泵压为24.6MPa，转速为20r/min。观察发现振动筛返出少量丝状铁屑和片状铁屑，13：00循环后泵入20m^{3}封闭浆；14：00起钻至4840m处，泵入25m^{3}稠浆洗井。1月16日6：00起钻完成，起钻过程中无异常显示，起钻完检查磨鞋时发现有轻微崩齿，“裙子”磨鞋的引鞋尖部有明显压痕，钻具组合为：Φ297mm“裙子”磨鞋+Φ203mmDC×9根+630×411+Φ127mmDP+Φ139.7mmDP。

4. 卡瓦打捞筒打捞落鱼

2020年1月16日7：30组下打捞钻具组合；18：00下钻至5137m处，下钻期间摩阻为1～2t，无异常显示；19：00开双泵至泵冲为85次/min，排量为49.5L/s，泵压为26MPa，循环、冲洗鱼头；20：00开始进行打捞作业，打捞前降泵冲至单泵70次/min，排量为20L/s，泵压为5.9MPa，悬重为204t，缓慢下放钻具下压至24t，泵压上涨较快，由5.9MPa上升至10.6MPa。停泵继续下压吨位至48t，缓慢上提至原悬重204t，刹住30s，再次上提至210t，刹住30s，再次上提至215t，刹住30s，后逐渐上提至240t，悬重缓慢下降至206t。缓慢开泵验证，单泵泵冲为57次/min，排量为17L/s，泵压为6MPa，较打捞前的泵压明显上涨，且泵压有持续上涨趋势，后停泵起钻且卸一柱水眼返喷，判断认为捞获落鱼。1月17日15：30起钻完成，捞获全部落鱼。

钻具组合为：Φ286mm卡瓦打捞筒+Φ203mm开式下击器631×NC560+Φ203mm超级震击器+NC561×630+Φ203.2mmDC×6根+631×NC560+Φ203mm液压加速+NC56×630+Φ203mmDC×3根+630×411+Φ127mmDP+Φ139.7mmDP。

(四)原因分析

(1)断裂钻铤于2019年11月9日送至井场后，至12月14日纯钻时间为213h，现场进行探伤后继续使用；至 2020 年 1 月 10 日纯钻时间为 198h，钻铤累计纯钻时间为 411h，大尺寸钻铤上部大井眼受扭矩大，使用时间过长。

(2)三开开钻钻井液密度为 1.28g/cm^3，逐步提密度至 1.32g/cm^3，钻进至 4791.88m 处时井筒开始出现掉块，后期在钻进、下钻划眼时多次出现扭矩波动大、憋停顶驱现象，顶驱限定扭矩为 18kN·m，使用稠浆携带出大量小海子组、卡拉沙依组、克孜尔塔格组、巴楚组掉块，井壁稳定性差，钻铤因疲劳而发生断裂(图 2－1)。

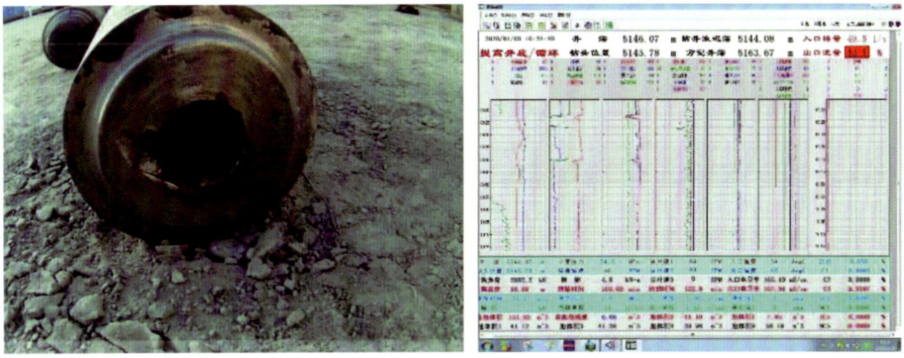

图 2－1　钻铤因疲劳而断裂

(五)经验教训

(1)大尺寸钻铤刚性强，所使用井段较复杂时，应加强丝扣的探伤检查，并做到每一趟钻都要探伤检查；从起出的落鱼来看，钻铤的公扣发生泥浆刺漏导致强度降低，此后发生断裂并落井(图 2－1)。现场应多备一套钻铤，每趟钻替换使用，避免发生疲劳断裂。

(2)该井在石炭系、泥盆系中钻井液密度应提高至 1.4g/cm^3，且将井下处理正常后再恢复钻进。

(3)针对鱼头可能存在的磨损、断面不规则的情况，应合理选择打捞工具，建议先对鱼头进行修整后再进行打捞，提高打捞效率，缩短故障处理时间。

(4)应优选大井眼、大尺寸的钻铤，且要把好采购的质量关。

二十一、TH12462X 井二次钻杆公扣断裂故障

(一)基本情况

该井设计井深为 6909m，发生故障时井深分别为 3364.37m、4175.79m。

1. 井身结构

Φ346.1mm×1200m＋Φ273.1mm×1199m/Φ250.88mm×6585m＋Φ193.7mm×6585m/Φ149.2mm×7133.02m(裸眼完钻)。

2. 钻具组合

(1)断钻杆公扣1：Φ250.88mmPDC 钻头 + Φ197mm 螺杆(1°) + 631 × 410 接头 + 浮阀 + 定向接头 + Φ178mm 无磁钻铤 × 1 根 + Φ248mm 扶正器 + Φ178mm 钻铤 × 12 根 + 411 × 520 接头 + Φ139.7mm 加重钻杆 × 3 根 + Φ139.7mm 钻杆(非标钻具) × 214 根。

(2)断钻杆公扣2：Φ250.88mmPDC 钻头 + Φ197mm 螺杆(1.25°) + 浮阀 + 定向接头 + Φ178mm 无磁钻铤 × 1 根 + Φ248mm 扶正器 + Φ178mm 钻铤 × 12 根 + 411 × 520 接头 + Φ139.7mm 加重钻杆 × 3 根 + Φ139.7mm 钻杆(非标钻具) × 325 根。

3. 钻井液体系与基本性能

采用聚合物体系：密度为 1.16g/cm^3；黏度为 45s；塑性黏度为 12mPa · s；动切为 4Pa；静切为 1 ~ 3Pa；中压失水量为 7.6mL；泥饼厚度为 0.5mm；pH 值为 8；含砂量为 0.3%；固体含量为 9%；坂含为 32g/L。

4. 地层描述

发生故障时主要钻遇地层为康村组、苏维依组。

(二)发生经过

1. 第一次故障：断钻杆公扣

2020 年 5 月 13 日 9：22 二开钻进至井深 3364.37m 处，悬重突然由 1594.3kN 下降至 699.3kN，扭矩由 8.7kN · m 下降至 8.2kN · m，立压由 20.4MPa 下降至 3.9MPa，停转盘下探至井深 3367.18m 处，遇阻 2t，井队立即起钻检查钻具；13：45 起出钻具发现钻杆公扣距离台阶面 2.5 ~ 3cm 处断裂，发生钻具断裂故障。

落鱼总长 2197.12m，鱼顶位置为 1167.25m 处；落鱼结构为：Φ139.7mm 钻杆(非标钻具) × 2040.66m + Φ139.7mm 加重钻杆 × 27.57m + 411 × 520 × 0.91m + Φ178mm 钻铤 × 106.75m + Φ248mm 扶正器 × 1.57m + Φ178mm 无磁钻铤 × 9.35m + 定向接头 × 0.61m + 浮阀 + 631 × 410 接头 × 0.92m + Φ197mm 螺杆(1°) × 7.78m + Φ250.88mmPDC 钻头 × 0.3m。

2. 第二次故障：断钻杆公扣

2020 年 5 月 20 日 23：04 钻进至井深 4175.79m 处时(悬重为 175.68t)单根打完，上提钻具至井深 4165.78m 处时，悬重突然由 186.01t 下降至 45.58t(层位为 E_3S，入口泥浆密度为 1.17g/cm^3，出口泥浆密度为 1.18g/cm^3，钻压为 69kN，转速为 58r/min + LG，1 号泵泵冲为 55 次/min，2 号泵泵冲 89 次/min，排量为 43.8L/s，立管压力为 18.6MPa)，井队立即起钻检查钻具。5 月 21 日 2：45 钻具 31 柱起出转盘面，发现下单根钻具公扣距台阶面 2.5 ~ 3cm 处断裂，发生钻具断裂故障。

落鱼总长 3271.40m，鱼顶位置为 891.47m 处；落鱼结构为：Φ139.7mm 钻杆(非标钻杆) × 3111.63m + Φ139.7mm 加重钻杆 × 27.46m + 411 × 520 × 0.91m + Φ178mm 钻铤 × 110.99m + Φ248mm 扶正器 × 1.57m + Φ178mm 无磁钻铤 × 9.35m + 定向接头 × 0.61m + 浮阀 + Φ197mm 螺杆(1.25°) × 7.88m + Φ250.88mmPDC 钻头 × 0.3m。

(三)处理方式与效果

1. 第一次故障：断钻杆公扣

2020 年 5 月 14 日 0：00 组合打捞筒下钻，钻具组合为：Φ245.5mm 卡瓦打捞筒 + Φ191mm 接头 + Φ139.7mm 钻杆。3：30 下入钻杆 40 柱 1 单根(原钻具)后，接方钻杆下探到鱼顶 1167.25m 处，下压 2t，鱼顶进入卡瓦打捞筒，悬重为 70t，下放钻具逐渐下压至 15t，钻具下行 40cm，上提悬重至 110t(原悬重为 70t)，静止 3min，确定抓稳落鱼，再次上提至悬重为 189t 后悬重又下降至 165t(原悬重为 159.43t)；将落鱼提离井底，方钻杆试起一个单根，确认卡瓦打捞筒抓牢落鱼后，上提钻具无阻挂现象，卸方钻杆起钻；8：30 落鱼鱼顶出转盘面；18：15 起钻完成，起出全部落鱼，故障解除。

2. 第二次故障：断钻杆公扣

2020 年 5 月 21 日 5：00 组合卡瓦打捞筒下钻，钻具组合为：Φ245.5mm 卡瓦打捞筒 + Φ191mm 接头 + Φ139.7mm 钻杆。7：27 下入钻杆 31 柱 1 单根(原钻具)后，接方钻杆下探到鱼顶 891.47m 处，下压 2t，鱼顶进入卡瓦打捞筒，悬重为 45t，下放钻具下压至 17t，钻具下行 35cm，上提悬重至 187.61t(原悬重为 175.68t)，静止 3min，确定抓稳落鱼，再次上提钻具 8m，悬重为 187t，将落鱼提离井底，再次确认卡瓦打捞筒抓牢落鱼，上提钻具无阻挂现象，摩阻约为 100kN，卸方钻杆起钻；11：05 落鱼鱼顶出转盘面。5 月 22 日 1：30起钻完成，起出全部落鱼，故障解除。

(四)原因分析

综合调查发现，该钻杆同批次钻具共进货 1200 根，分别应用于(或曾应用于)HD1H 井、SHB14 井、TK6132 井、TH10444H 井、TH12457H 井、BT11X 井、TH12461H 井等 7 口井中，大部分钻具曾应用于两口井中。

(1)第一次故障：断钻杆公扣。在 TH12462X 井钻进至井深 3364.37m 处时发生断钻杆故障，公扣螺纹断裂部分剩余长度 25 ~ 30mm，断裂位置为公螺纹根部应力集中的最后 2 ~ 3 扣，断口整齐，密封台肩面完好，形貌为低应力脆性断裂特征，钻井参数无异常。

(2)第二次故障：断钻杆公扣。在 TH12462X 井钻进至井深 4175.79m 处时发生断钻杆故障，公扣螺纹断裂部分剩余长度 25 ~ 30mm，断裂位置为公螺纹根部应力集中的最后 2 ~ 3 扣，从公扣断口来看，公扣螺纹距离公扣台阶约 3cm 处有一个米粒大小刺穿公扣壁的痕迹，造成附近公扣横截面有弧度长约 6cm 的蜂窝状刺痕，导致钻杆公扣强度降低，上提接单根方补心提出转盘面时(摩阻约 100kN)，螺杆同时释放反扭矩约 3 圈，在钻具公扣薄弱处断裂，造成钻具落井(该井前期钻进期间泵压一直有 2 ~ 3MPa 波动)。

(3)5 月 22 ~ 26 日对从 TH12462X 井回收 Φ127mm 钻杆共 690 根(2019 年批次 126 根)，进行分级检测，经磁粉探伤发现 5 根有伤(其中两根未入井使用)，大部分回收钻杆螺纹中径严重磨损(磨损部位相同)，带伤钻具与该井断裂的两根钻杆为同一批次，均为从

BT11X 井回收的钻具。可能该批次钻具在 BT11X 井使用过程中已产生微裂纹，管具公司对发井钻具采取抽检措施，未能及时发现钻具裂纹，导致带伤钻具未能及时检测，再次使用过程中发生刺漏与断裂。

（五）经验教训

（1）对重点探井或超深井所用的回收钻具应进行全面检查和探伤，避免问题钻具在转井使用后出现问题。

（2）该 1200 根钻杆回收后应先暂停发井，结合 DS55 螺纹参数及 SHB14 井、HD1H 井等的回收检测情况，查找螺纹中径磨损原因，对厂家螺纹进行评估。

二十二、TH12312CX2 井卡钻、断钻杆故障

（一）基本情况

该井设计井深为 6229.94m（斜）/6022.00m（垂），发生故障时井深为 5714.27m。

1. 井身结构

Φ346.1mm×1198m/Φ273.1mm×1195.57m＋Φ241.3mm×5921.34m＋Φ177.8mm×5919m。

2. 钻具组合

正扣母锥（型号：MZ110×60）＋变扣接头（211×310）＋Φ88.9mm 加重钻杆×9 根＋Φ88.9mm 钻杆＋Φ101.6mm 钻杆。

3. 钻井液性能

采用聚磺防塌钻井液体系：密度为 1.40g/cm^3。

（二）发生经过

2020 年 10 月 3 日 5：12 下打捞油管钻具至 5714.27m 处时，遇阻 3t（悬重由 133t 下降至 130t），上提过程中逐步加至 173t 未能提开，发生卡钻，现场怀疑为稠油上返。关井后用 1.20g/cm^3 泥浆反推环空（套压由 0 上升至 21MPa），泄压后使用 1.40g/cm^3 的泥浆反推 29m^3（排量为 10L/s，泵压由 0 先上升至 20MPa，后下降至 17MPa），之后停泵观察（套压由 14.5MPa 下降至 13.8MPa）；11：00 环空泄压，上提下放钻具均未提活；11：33 转盘转开（转速为 50r/min、扭矩为 16～20kN·m），逐步增加上提吨位（最大为 203t），未能解卡；15：00 尝试上提 1～2t 转动转盘倒划（转速为 50r/min，扭矩为 16.2～17.8kN·m）；20：09 转动转盘倒划钻具上行约 1m 时，悬重由 1448.2kN 下降至 1399.8kN，扭矩由 17.8kN·m 下降至 17kN·m 且无波动，其他参数无明显变化。10 月 4 日 10：09 将钻具起出钻台面，发现加重钻杆最下部公扣加厚对焊部位发生断裂，发生钻杆断裂故障。

落鱼总长 1.80m；鱼顶位置为 5711.2m 处。落鱼结构为：正扣母锥×0.84m＋变扣接头×0.43m＋Φ88.9mm 加重钻杆公接头×0.53m。

(三)处理方式与效果

1. 通井情况

10月5日7：10组通井钻具(带牙轮钻头)下钻至5713.9m处探得落鱼，后接方钻杆多次下探落鱼，鱼头下行至5716.83m处，复探落鱼3次，吨位为4t，鱼头下行较少，遂决定起钻更换打捞钻具打捞。起钻完成后卸开双母接头和钻杆时，发现一个塑性及弹性较好的胶皮块，直径约60mm，长150mm。

2. 第一次打捞

6日12：20组打捞钻具(卡瓦打捞筒，型号为LT－T143)下钻至5712m处；12：30接方钻杆探鱼头至5715.44m处进行打捞。7日9：30起钻完，未打捞出落鱼(落鱼环空有异物堵塞，遂决定使用铣鞋把落鱼与环空之间杂物清理干净后再进行打捞)。8日9：00组铣鞋下钻至5695m处；16：45主动接方钻杆开泵，开钻盘下探冲洗鱼头至5715.44m处，其间16：25时渡槽返浆，返浆量约为泵入量的30%。冲铣落鱼时，发现落鱼下行，20：10冲铣至5751.80m处(30kN钻压不回，拉起下放3次位置不变)；随后对下部井段短起下钻(5481.57～5751.80m)正常；23：00继续冲铣，位置不变(5751.80m处)，然后决定起钻更换打捞钻具打捞落鱼。9日18：00起钻完成后发现铣鞋齿边缘有磨损，内部台阶处有磨痕，判断认为冲铣成功，决定组下打捞钻具。

3. 第二次打捞

10日8：00第二次打捞(卡瓦打捞筒，型号为LT－T148)下钻至5744.6m处；接方钻杆、开泵下放钻具至5750.9m处冲洗鱼头；9：00～10：00进行打捞作业，通过悬重变化判断解卡；23：30起钻完且打捞成功，起出全部落鱼1.8m。起出的落鱼在加重钻杆公扣接头斜坡面及母锥斜坡面上有大量铁质碎屑堆积形成的硬块，有堆积物与其他异物磨擦至发亮的痕迹。

(四)原因分析

(1)从出井落鱼分析可知，落鱼加重钻杆公扣接头斜坡面及母锥斜坡面上有大量铁质碎屑堆积形成的硬块及其他异物黏结，是造成卡钻的根本原因。

(2)加重杆探伤日期为2020年9月11日，2010年5月至今共使用于29口井中，钻具使用年限较长，存在抗拉、抗扭强度降低因素，断口面有明显缩径(外径从96mm缩小至89mm)，断口处边缘存在硬物划伤沟槽，断面附近有折叠纹和拉伸伸长现象。

(3)井筒作业期间打捞油管下钻过程中遇阻，上提下放开转盘转动活动钻具均未提开，遇阻处理过程中，复合力集中在最下部加重钻杆部位，且从起出鱼头的情况可知，台阶部位有明显因堆积物与其他异物磨擦而出现沟槽的痕迹。通过录井曲线可知，18：00～20：00长时间开动转盘，焊接部位频繁受到复合交变应力，致使拉伸强度减弱，因快速过载而发生断裂。

（五）经验教训

（1）针对井筒作业期间处理故障时，井下情况不明确、打捞作业风险较大的情况，建议在打捞前增加通井项目。

（2）钻井队在处理老井井下复杂情况时，应详细分析井下可能的风险，进一步精细操作，发现异常应及时起钻检查或进行循环、通井处理，避免因井眼异常而造成井下复杂情况。

（3）处理故障期间应优选新度系数较高的钻具，并严格遵守钻具安全极限，确保钻具安全有效。如无法更换钻具，则应加大探伤及倒换钻具频率。

第二节　工具故障

一、SHB1－3井断扭力冲击器故障

（一）基本情况

该井于2016年3月29日8：00发生断扭力冲击器故障，发生故障时井深为6848.5m。

1. 工程施工参数

钻压为60kN；转速为60r/min；排量为15L/s；泵压为20MPa。

2. 井身结构

一开：Φ346.1mm×2003m＋Φ273.1mm×2002m。二开：Φ250.88mm×6830m＋Φ193.7mm×6828.5m。三开：Φ165.1mm×6854.53m。

3. 钻具组合

Φ165.1mmPDC钻头（U713M）＋Φ120.6mm扭冲工具＋330×310双母＋单流阀＋Φ120.6mm钻铤×20根＋接头（311×DS380）＋Φ101.6mm加重钻杆×9根＋Φ101.6mm非标钻杆。

4. 钻井液性能

所采用钻井液的基本性能为：密度为1.85g/cm^3；黏度为55s；塑性黏度为26mPa·s；动切为11Pa；坂含为30g/L；Cl^-浓度为21000mg/L；Ca^{2+}浓度为400mg/L；API失水量为3.8mL；pH值为10。

5. 地层及岩性描述

桑塔木组，6830（二开完钻井深）～6845m为浅灰色蚀变凝灰岩，6845m处为辉绿岩顶界，至井深6848.53m处，进入辉绿岩9.53m。

（二）发生经过

该井于2016年3月28日8：25三开钻进至6854.53m处；8：36加完单根后下放至

6848.5m时遇阻，转动顶驱，扭矩由0上升至16kN·m，顶驱憋停，尝试3次未开后上提活动钻具；悬重由170t上升至180t，未能提开，遂下放钻具，悬重由170t下降至165t，未能放开；上下活动钻具5次后，转动顶驱，扭矩由0上升至16kN·m，然后下降至3kN·m。8：52开始划眼，至16：00划眼至6850m处，划眼过程中扭矩在4.5～6kN·m之间波动，变化较小，现场判断认为可能钻具出现了问题；循环至17：00开始起钻。29日8：00起钻完成，发现扭冲工具根部断裂，现场确认为井内断钻具。落鱼结构为：Φ165.1mmPDC（型号U713M）×0.21m＋扭冲工具×0.58m。确定落鱼长度为0.79m，鱼顶井深为6848.5m。

（三）处理方式与效果

1. 第一趟打捞

30日16：00下打捞工具至6825m处，工具组合为：母锥（MZ×NC35×95－140）＋变扣接头＋超级震击器（CS46）＋Φ120.6mm钻铤×3根＋液力加速器（YJQ46）＋Φ120.6mm钻铤×3根＋Φ101.6mm加重钻杆×9根＋Φ101.6mm钻杆。循环处理泥浆一周后，于19：30开泵探鱼顶（排量为6.9L/s，泵压为6.5MPa），鱼顶位置（6848.5m）不变，停泵下压2t，正转9圈，回4.5圈，上提钻具开泵（排量为6.9L/s，泵压由6.5MPa上升至8.8MPa，造扣成功，高架槽返浆，建立循环）；20：30上提钻具，悬重由170t上升至200t，未能提开，正转40圈，扭矩由0上升至22kN·m，释放扭矩，钻具回40圈，未能解卡。3月31日2：00上下活动钻具，活动吨位为140～200t。使用震击器震击，最大震击力为35t。至3：00震击第68次时，钻具悬重由170t先上升至210t，后下降至170t，解卡成功，开泵验证是否捞获落鱼（排量为6.9L/s，泵压为8.6MPa），现场判定认为捞获落鱼；19：00起钻完成，发现无落鱼，第一次打捞失败。

2. 第二趟打捞

31日19：00组织第二次打捞，打捞工具为：母锥（MZ×NC38×100－130）＋柔性短节＋超级震击器（CS46）＋Φ101.6mm钻铤×6根＋Φ101.6mm加重钻杆×9根＋Φ101.6mm钻杆。考虑到第一趟打捞时上击及强扭都未能解卡，故该趟钻计划进行下击解卡，组织打捞工具配合随钻震击器进行打捞。4月1日2：00开始组合钻具下钻；16：30下钻到底；16：50循环；17：00开泵探鱼顶（排量为6.9L/s，泵压为7.2MPa），鱼顶位置保持6848.5m处不变，停泵下压2t，正转37圈，回31圈，上提钻具开泵（排量为6.9L/s，泵压由7.2MPa上升至9.5MPa，造扣成功）。4月2日5：10上下活动钻具，活动吨位为120～210t。使用震击器震击，最大震击力为上击42t、下击28t，累计震击210次。钻具悬重由170t先上升至210t，后下降至170t，开泵验证是否捞获落鱼（排量为6.9L/s，泵压由9.5MPa下降至7.3MPa）；6：00循环泥浆；至20：30起钻完成，成功捞获全部落鱼，故障解除。

（四）原因分析

此次断裂的Φ120.6mm扭冲工具是首次尝试在Φ120.6mm小井眼中使用，其本体连接钻头端外径尺寸最大为140mm，长度为0.24m，工具和井眼的最小环空间隙仅为12.5mm，在接单根后上提下放遇阻，考虑为辉绿岩小掉块引起的遇阻，且在处理遇阻复杂情况时因提拉旋转造成工具断裂，表现在：

(1)通过录井曲线分析，正常钻进扭矩保持为6kN·m，遇阻复杂情况处理期间最大扭矩为16kN·m，接近扭冲工具的推荐扭矩18kN·m，可能是造成扭冲工具公扣端根部断裂的主要原因。

(2)扭冲工具公扣为Φ88.9mmREG(331 扣型)，端面水眼直径为50mm，根端壁厚为18mm，根部外径为86mm，比常规的331扣偏薄2.9mm，是工具的薄弱环节。

(3)故障解除后，在下钻划眼返出掉块中发现有部分辉绿岩岩性掉块。

(五)经验教训

(1)由于扭冲工具与井眼环空间隙太小，且辉绿岩岩性硬度大，因而存在小掉块卡钻的风险；且打捞工具种类有限，发生故障后处理难度大，建议在辉绿岩钻井施工的Φ165.1mm井眼中不再采用此工具。

(2)Φ250.88mm井眼使用扭冲工具时应严格控制扭矩，使用顶驱的井设置合理的扭矩门限值。

(3)维护好钻井液性能，增强防塌润滑性，确保井眼稳定，可有效减少井下复杂情况。该井加完单根后便无法正常下放到底，划眼强扭导致工具损坏，可见保持井眼稳定的重要性。

(4)井下特殊工具的抗拉、抗扭性能应高于钻具的机械特性。

(5)划眼操作过程中，扭矩过大，接近工具极限，在井中压力大、温度高的情况下，处理复杂情况时要确保钻柱的安全性。

二、SHB2井断取心筒故障

(一)基本情况

该井于2016年4月23日12：30发生断取心筒故障，发生故障时井深为7360.5m。

1. 工程施工参数

取心参数：钻压为10～20kN，转速为50r/min，排量为10L/s，泵压为12.7MPa。割心参数：钻压为70kN，转速为50r/min，排量为10L/s，泵压为13MPa。

2. 井身结构

一开：Φ444.5mm×1500m＋Φ339.7mm×1499.22m。二开：Φ311.2mm×5108m＋Φ(250.8mm＋244.8mm)×5106.41m。三开：Φ215.9mm×7350m＋Φ177.8mm×(4985.40～7348.6m)。四开：Φ149.2mm×7360.5m。

3. 钻具组合

Φ149.2mm取心钻头(型号：SC276)＋取心筒(331×NC350)＋变扣接头(NC351×

310）+ 单流阀（编号：FZF16059ZY）+ Φ120.6mmDC × 9 根 + 旁通阀（FPT16053ZY）+ Φ88.9mmDP × 270 根 + 410 × 311 + Φ127mmDP。

4. 钻井液性能

所采用钻井液的基本性能为：密度为 1.32g/cm^3；黏度为 63s；失水量为 3.6mL；塑性黏度为 28mPa · s；动切为 5Pa；初/终切为 2Pa/6Pa；pH 值为 10；泥饼厚度为 0.5mm；坂含为 35g/L；固体含量为 12%；含砂量为 0.1%；Cl^- 浓度为 34100mg/L；HTHP 为 11mL（150℃）。

5. 地层及岩性描述

一间房组，黄灰色砂屑泥晶灰岩、含砂屑泥晶灰岩、泥晶灰岩。

（二）发生经过

4 月 21 日 10：00 起钻完成后调试取心筒，对内、外筒连接丝扣均进行了紧扣（外筒细扣用 125 型液气大钳低速上扣 1.2MPa，折合扭矩 7kN · m，内筒用链钳紧扣），连接取心钻头，内筒与钻头台阶间隙为 10mm。

22 日 4：30 下钻到底；8：30 循环钻井液排后效完成（无后效）；9：00 循环冲洗完井底后开始树心（树心参数为：钻压为 10 ~ 20kN，树心排量为 10L/s，泵压为 12.7MPa，顶驱扭矩为 6.2 ~ 9.4kN · m），树心 0.5m 后开始取心钻进；11：40 取心钻进至井深 7360m 处，钻时上升（钻时由 22min/m 上升至 107min/m。取心钻进参数为：钻压为 40 ~ 50kN，转速为 50r/min，扭矩为 5.6 ~ 10kN · m，排量为 10L/s，泵压为 13MPa）。13：00 加压至 70kN 取心钻进至井深 7360.50m 处，准备割心，取心井段为 7355.00 ~ 7360.50m，取心进尺 5.50m；13：30 磨心、割心（割心参数为：钻压为 70kN，转速为 50r/min，排量为 10L/s，泵压为 13MPa）。磨心时钻压由 70kN 下降至 20kN，上提钻具 0.5m，悬重由 2110kN 先上升至 2130kN，接着上升至 2150kN，最后下降至 2130kN，再上提 0.5m 后悬重保持 2130kN 不变，判断割心成功，然后上提至套管内并按要求循环、静止观察、测后效。23 日 12：30 起钻完成后发现取心筒外筒下部与扶正短节连接的公扣根部断裂（井内落鱼长 0.86m，鱼顶位置为 7359.64m 处）。

（三）处理过程

1. Φ97mm 不可退式打捞矛打捞落鱼

24 日 16：30 组下 Φ97mm 不可退式打捞矛 + 单流阀 + Φ120.6mm 钻铤 × 9 根 + Φ88.9mm 钻杆 × 270 根 + Φ127mm 钻杆，探得鱼顶位置为 7359.64m 处，加压 6t 打捞 3 次，复探井底 3 次，位置不变。4 月 25 日 7：30 起出完成，未捞获落鱼，检查发现打捞矛本体与卡瓦相连的台阶处有明显磨痕，判断认为打捞矛进入落鱼母扣内，由于落鱼较轻，卡瓦未能卡住落鱼。

2. Φ98mm 不可退式打捞矛打捞落鱼

4 月 25 日 9：00 组织 Φ98mm 不可退式打捞矛到井，现场决定下入 Φ98mm 不可退式打捞矛再次打捞。26 日 0：00～1：00 打捞（下入 Φ98mm 不可退式打捞矛，探得鱼顶位置为 7359.64m 处，大排量循环冲洗鱼顶后，缓慢下压 8t，上提钻具悬重由 206t 先上升至 218t，再下降至 206t，泵压无变化）；15：00 起钻完成，成功捞获落鱼，故障解除。

（四）原因分析

（1）取心筒型号为仿美 250P，尺寸为 Φ120.6mm；2016 年 4 月 10 日检测，纯钻时间为 5.1h。

（2）取心筒为特殊服务工具，需要在专业人员指导下拆卸，中间连接部位应在厂家或其他修理单位需要对工具进行修理时再进行拆卸。管具公司在未对工具本体进行拆卸的情况下，无法对中间的连接螺纹进行探伤，故车间只对端部丝扣进行了探伤，外筒中间各连接细扣没有接受评估。结合川 5－4 现场探伤情况，认为可能是原取心筒存在老伤。

（五）经验教训

（1）应完善特殊工具探伤流程。由于小取心筒外筒各连接丝扣均为细扣，使用后可能会存在较大风险，因而需对外筒各丝扣进行探伤检测（SHB2 井后期组织两根川 5－4 取心筒，现场对所有丝扣进行超声波及磁粉探伤，其中，编号为 1203 的取心筒在下扶正短接连接丝扣的第一扣、第三扣处各存在一道裂痕）。

（2）深井阶段进行取心作业时，应优先选择外筒壁偏厚且不带扶正器的取心工具，并采取单筒取心操作方式。

（3）此次使用的取心筒是从技术服务公司租赁的，无法查询准确的前期使用情况，应该加强对该类工具的使用管理，严格审核入井工具资料；租赁工具时，应全面了解工具的前期保养情况和检测结果，确保工具状态完好。

（4）针对小尺寸钻具，要严格按规范上扣，使用时应在规定参数上附加安全值，保守使用。

（5）取心工具现场使用后，应及时进行拆卸保养、探伤检查，然后入库备用。

三、SHB5－1X 井断螺杆故障

（一）基本情况

该井于 2018 年 8 月 22 日 21：25 发生断螺杆故障，发生故障时井深为 7534.41m，故障地层为一间房组。

1. 施工参数

钻压为 10kN；转速为 30r/min＋螺杆；排量为 11L/s；泵压为 18MPa。

2. 井身结构

一开：Φ444.5mm × 1000m ＋ Φ339.7mm × 999m。二开：Φ311.15mm × 5364m ＋

Φ244.5mm×5362.11m。三开：Φ215.9mm×7468m+Φ177.8mm×(5258~7468)m。

3. 钻井液性能

所采用钻井液的基本性能为：密度为1.30g/cm^3；黏度为48s；塑性黏度为15mPa·s；动切为5Pa；初/终切为3Pa/8Pa；失水量为3.8mL；泥饼厚度为0.5mm；HTHP为11.8mL(150℃)；固体含量为14%；含砂量为0.1%；坂含为30g/L；pH值为10；Cl^-浓度为12500mg/L；含油量为2%；六速分别为40/25、19/12、4/3。

4. 地层及岩性描述

一间房组，灰色泥晶灰岩。

5. 钻具组合

Φ149.2mmPDC钻头(MQ6613J)+Φ120mm直螺杆+单流阀+Φ120mm无磁短钻铤+Φ120mm无磁悬挂+Φ88.9mmHWDP×4根+旁通阀+Φ88.9mmHWDP×42根+Φ88.9mmDP+Φ127mmDP+Φ139.7mmDP。

(二)发生经过

8月21日19：30钻进至7534.41m处，因钻时慢(7533~7534m钻时为182min/m)，循环起钻。22日21：25起钻完成，发现螺杆自母扣端面之下9cm处断裂(断面有明显冲蚀痕迹)。

(三)处理方式与效果

1. 第一趟Φ146mm母锥打捞

23日22：00组下母锥，钻具组合为：Φ146mm/(90~130)mm母锥+211×310mm接头+Φ88.9mmHWDP×45根+Φ88.9mmDP+311×NC520+127mmDP+NC521×DS550+Φ139.7mmDP。24日18：00下钻至7527.40m处并循环；22：00开始打捞，下放钻具至鱼顶位置(7527.94m)，泵压逐渐由9MPa上升至12MPa(排量为7L/s)，停泵加压2~4t，累计造扣6次，每次正转8圈，造扣过程中扭矩在5.8~7.2kN·m波动；释放顶驱扭矩后，钻具回1~2圈，上提后泵压恢复，打捞过程中悬重无明显变化；23：30开始起钻检查打捞情况。8月25日23：00起钻完成，未捞获落鱼，母锥内径处有明显磨痕，判断认为打捞时落鱼进入母锥，造扣时落鱼跟着钻具转动，无法造扣，打捞失败。

2. 第二趟Φ143mm卡瓦打捞筒打捞

26日1：00开始组下Φ143mm卡瓦打捞筒(带Φ117mm螺旋卡瓦)，钻具组合为：Φ143mm卡瓦打捞筒+Φ88.9mmHWDP×45根+Φ88.9mmDP+Φ127mmDP+Φ139.7mmDP。18：30分段顶通下钻至7527.31m处；19：30循环冲洗鱼顶；20：30打捞落鱼，缓慢下放钻具至鱼顶位置(7527.94m处)遇阻2t，两次上提钻具后再次下放，遇阻位置不变，启动顶驱拨划至无钻压，判断落鱼进入引鞋，停泵后最大加压至10t，上提钻具，反复验证3次，初步判断落鱼进入卡瓦打捞筒45cm，上提钻具，悬重无明显变化，上提摩阻(由4~6t增加至6~8t);21:00开始起钻。28日4:30起钻完成(未捞获落鱼),检查卡瓦打捞筒,发现引鞋尖部有两处明显碰撞痕迹,而止退环和卡瓦未见磨痕。分析认为,引鞋前部碰到落鱼水眼内,加压引起钻具弯曲,使现场人员误以为卡瓦打捞成功,实际落鱼未进入引鞋,导致打捞失败。

3. 第三趟Φ143mm卡瓦打捞筒打捞

28日23:15开始组下Φ143mm卡瓦打捞筒(带Φ118mm螺旋卡瓦),钻具组合为:Φ143mm卡瓦打捞筒+Φ88.9mmHWDP×45根+Φ88.9mmDP+311×NC520+Φ127mmDP+NC521×DS550+Φ139.7mmDP。29日18:00日下钻至7502m处并循环;22:00接立柱开泵冲划下放钻具至7526.50m处。30日1:30冲洗鱼头,开始打捞落鱼,多次下压12t,参数无明显变化,判断认为落鱼进入卡瓦并准备起钻检查;3:00开始起钻检查卡瓦打捞筒。8月31日8:30起钻完成,打捞未成功,检查卡瓦打捞筒,卡瓦有明显打捞和落鱼磨擦痕迹,卡瓦牙基本磨平,底部密封胶皮被挤出。分析认为,因打捞时卡瓦修正落鱼外壁变形部分,导致卡瓦变大失效无法有效抓牢落鱼,所以造成第三次打捞失败。

4. 第四趟Φ143mm卡瓦打捞筒打捞

9月1日1:30下新的Φ143mm卡瓦打捞筒打捞(带Φ118mm螺旋卡瓦),钻具组合为:Φ143mm打捞筒+Φ88.9mmHWDP×45根+Φ88.9mmDP+311×NC520+Φ127mmDP+NC521×DS550+Φ139.7mmDP。9月2日8:00下钻至7380m处并循环;10:00下钻至鱼顶位置;12:00循环冲洗鱼顶并开始打捞落鱼,停泵下压8~10t,下压3次,上提摩阻最大至16t,判断认为捞获落鱼;12:30开始起钻。9月3日15:00起钻完成,捞获全部落鱼,故障解除。

(四)原因分析

(1)断裂螺杆出厂编号为1705255,车间打印钢印号为L18160SLDT,外径为120mm,出厂日期为2017年7月30日。2018年8月13日检测合格后发井,在SHB5-1X井第一次使用,井上纯钻时间为57.8h,加循环共70h。

(2)前期钻进期间扭矩平稳,后期钻进无进尺,此时盲目加大钻压继续钻进(钻压为80~100kN),导致断面磨损存在分层皮。

(3)出井钻头磨损严重,综合分析认为是后期钻时较慢时持续加压造成的螺杆憋断。

(五)经验教训

(1)应加强对深井钻进参数变化的分析,记录好钻进期间时参数变化,发现异常及时起钻检查。

(2)发现钻时异常变慢,或无进尺时,采用加大钻压继续钻进的做法是不对的,应立即查明原因,如无明显地层变化,应考虑可能是钻具出现了问题。

(3)发生断钻具故障后,应分析井下落鱼断面和位置的情况,有针对性地选择打捞工具，并制定详细的打捞方案，加快故障处理进程。该井断面为管状，应优先采用卡瓦打捞筒处理，而不应选择母锥进行打捞。

(4)井底落鱼较短时，现场打捞时可采用开泵、停泵与静压交换的方式进行，从而提高一次打捞成功率。

四、SHB5－7井断震击器故障

(一)基本情况

该井于2018年10月4日11：30发生断震击器故障，发生故障时井深为4978.97m。

1. 工程施工参数

钻压为60～80kN，转速为60r/min，排量为34L/s，立压为9MPa，扭矩为6～9kN·m(顶驱扭矩限定为15kN·m)。

2. 井身结构

一开：Φ444.5mm×1202m＋Φ339.7mm×1201.65m。二开：Φ311.2mm×4978.97m。

3. 钻具组合

Φ311.2mmPDC钻头＋730×630双母接头＋Φ241.3mmDC×2根＋731×630接头＋Φ203.2mmDC×6根＋Φ203.2mm震击器＋631×520接头＋Φ139.7mmHWDP×6根＋521×HT550接头＋Φ139.7mm非标钻杆。

4. 钻井液性能

所采用钻井液的基本性能为：密度为1.25g/cm^3；黏度为55s；塑性黏度为24mPa·s；动切为9Pa；静切为2Pa/9Pa；API失水量为4.4mL，泥饼厚度为0.5mm；泥饼厚度为1.2mm；pH值为9；K^+浓度为15400mg/L；Cl^-浓度为40200mg/L；膨润土含量为32kg/m^3；固体含量为10%；含砂量为0.1%；泥饼黏滞系数为0.0963。

5. 地层及岩性描述

二叠系，褐灰色泥岩。

(二)发生经过

该井于2018年10月4日0：15钻进至井深4978.97m时(二叠系下碎屑岩段)，扭矩由7.2kN·m先上升至15，再下降至5.8kN·m(顶驱扭矩限定15kN·m)，立压由9.1MPa下降至8.02MPa，悬重由2029.93kN下降至1921.21kN，现场判断可能井下钻具脱扣；至0：46开顶驱下压进行对扣，累计下压4次，下压吨位分别为213.04kN、227.22kN、231.49kN、228.26kN，下压期间间断憋停顶驱，扭矩由6.8kN·m上升至11.30kN·m，转速70r/min下降至0r/min；至2：00循环钻井液，打封闭浆30m^{3}封闭二叠系井段，起钻检查；11：30起钻完，检查发现随钻震击器本体断裂，断裂位置离公扣端震击器本体台阶面0.18m，发生断震击器故障。

（三）处理方式与效果

1. 下卡瓦打捞筒打捞

4 日 11：30 起钻完发现随钻震击器本体断裂；18：30 组织卡瓦打捞筒到井。5 日 13：00下钻至鱼顶位置 4902.06m 处；13：30 循环冲洗鱼头；15：00 打捞落鱼，铣鞋打磨鱼头后，3 次下压 16t，上提悬重无变化，打捞落鱼未成功。6 日 6：00 起钻完成，检查发现卡瓦打捞筒铣鞋、卡瓦牙齿处均有磨痕，筒底磨出环形光面，判断认为落鱼已进入筒内，鱼头已到筒底。

2. 下加长卡瓦打捞筒打捞

6 日 6：00 起钻完成，组织加长卡瓦打捞筒。7 日 8：30 加长卡瓦打捞筒到场。8 日 3：00 下钻至鱼顶位置 4902.06m 处；4：00 循环冲洗鱼头；4：50 打磨落鱼鱼头；5：15 下放钻具至筒底，上提钻具悬重由 1960kN 先上升至 2300kN，再下降至 2160kN，泵压由 3.75MPa 先上升至 4.92MPa，再下降至 3.60MPa；此后继续上提钻具，悬重(2160kN)保持不变；20：00 起钻至鱼顶，捞获落鱼，故障解除。

（四）原因分析

（1）此次断裂故障处理过程中使用的震击器为知名厂家生产的全液压随钻震击器，产品编号为 2017002，本体外径为 202.4mm，接头内径为 72.3mm，断裂部位为震击器本体，内径为 152mm。该震击器于 2017 年 10 月 26 日发井，在 SHB 鹰 1 井使用 156h，2018 年 8 月回车间拆检，由管具公司于 2018 年 9 月 22 日对两端螺纹双修扣检验合格发井。在该井共使用 51.25h。

（2）断口处为随钻震击器内径由大变小处，内径由 152mm 变为 71.4mm，检查捞获鱼头时发现震击器本体内壁镗孔扩径加工过程中残留有横向刀痕，使用过程中在受力薄弱环节发生了低应力脆断。

（五）经验教训

（1）应强化入井工具检查保养，细化震击器探伤管理要求。在车间拆卸维修时，管具公司应介入对外壳本体进行探伤检测，并将震击器纳入钻具管理范畴。

（2）钻井队应加强对钻井参数的监测和对异常参数的判断，规范操作，防止异常故障复杂化。

（3）钻进过程中发现泵压下降，上提钻具发现悬重减小时，应立即察觉钻具发生了问题，进行起钻检查。此次故障中，现场分析认为发生了钻具脱落，进而采取加压对扣的处理方式是不正确的。

（4）选择下井的打捞工具前，一定要认真分析鱼头，精准确定其状态和尺寸。该故障第一次没有打捞成功，就是因为没有明确鱼头的打捞尺寸。

五、SHX3 井断螺杆故障

(一)基本情况

该井于 2016 年 4 月 11 日 19：30 发生断螺杆故障，发生故障时井深为 4906.11m。

1. 工程施工参数

钻压为 40 ~ 60kN；转速为 50r/min + 螺杆；排量为 29L/s；泵压为 23MPa。

2. 井身结构

一开：Φ444.5mm × 1504m + Φ339.7mm × 1503.05m。二开：Φ311.2mm × 4815m + Φ244.5 × 4813m。三开：Φ215.9mm × 4906.11m。

3. 钻具组合

Φ215.9mmSF55H3(类型：PDC 钻头) + Φ172mm 螺杆(型号：7LZ172 × 7.0I – W) + 411 × 4A10 + 162mm 单流阀(编号：FZF16033ZY) + Φ158.8mm 钻铤 × 1 根 + Φ214mm 扶正器 + Φ158.8mm 钻铤 × 14 根 + 4A11 × 410 + Φ127mm 钻杆 + 411 × 520 + Φ139.7mm 钻杆。

4. 钻井液性能

所采用钻井液的基本性能为：密度为 1.40g/cm^3；黏度为 58s；失水量为 3.4mL；塑性黏度为 30mPa · s；动切为 9Pa；初/终切为4Pa/12Pa；pH 值为 10；泥饼厚度为 0.5mm；坂含为 46g/L；固体含量为 15%；含砂量为 0.2%；Cl^- 浓度为 21670mg/L；HTHP 为 9.6mL (120℃)；Kf 为 0.05。

5. 地层及岩性描述

泥盆系克孜尔塔格组，棕红色泥岩。

(二)发生经过

该井于 2016 年 4 月 11 日 0：03 钻进至 4906.11m 处时，立压由 22.3MPa 上升至 29.3MPa，扭矩由 7.2kN · m 上升至 25.3kN · m，转速由 38r/min 下降至 0，顶驱憋停，司钻立即停泵将钻具提离井底，通知工程师上钻台，泵压缓慢回零后再次开泵，泵压迅速涨到 25MPa，现场判断为螺杆转子或传动轴卡死，决定打重浆起钻检查。

2：30 起至 4826m 处，螺杆现场服务工程师分析发现冲击螺杆扭矩释放缓慢，根据以往施工经验，认为起钻过程中扭矩应该释放完毕，遂强烈要求尝试开泵检验，开泵参数为：泵冲为 80 次/min，排量为 26L/s，泵压为 20MPa(与下钻到底加压前泵压基本一致)。下钻至 4896m 处开泵正常，冲探至 4901m 处遇阻，随后划眼，划眼时泵压、悬重、扭矩正常但划眼下放困难，上提后停泵试探井底，成功探到 4904m，继续上提后开泵再次尝试冲探井底，冲探至 4901m 处时又出现遇阻无法继续下放的情况，停泵下放也遇阻，遂决定起钻检查；3：30 循环、打封闭(封闭全裸眼)；19：30 起钻完成，发现螺杆自万向轴壳体上部公接头根部断裂落井，芯轴脱落；此后，将旁通阀割开，发现防掉落装置未发挥作用。

(三)处理方式与效果

1. 第一趟打捞

12 日 13：00 起防喷立柱，地面组合卡瓦打捞筒。13 日 1：00 下打捞钻具至井深 4821m 处遇阻 5t，活动未通过(底带单流阀，每 10 柱灌浆顶通)；3：00 顶通下放冲探至鱼顶 4897.89m 处；4：00 打捞断裂的螺杆本体(判断认为捞筒引鞋下放至螺杆本体断裂处的顶端位置，遇阻 2t，持续下压吨位至 18t，上提，泵压通过录井跟踪数据查出，泵压上涨 0.4MPa，悬重没有明显变化，现场无法判断是否已捞获，遂起钻检查)；16：30 起钻完成，落鱼未捞获。

2. 第二趟打捞

14 日 7：00 组织 Φ168mm 螺旋卡瓦到井，现场组合打捞工具准备下钻(并对打捞筒及加长筒、大小头、引鞋等各连接部位进行加固调整)；23：15 下打捞钻具至井深 4822m 处遇阻 2t，上提接顶驱顶通。15 日 1：00 冲探至鱼顶 4897.89m 处；1：30 对断裂螺杆本体顶部位置(4904.38m 处)进行循环冲洗；2：00 逐步压吨位(由 1t 提升至 18t)进行落鱼打捞，泵压由 17.5MPa 上升至 18.8MPa，上提后悬重无明显变化，现场判断认为打捞落鱼成功(其间起至 4850m 处时遇阻 6t，接顶驱顶通后对阻卡井段进行上下活动，阻卡井段为 4828 ~ 4850m，上提下放活动吨位为 4 ~ 6t，活动通过)。15 日 18：00 起钻完成，捞获全部落鱼，故障解除。

(四)原因分析

(1)该螺杆为全新冲击螺杆，第一次入井，型号为 7LZ172 × 7.0I – W，检测报告、出厂合格证齐全，纯钻时间为 19.6h。

(2)4 月 11 日 0：02 立压由 22.3MPa 上升至 29.3MPa，扭矩瞬间由 7.2kN · m 上升至 25.3kN · m，说明螺杆转子或传动轴已卡死，扭矩过大造成万向轴壳体上部公接头根部扭断，这是造成此次事故的直接原因。

(3)该井的冲击螺杆防掉装置与转子连接处为粗扣，而常规情况下应使用细扣承受反扭矩。从实物来看，防掉装置与转子的连接螺纹完好，说明是憋泵后上提钻具扭矩释放时造成的转子与防掉装置连接螺纹脱扣，导致转子以下落井，这是造成此次事故的另一个直接原因。

(4)螺杆现场服务工程师对该井冲击螺杆的重视程度不够，在上井前未认真分析井的情况。上井服务的 3 位工程师均缺乏现场工作经验，在泵压、扭矩发生异常后未意识到螺杆钻具已断裂，间接导致了此次事故。

(5)该井是冲击螺杆在新疆工区的第一口应用井，以前仅在四川、山东等地区应用于 7 口井中，使用最大井深为 4712m，而该井入井井深已达 4815m。在未知冲击螺杆能否满足此井深安全施工的前提下盲目进行现场试用，也是导致事故的一个原因。

(五)经验教训

(1)在钻进过程中，当发现泵压或悬重发生异常时，应首先怀疑钻具出现了问题，立即起钻检查钻具，否则，有可能破坏鱼头，给下一步打捞造成困难。

(2)在设计新工具时，应多考虑工具的安全性，避免工具落井。

(3)憋泵是螺杆使用过程中发生问题的直接反映，技术服务人员应提高现场问题分析能力，发现问题后及时起钻检查，不应在提钻过程中反复尝试开泵，更不应下钻到底后进行硬探底。

(4)在冲击螺杆新工具应用于深井之前，应先由业主方组织相关专家进行安全评估。

六、TK1122CH 井断螺杆故障

(一)基本情况

该井于2016年1月17日2：30发生断螺杆故障，发生故障时井深为5690m。

1. 工程施工参数

钻压为40kN，转速为23r/min + 螺杆，排量为10.28L/s，立压为17.56MPa。

2. 井身结构

Φ149.2mmM1363GU随钻扩孔PDC ×5653.00m(侧钻点位置为5385m处)，Φ120.6mm裸眼井段为5653.00 ~5690.00m。

3. 钻具组合

Φ120.6mmPDC钻头(MQ613J - S232) + Φ95mm单弯螺杆(1.5°) +211 ×210单流阀 + 211 ×210坐键接头 + Φ105mm无磁承压钻杆 +211 ×210无磁接头 +211 ×DS30 + Φ88.9mm非标DP ×90根 + DS311 ×310 + 311310旁通阀 + Φ88.9mmDP30 ×3根 + 311 ×410 + Φ127mmDP。

4. 钻井液性能

所采用钻井液的基本性能为：密度为1.17g/cm^3；黏度为46s；塑性黏度为22mPa · s；动切为10Pa；静切为2Pa/6Pa；pH值为10；API失水量为3.2mL；泥饼厚度为0.5mm；坂含为32g/L；含砂量为0.1%；固体含量为8%；Kf为0.0524；HTTP为11mL(120℃)。

5. 地层及岩性描述

良里塔格组，黄灰色泥晶灰岩。

(二)发生经过

2016年1月16日11：20钻进至井深5689.6m处，钻时为15 ~18min/m；11：39复合钻进(钻井参数：钻压为40kN，转速为23r/min + 螺杆，排量为10.28L/s，立压为17.56MPa)至井深5689.69m处，扭矩为4.5kN · m左右，钻时持续变大(由22.52min/m

上升至72min/m)；11：43上提钻具校正指重表后重新开转盘，在钻头距井底5.98m处扭矩增大至11.32kN·m；11：45扭矩趋于平稳，扭矩显示1.76kN·m，无明显变化；12：15复合钻进至井深5690m处(其间扭矩由1.8kN·m上升至7.02kN·m，钻压为40~58kN，钻时为100min/m)，再次上提钻具，下放无法到底；13：07钻头位置为5689.59m处，距井底0.41m，现场决定循环起钻检查螺杆。17日2：30起钻完成，检查发现Φ95mm螺杆旁通阀以下断落，落鱼总长3.99m。

(三)处理方式与效果

17日组下LTP115可退式卡瓦打捞筒(内配95mm螺瓦)但未捞获。18日0：40组下Φ115mm卡瓦打捞筒(内配95mm螺瓦)至井深5685.70m处；至0：50冲洗鱼头(转速为12r/min，排量为9.47L/s，立压为11MPa)；1：00下探鱼头位置为5686.78m处；2：00打捞落鱼(下探鱼头位置为5686.78m处，开泵排量为7.17L/s，立压为5MPa)，缓慢下放尝试引鱼头进入捞筒内，压住鱼头5kN，缓慢正转盘下放钻具，立压由4.8MPa上升至5MPa后无明显变化，释放反扭矩，上提钻具(悬重由145t先上升至151t，再下降至145t)，重复上述动作，最大下压40kN，立压无明显变化，上提钻具，悬重无明显变化，无法判断是否捞获落鱼；18：00起钻完成(未捞获落鱼，起出捞筒发现引鞋部位有磨痕，螺瓦无磨损，判断落鱼未进入捞筒)；22：00接上级通知打塞回填侧钻，故障处理结束。

(四)原因分析

(1)螺杆检测情况：纯钻时间为21.25h，螺杆尺寸为Φ95mm，进尺37m。管具公司对两端螺纹进行探伤，检测报告、出厂合格证齐全。

(2)在复合钻进过程中，扭矩发生变化时螺杆旁通阀与本体连接处的母扣位置可能已发生断裂，但由于螺杆内阀体连接，旁通阀与螺杆本体还未脱落，其他参数无明显异常显示，因而未引起井队重视，又强行钻进30min至5690m处，后经两次上提钻具，下放无法到底(钻头位置为5689.59m处，距井底0.41m，至13：07共历时52min)，才决定起钻。在继续复合钻进过程中，旁通阀与螺杆本体连接处的阀体脱开，造成阀体分解脱落，发生螺杆本体落井故障。

综上所述，造成螺杆断裂故障的原因分析为：在复合钻进过程中，扭矩发生变化时未引起现场人员的重视，未及时检查原因，在后续的复合钻进过程中加速了螺杆断裂。

(五)经验教训

(1)在螺杆使用过程中，应加强对钻井参数的关注，发现异常情况应及时起钻检查。

(2)Φ95mm小螺杆强度较低，在使用过程中应严格控制使用时间并控制好钻井参数。

七、LX1井螺杆脱扣故障

(一)基本情况

该井设计井深为6953m，发生故障时井深为6497.16m。

1. 井身结构

Φ444.5mm×1501m+Φ339.7mm×1500.07m(表套)/Φ311.2mm×4323.00m+Φ(265.13+250.83+244.5)mm×4321.28m(技套)/Φ215.9mm×6398.00m+Φ139.7mm×6397.80m(尾管)/Φ120.65mm×6953.00m/Φ120.65mm×6497.16m。

2. 钻具组合

Φ120.65mmPDC钻头(Φ120.65mmPDC钻头×0.22m水眼)+Φ95mm单弯螺杆(1.75°)×3.82m+Φ88.9mm浮阀(211×210×0.62m)+坐键接头(Φ105mm×0.7m)+Φ105mm无磁钻铤×9.22m+限流接头(Φ105mm×1m)+211×ZY310(Φ108mm×0.76m)+Φ88.9mm小接箍钻杆×2480.9m+ZY311×310(Φ122mm×0.75m)+311×410(Φ168mm×0.76m)+Φ127mm钻杆×2187.35m+411×520(Φ178mm×0.69m)+Φ139.7mm钻杆。

3. 地层及岩性描述

鹰山组，浅灰色粉晶白云岩、泥晶白云岩、硅质泥晶白云岩。

4. 钻井液性能

所采用钻井液的基本性能为：密度为1.45g/cm^3；黏度为51s；塑性黏度为24mPa·s；动切为6Pa；初/终切为2Pa/6Pa；API失水量为0.6mL；泥饼厚度为0.5mm；pH值为11；HTHP为5.4mL(165℃)；含砂量为0.1%；固体含量为16%；含油量为1%；膨润土含量为36g/L；Cl^-浓度为38000mg/L；Ca^{2+}浓度为380mg/L；K^+浓度为28000mg/L；摩阻系数为0.0524；六速分别为60/36、24/14、6/4。

(二)发生经过

2021年10月14日20：03定向钻进至井深6497.16m处，开泵上提接单根后发生憋泵，立压由18.33MPa先上升至20.8MPa，然后下降至19.2MPa，最后上升至28.76MPa，停泵倒换后开泵，小排量顶通循环，泵压偏高(正常低档泵压为3MPa，循环泵压为5~6MPa)，扭矩波动无异常。怀疑螺杆出现问题，遂立即起钻检查。15日15：20起钻完成，起出螺杆壳体脱扣，传动轴与球柱连杆脱扣，螺杆下部外筒、传动轴总成及钻头落井，落鱼结构为：传动轴总成×0.685m+钻头×0.22m。落鱼总长0.905m。螺杆编号为2105009，为全新螺杆，型号为5LZ95×7.0-VMSF，2021年7月13日出厂，2021年10月6日对两端螺纹探伤合格后供井，入井工作时间为10h，纯钻时间为9h。

(三)处理方式与效果

1. 打捞钻具组合

Φ115mm卡瓦打捞筒(92mm螺旋卡瓦)+浮阀(211×210)+变扣211×ZY310+

Φ88.9mm 小接箍钻杆 + ZY311 × 310 + 311 × 410 + Φ127mm 钻杆 + 411 × 520 + Φ139.7mm 钻杆 + 521 × 630 顶驱方保(Φ197mm × 0.29m) + 631 × 630 手动旋塞 × 0.39m + 631 × 630 液动旋塞 × 0.39m + 顶驱。

2. 第一次打捞

2021 年 10 月 17 日 17：30 下钻至 6485m 处；21：00 接顶驱开泵循环排后效，下放至 6496.25m 处探得鱼头，落鱼位于井底；21：30 循环冲洗鱼头(排量为 10.5L/s，泵压为 13.5MPa)；22：00 转动下放，转速为 15r/min，排量为 10.5L/s，泵压为 13.6MPa，扭矩为 4.5kN · m；下放进鱼，泵压由 13.6MPa 上升至 16.7MPa，扭矩无明显变化；停泵、停顶驱下压 16t 至井深 6496.60m 处，上提悬重无变化，上提至 6490m 处，泵压由进鱼前的 13.6MPa 上升至 13.9MPa，连续尝试 4 次，最大下压吨位为 24t，开泵验证打捞结果，泵压上升不明显，停泵，起钻检查打捞筒。10 月 18 日 18：30 起钻完成，捞筒未捞获落鱼，引鞋高点处有轻微收口，现场分析认为，下部井眼为新钻井眼，未进行划眼修复，在 6490.85m 处附近狗腿度较大，捞筒无法通过，在该井段进行划眼时，导致引鞋收口，下放到鱼头后，引鞋无法进入落鱼本体，重新切割的引鞋弧度变小且尖头变短。

3. 第二次打捞

2021 年 10 月 19 日 13：00 下钻至井深 6490m 处，循环排完后效下放钻具、冲洗鱼头、打捞落鱼，下探至井深 6496.32m 处，探得落鱼，下放钻具进鱼，上提悬重(由 196t 至 210t)未提开，下压 10t，重新上提至 196t 恢复正常，泵压由进鱼前的 17.5MPa 上升至 18.0MPa，判断认为进鱼成功，打重浆起钻检查。20 日 13：00 起钻完成，落鱼被捞出，故障解除，损失时间 136h53min。

(四)原因分析

(1)钻进至井深 6497.16m 处时上提钻具，钻头挂卡制动，泵压异常升高至 21.22MPa，由于螺杆制动，泵压异常升高后未及时释放扭矩；提升钻具 30cm，提升过程中的反扭矩使螺杆万向轴和传动轴外壳的连接螺纹脱扣。马达和传动轴停止工作，立压由 18.33MPa 上升至 28.76MPa，球柱连杆在壳体倒开的瞬间发生脱扣。

(2)Φ95mm 螺杆钻具钻进或循环期间泵压突然升高、不能恢复正常泵压后，该井多次小排量开泵验证，未严格执行“憋泵后起钻检查”的技术措施，增大了螺杆脱扣风险。

(五)经验教训

(1)螺杆上扣操作要标准，丝扣油涂抹应均匀到位，上完扣后应认真检查。

(2)在使用 Φ95mm 螺杆前应与厂家技术人员沟通，确定好使用参数及异常判断方法，并对岗位操作人员进行交底。严格遵守技术操作规程，特殊工具使用过程中应加强参数记录和异常观察，发现异常立即起钻检查，禁止盲目尝试。

(3)定向钻井期间，每次上提钻具都要小心操作，上提吨位超过摩阻后应先下放至原悬重后再上提，最大上提吨位不超过 50kN。

八、TKC1 -7H 井无磁悬挂脱扣故障

(一)基本情况

该井设计井深为5428.5m，发生故障时井深为4604.3m。

1. 井身结构

Φ311.2mm 钻头×806m+Φ244.5mm 套管×806m/215.9mm 钻头×4604.3m。

2. 钻具组合

Φ215.9mmPDC(入井编号为3#，型号为KS1953SGR)+Φ172mm 螺杆(1.25°)+Φ165.1mm 单流阀+Φ173mm 无磁钻铤+无磁悬挂+411×4A10+Φ212mm 扶正器(托盘)+4A11×410+Φ177.8 无磁钻铤+411×4A10+Φ165.1mmDC×91.28m+4A11×410+Φ127mmHWDP×82.89m+Φ127mmDP×612.22m+ZY540×411×0.94m+Φ139.7mmDP。

3. 地层及岩性描述

三叠系阿克库勒组，砂岩、泥岩。

4. 钻井液性能

所采用钻井液的基本性能为：密度为1.28g/cm^3；黏度为52s；初/终切为2Pa/5Pa；塑性黏度为24mPa·s；动切为5.5Pa；失水量为2.8mL；泥饼厚度为0.5mm；pH值为8.5；Cl^-浓度为33140mg/L；Ca^{2+}浓度为620mg/L；K^+浓度为10500mg/L，HTHP为10.5mL(110℃)；含砂量为0.1%；固体含量为12%；坂含为35g/L；Kf为0.0691。

(二)发生经过

2021年11月8日9：07钻进至井深4604.30m处(层位为T_2a_3)时发现泵压升高(由19.5MPa上升至22.82MPa)，泵压波动较大，继续钻进观察；9：12立压逐渐降至18.38MPa，测得进出口泥浆密度为1.28g/cm^3，排查地面无异常后，继续循环观察，发现泵压有回升趋势；9：21泵压由18.3MPa上升至18.7MPa，现场误判为螺杆压降，加压测试发现螺杆已无压降；9：23上提钻具倒2#泵(170mm 缸套，1#泵180mm 缸套)对比泵压(2#泵泵压为15.4MPa，前期空载泵压为17MPa)，泵压整体下降明显，起钻检查。11月9日3：26起钻至无磁悬挂，发现无磁悬挂与无磁钻铤连接刺漏脱开，钻具落井，落鱼长度为17.98m，鱼顶位置为4586.32m处，鱼头为Φ173mm 无磁钻铤母接箍端面。

落鱼结构为：Φ215.9mmPDC×0.32m+Φ172mm 螺杆(1.25°)×7.74m+Φ165.1mm 单流阀×0.61m+Φ173mm 无磁钻铤×9.31m。

(三)处理方式与效果

10日11：50下打捞筒冲划至井深4584mm处(排量为30L/s，泵压为14MPa)；12：00循环冲洗鱼头；12：20下探鱼头(鱼头位置为4586.09m处)，使鱼头入筒，确认探至无磁钻铤，下压打捞成功；20：20起出落鱼，损失时间为34h13min。

(四)原因分析

(1)无磁悬挂接头产品编号为205(钻具编号为1403833),钢级为P530,该井纯钻时间为213.5h,2021年10月17日探伤检维修合格后供井,材质证明、探伤报告齐全。累计使用3井次。

(2)刺漏宏观形貌:刺痕先在内螺纹根部开始,后沿外螺纹小端逐步延伸至台阶密封面,并形成多个旋涡刺痕。外螺纹受脱扣拉伸反挤压后发生变形。

(3)分析认为可能是上扣扭矩不足导致的螺纹密封不严。在螺纹受到复合载荷作用后,在螺纹损伤部位产生刺漏;随着冲蚀面积逐渐扩展,螺纹连接强度降低,密封失效脱扣。

(五)经验教训

(1)钻井过程中发生泵压下降时,应及时排除地面因素,若仍无法找出原因,则应立刻起钻检查钻具、工具及钻头情况。

(2)应在现场制定各类扣型上扣扭矩与液压大钳压力对应数据表,组接钻具管串期间,井队技术干部应到钻台全程把关,保证每道扣连接可靠。

九、QS1井工具脱扣故障

(一)基本情况

该井设计井深为7999m,发生故障时井深为2074.23m。

1. 井身结构

Φ660.4mm×133.06m+Φ508mm套管×133.06m/Φ444.5mm×2074.23m。

2. 钻具组合

Φ444.5mmPDC钻头(型号为PK5363SJ,编号为14540,水眼为13mm×2+9mm×8,新度为100%,下入井深133.06m)+冲击器(本体外径为286mm)+Φ286mm螺杆(型号为H5LZ286)+多维减震器(本体外径为283mm)+831×NC770(内径为92mm,外径为280mm)+Φ442mm螺旋扶正器(本体外径为280mm)+Φ279.4mm钻铤×1根+NC771×NC610(内径为70mm,外径为280mm)+Φ228.6mm钻铤×3根+NC611×NC560(内径为70mm,外径为228mm)+Φ203.2mm无磁钻铤×1根+NC561×630(内径为70mm,外径为203mm)+悬挂接头(内径为85mm,外径为203mm)+631×NC560(内径为70mm,外径为203mm)+Φ203.2mm钻铤×6根+NC561×520(内径为70mm,外径为203mm)+Φ139.7mm加重钻杆×9根+Φ149.2mm钻杆。

3. 地层及岩性描述

白垩系,黄色、灰黄色细粒砂岩与棕红色泥岩不等厚互层。

4. 钻井液性能

采用聚合物钻井液:密度为1.11g/cm^3,黏度为43s。

（二）发生经过

2021年11月19日7：30一开钻进至2074.23m，钻时变慢（44min/0.22m），遂决定起钻检查钻头；18：30起钻完成，发现冲击器下部脱扣，冲击器下部与钻头落井。

落鱼结构为：Φ444.5mmPDC钻头×0.42m（本体外径为291mm，长度为0.24m）+Φ286mm冲击器下接头×0.32m+Φ185mm芯轴×0.25m。落鱼长度为0.99m。

（三）处理方式与效果

2021年11月19日18：30～28日10：00，其间通井1次、套铣2次，打捞7次后仍未能捞获落鱼，经请示回填侧钻。

1. 下钻通井

2021年11月20日5：30～21日5：30实探鱼顶位置为2073.75m处，计算实际井深应为2074.74m，探到鱼顶后封井起钻。

2. 第一次打捞

2021年11月21日6：30～22日2：00组下Φ324mm卡瓦打捞筒（螺旋卡瓦尺寸为Φ283mm）下钻打捞。打捞经过为：单泵下放至2073.98m处，泵压由0.9MPa上升至1.1MPa，分析认为捞筒已经进入Φ286mm落鱼部分；停泵下放13cm至2074.11m处遇阻2t，继续下放至2074.26m处，理论上，Φ286mm部分已经进入螺旋卡瓦10cm，上提钻具，悬重由116t先上升至124t，后下降至116t，活动3次后仍无法抓紧，开泵验证泵压无变化；落鱼进筒后泵压开始上涨，继续下放，悬重逐步下降，最大下压60t。泵压变化情况：泵排量为45L/s时，泵压由2.9MPa上升至3.7MPa；泵排量为67L/s时，泵压由5.3MPa上升至6.9MPa；泵排量为76L/s时，泵压由6.4MPa上升至8.3MPa。尝试间断性地开顶驱下划，扭矩最大为15kN·m，上提至鱼头以上位置并开泵验证，开泵泵压与打捞前不变，反复打捞验证卡瓦无法抓住落鱼。起钻完成后，检查发现打捞筒引鞋内壁出现环形擦痕（距引鞋10cm左右），且卡瓦牙前两圈有轻微磨痕。

3. 第二次打捞

2021年11月22日3：30～22：00接Φ286mm卡瓦打捞筒（篮状卡瓦尺寸为Φ182mm）下钻打捞，打捞经过为：单泵下放至2074m处，泵压由0.9MPa上升至1.1MPa，分析认为捞筒已经进入Φ185mm落鱼部分；停泵下放7cm至2074.07m处遇阻2t，继续下放6cm，理论上，Φ185mm部分刚接触卡瓦牙，此时遇阻2t；继续下放8cm，此时遇阻3t，理论上，Φ185mm部分已经进入卡瓦牙8cm，引鞋已经顶到Φ286mm落鱼部分，上提钻具恢复原悬重，开泵验证泵压无变化，未捞获；开泵下放，落鱼进筒后泵压开始上涨，继续下放悬重逐步下降，最大下压60t，泵压最高为11.4MPa；开泵下划，扭矩最大为25kN·m，憋停。反复尝试多次无效，起钻完成，检查发现Φ286mm打捞筒引鞋最顶端磨损痕迹明显，有可能为捞筒与Φ286mm落鱼部分锯齿磨、压、转、挤所致。

4. 第三次打捞

2021年11月23日11：00～24日4：00组下Φ350mm加长卡瓦打捞筒（篮状卡瓦尺寸

为 Φ282mm)下钻打捞。打捞经过为：开泵下放至2073.96m处遇阻2t，泵压无变化，转动半圈后泵压由5.4MPa上升至5.9MPa，悬重恢复，继续下放至2074.26m处遇阻2t，继续下放27cm，多压20t，上提钻具，悬重由96t先上升至124t，后下降至116t，泵压降至5.4MPa，判断认为未捞获；在2073.96m处泵压上涨时推环到达Φ286mm鱼顶，继续下放至2074.26m处遇阻，多放30cm，此时，Φ286mm鱼顶应该进入篮瓦14cm；尝试3次后仍未捞获，又采取多压60t、开泵下放等方式，多次尝试未成功，遂起钻检查；起钻完成，检查发现打捞筒止推环内壁及卡瓦牙均无明显痕迹，仅在引鞋内壁12cm处有少量划痕。

5. 第四次打捞

2021年11月24日5：30～21：30组下Φ350mm加长卡瓦打捞筒(换Φ279mm篮状卡瓦)下钻打捞。打捞经过为：单泵下探至2073.96m处，泵压由5.4MPa上升至5.5MPa，继续下放10cm，泵压缓慢上涨至5.9MPa，显示遇阻2t(悬重由116t下降至114t)；继续下放12cm，泵压为5.9～6.1MPa，但是悬重由112t下降至106t，停泵继续下压1.1m，悬重由106t下降至60t，开泵泵压为8.7MPa，后降至8.1MPa并稳住；停泵上提钻具至鱼顶以上，悬重由112t先上升至118t，后下降至112t，开泵泵压为5.4MPa；尝试多次仍未抓住落鱼，通过大排量、逐渐下划修复环空，未见效果，遂起钻检查，起钻完成，检查发现打捞筒及卡瓦无明显磨损痕迹。

6. 第一次套铣

根据第四次打捞情况可知，环空应在Φ286mm落鱼上断面以下23cm，即2074.23m以下堵塞，套铣至钻头刀翼位置2074.56m处需要套铣33cm。2021年11月24日23：00～25日17：00组下Φ380mm套铣鞋(内径为325mm)下钻套铣，其间下钻至2074.27m处遇阻，开始套铣，套铣过程中，2074.27～2074.45m井段钻压为2～3t，扭矩为1～5kN·m，套铣较慢；2074.45～2074.65m井段钻压为1～2t，扭矩为1～4kN·m，套铣至2074.67m处钻压缓慢加到8t。根据理论计算以及实钻情况，判断已经套至钻头刀翼处，起出套铣筒检查发现仅在钨钢齿底面有轻微磨损，其余部分无磨损痕迹。套铣过程中返砂较多，未见明显铁屑。

7. 第五次打捞

2021年11月25日17：30～26日8：30继续组下Φ350mm加长卡瓦打捞筒(篮状卡瓦尺寸为Φ282mm)下钻打捞。打捞经过为：下探至2074.13m处(止推环到达理论Φ286mm鱼顶位置)时泵压及悬重均无变化，继续将单泵下放至2074.69m处(理论上Φ286mm鱼顶已经全部进入Φ282mm篮瓦)，引鞋已经到达套铣最底位置，此时才开始起钻压，涨泵压，多压20t，泵压上涨1MPa，反复下压、冲划均未捞获，遂起钻检查。

8. 第二次套铣

2021年11月26日10：00～27日2：30继续组下原套铣筒下钻套铣，下探至2074.68m处遇阻，开始套铣，套铣过程中钻压为2～5t，扭矩为1～4kN·m，泵压由5.4MPa上升至5.6MPa，套铣至2075.12m处时钻时变慢；20：00继续套铣至2075.17m处，出口返砂，用磁铁可以找出少量细铁丝及铁屑，循环起钻，起钻完成，检查发现套铣筒钨钢齿底部磨损较为严重，内侧无磨损痕迹。

9. 第六次打捞

2021 年 11 月 27 日 3：00～20：00 继续组下 Φ350mm 加长卡瓦打捞筒（篮状卡瓦尺寸为 Φ282mm）下钻打捞，其间下放至 2075.23m 处（理论上，Φ286mm 鱼顶已经全部进入 Φ282mm 篮瓦），此时引鞋已经到达套铣最底位置，才开始起钻压，涨泵压，多压 20t，泵压上涨 1MPa，反复下压、冲划均未捞获，遂起钻检查。

10. 第七次打捞

2021 年 11 月 27 日 21：30～28 日 17：00 继续组下 Φ350mm 加长卡瓦打捞筒（篮状卡瓦尺寸为 Φ282mm），配一根弯钻杆（现场加工，计算理论弯度为 7.6°）下钻打捞。打捞经过为：通过变换角度，在 2073.85m 处遇阻 2t（理论上，Φ184mm 鱼顶应该在 2073.75m 处），继续下压至 2074m 处，钻压为 3t，转动后滑脱；重新下放、调整角度后在 2073.85m 处遇阻 2t，继续下压至 2074.6m 处，钻压为 18t，开泵后滑脱；先后多次尝试小钻压转、开泵，大钻压转、开泵，均未将鱼头套进捞筒；最后在 2073.85m 处反复变换角度均找不到鱼头，继续下放至理论钻头刀翼位置才有遇阻显示，判断认为落鱼已经斜插在井壁内，打捞比较困难，遂请示获批回填侧钻。

（四）原因分析

冲击器钢号为 0020210907，纯钻时间为 78.5h，为全新特殊提速工具，探伤检测合格后发井使用，探伤检测报告及车间原始记录齐全。钻进过程中立压、扭矩未出现异常。冲击器本身结构方面，从工具组装车间看到，下接头与工具本体之间的连接只靠一个台肩进行悬挂，连接强度可靠性不高，工具存在设计缺陷。工具实物见图 2－2。

图 2－2 冲击器实物

（五）经验教训

（1）对于所使用的新工具，要充分调研工具的结构原理、性能参数及现场应用情况，严格把关工具质量。

（2）钻进过程中出现钻时变化等异常时，钻井现场人员要及时分析工况并采取措施，避免出现工具故障。

（3）该井经过多次打捞，最后导致落鱼偏倒横在井筒，无法继续打捞，处理期间应根据打捞情况及时分析判断，比如可以采取先下入铅印的方式来准确判断落鱼情况，再制定打捞方案，避免故障复杂化。

（4）此次故障处理过程中，上部井眼地层松软且井眼尺寸大，落鱼较短，在两次套铣及前 4 次打捞过程中，对于井眼扩大后落鱼极易偏倒并横在井筒中的问题考虑不足，导致打捞时因无法入鱼而打捞失败。

十、TP1103 井螺杆断扣故障

（一）基本情况

该井设计井深为 6395m，发生故障时井深为 6225m。

1. 井身结构

Φ444.5mm 钻头 ×1207m/Φ339.7mm 套管 ×1206.9m/Φ311.2mm 钻头 ×5568m/Φ250.88mm 套管 ×5567.1m/Φ215.9mm 钻头 ×5636m/Φ206.4mm 套管 ×5636m/Φ165.1mm 钻头 ×6209m/Φ139.7mm 套管 ×6209m/Φ120.65mm 钻头 ×6225.64m（裸眼）。

2. 钻具组合

Φ120.65mmPDC + Φ95mm 直螺杆（抗温 150℃）+ 浮阀 + 211 ×2A10 + Φ88.9mmDC ×18 根 + 2A11 ×ZY310 + 旁通阀 + Φ88.9mmDP（接箍外径 Φ108mm）×81 根 + ZY311 ×310 + Φ88.9mm DP ×33 根 + 311 ×410 + 5inDP + 411 ×DS550 + Φ127mm DP。

3. 地层及岩性描述

一间房组，灰色泥晶灰岩。

4. 钻井液性能

所采用钻井液的基本性能为：密度为 1.19g/cm^3；黏度为 48s；动切为 4Pa；塑性黏度为 23mPa·s；静切为 1Pa/4Pa；失水量为 4mL；pH 值为 10；泥饼厚度为 0.5mm；HTHP 为 10mL（140℃）；含砂量为 0.1%；固体含量为 8%；坂含为 30g/L；Cl^- 浓度为 21000mg/L；Ca^{2+} 浓度为 240mg/L；Kf 为 0.0524。

（二）发生经过

2020 年 6 月 17 日 1：23 钻进至井深 6225.64m 处，立压由 22.7MPa 上升至 23.9MPa，扭矩由 9.8kN·m 上升至 17.2kN·m，其他参数无变化；停泵后立压由 23.9MPa 先下降至 10.5MPa，后下降至 0；上提后开泵，排量为 6.6L/s，立压由 0 先上升至 17.4MPa，后下降至 16.2MPa，停泵后立压未降，随即起钻检查。17 日 21：00 起钻完成，检查发现螺杆断裂，断裂部位在螺杆马达与万向轴连接的壳体处。其万向轴壳体公扣根部断裂，断面不整齐，呈剪切撕裂状，未发现刺痕、腐蚀痕迹。断口以下的万向轴壳体、传动轴总成及钻头全部落井。

落鱼长度为 1.6m，鱼顶位置为 6224.04m 处（断扣下部本体）。落鱼结构为：Φ120.65mmPDC 钻头 ×0.22m + Φ95mm 直螺杆万向轴壳体、传动轴总成 ×1.38m。

（三）处理方式与效果

18 日 20：30 组合完 Φ115mm 卡瓦打捞筒（Φ92mm 螺旋卡瓦）下钻。19 日 12：30 下打捞管柱至井深 6220m 处；13：00 循环、冲洗鱼头；13：50 下探鱼头（鱼头位置为 6224.04m 处），转动钻具，使鱼头入筒，继续下探至井深 6224.39m 处（悬重由 2109kN 下降至2058kN），确认探至螺杆壳体，加压120kN（排量为15L/s，泵压由20.2MPa上升至21.9MPa），下放钻具验证未脱开后提离井底，压重浆起钻。20日10：30起钻完成，捞获全部落鱼，故障解除。

打捞钻具组合为：Φ115mm卡瓦打捞筒（Φ92mm螺旋卡瓦）+浮阀+211×2A10+Φ88.9mmDC×18根+2A11×ZY310+Φ88.9mmDP（接箍外径为108mm）×81根+ZY311×310+Φ88.9mmDP×33根+311×410+Φ127mm DP+411×DS550+Φ139mmDP。

（四）原因分析

（1）该螺杆由原1.5°弯螺杆拆解并更换壳体后配置为直螺杆，原螺纹处均用丝扣胶紧固，上卸扣过程中壳体本身强度较低，可能出现壳体损伤。

（2）钻进过程中，因扭矩异常而导致螺杆断裂。螺杆外壳断开后，防掉装置起作用时，使流道堵塞，造成停泵泵压不回零。

（五）经验教训

（1）针对Φ120mm小井眼钻进，由于Φ95mm螺杆抗扭能力较差（12kN·m），建议该尺寸螺杆使用原装产品，避免在更换壳体时造成本体或螺纹损伤。

（2）Φ95mm螺杆在使用前应与厂家技术人员沟通，确定好使用参数，施工过程中应严格控制钻井参数。入井使用过程中应加强参数记录和异常观察，发现异常立即起钻检查，禁止盲目尝试。

（3）螺杆厂家应加强对入场原材料及出厂产品的质量管控，确保产品质量。

十一、SHB53－7H井断震击器故障

（一）基本情况

该井设计井深为8430.73m，故障井深为4374.32m。

1. 井身结构

Φ660.4mm×606m+Φ508mm×606m/Φ444.5mm×4455.45m。

2. 钻具组合

Φ431.8mm PDC钻头（扣型为731，新度为100%）+Φ254mm扭冲+变扣接头（631×NC770）+Φ279.4mm钻铤×2根+变扣接头（NC771×NC610）+Φ228.6mm钻铤×2根+变扣接头（NC611×NC560）+Φ203.2mm钻铤×1根+Φ203mm浮阀+Φ203.2mm钻铤×10根+Φ196.85mm钻铤×4根+Φ203.2mm随钻震击器+挠性短节+Φ196.85mm钻铤×2根+变扣接头（NC561×520）+Φ139.7mm加重钻杆×14根+Φ139.7mm钻杆×375根+Φ149.2mm钻杆。

3. 地层及岩性描述

二叠系，灰褐色、灰色凝灰岩。

4. 钻井液性能

所采用钻井液的基本性能为：密度为1.28g/cm^3；黏度为54s；塑性黏度为18mPa·s；动切为6.5Pa；初/终切为2.5Pa/7Pa；失水量为3.8mL；泥饼厚度为0.5mm；pH值为9；含砂量为0.1%；固体含量为11%；坂含为35g/L；Cl^-浓度为51160mg/L；Ca^{2+}浓度为200mg/L；K^+浓度为21800mg/L；HTHP为9mL(100℃)；六速分别为49/31、24/16、6/5。

(二)发生经过

2020年12月12日16：25划眼至4374.32m处，悬重由2188kN下降至1736kN，立压由17.2MPa下降至14.5MPa，判断认为发生断钻具故障，遂起钻检查钻具。13日8：00起钻完成，发现随钻震击器公扣端断裂。

落鱼长度为182.15m，落鱼钻具组合为：Φ431.8mmPDC钻头+Φ254mm扭冲+变扣接头(631×NC770)+Φ279.4mm钻铤×2根+变扣接头(NC771×NC610)+Φ228.6mm钻铤×2根+变扣接头(NC611×NC560)+Φ203.2mm钻铤×1根+Φ203mm浮阀+Φ203.2mm钻铤×10根+Φ196.85mm钻铤×4根。

(三)处理方式与效果

13日15：00组接Φ286mm打捞筒。14日2：30下钻至井深4258m处；3：20冲洗打捞筒，下放钻具至井深4274.07m处，遇阻2t，复探一次发现遇阻位置未变，探得鱼头位置为4274.07m；3：35下压钻具，悬重由180t下降至140t，泵压由3.3MPa上升至9.2MPa，最大升至17.3MPa后停泵(水眼不通)，然后上提钻具，悬重由140t先上升至300t，后下降至220t，判断认为打捞成功，准备起钻检查；21：20起钻至井深182.15m处，起出鱼头。15日0：30起钻完成，捞获全部落鱼，故障解除。

打捞钻具组合为：Φ286mm卡瓦打捞筒(篮状卡瓦尺寸为Φ194mm)+Φ196.85mm钻铤×3根+变扣接头(NC561×520)+Φ139.7mm加重钻杆×13根+Φ139.7mm钻杆×375根+Φ149.2mm钻杆。

(四)原因分析

(1)现场两次发现立压下降但均未及时起钻对钻具进行检查，反而强行加大泵冲维持立压进行划眼作业，导致裂纹急速扩展，最终断裂。

(2)该震击器螺纹断裂的主要原因为：热处理不均匀导致韧性低、脆性高，同时螺纹根部应力易集中，因而快速发生了低应力脆性断裂。

(五)经验教训

(1)深井易发生转换接头和特殊工具(螺杆、震击器)故障，应加强钻具采购方源头质量控制，采购方应在技术协议中明确标注接头各项性能指标要求。

(2)禁止使用在其他工区使用时间较长、信息不明确的工具，特别是在超深井中，必须使用全新提速工具或特殊工具。

第三章　溢流故障

在油气开发过程中，溢流是一种比较常见的复杂情况。若溢流后进行及时得当的处理，就会转入正常的生产，否则可能会发生井喷。一旦发生井喷，其造成的损失将是巨大的，倘若发生失控井喷，其结果将是灾难性的。

溢流处理是一项技术性非常强的工作。尽早发现溢流且充分认识溢流特性，处理起来就相对容易且耗费时间少；若是溢流发现得晚，必然导致溢流量增大，关井压力升高，甚至超过允许的最高关井压力，不得已时只能采取井口泄压措施，严重时可能诱发井喷。

第一节　顺北地区溢流故障

顺北碳酸盐岩断溶体油气藏位于1号、4号、5号带，储层为一间房组、鹰山组，含CO_2且高含H_2S，除8号带具有异常高压特征外，其余地层均为正常压力系统。该油气藏储集空间以裂缝为主，成像测井显示多为高角度缝，以0.1~0.5mm裂缝为主，储层基质致密，气油比呈现北低南高特征。

该油气藏类型独特，为国内仅有、国际少有的超深碳酸盐岩断控缝洞型油气藏，具有超深、超高温、超高压特征。目的层深度为7200~8500m，温度>180℃，压力>80MPa。

地层剖面为二叠系、志留系、奥陶系，近3000m的地层内具有多套火成岩及压力系统，多期断裂发育。勘探开发面临的问题包括：井筒压力控制、储层保护、有效储层体积改造困难，破碎带、断裂、串珠等多类型储层的工程技术在实际应用过程中往往受限。

一、SHB3井鹰山组溢流、卡钻

(一)基本情况

该井是部署在塔里木盆地顺托果勒低隆3号断裂带的一口四开制预探井，设计井深为7804m，完钻井深为8120.24m。井身结构及套管程序见表3-1。

表3-1　SHB3井井身结构及套管程序

开钻次序	钻头		套管		水泥返高/m	备注
	尺寸/mm	井深/m	尺寸/mm	下深/m(封固地层)		
一开	346.1	2005	273.1	2004.74	地面	表层套管
二开	250.88	6750.00	193.7	6748.71	地面	技术套管

续表

开钻次序	钻头		套管		水泥返高/m	备注
	尺寸/mm	井深/m	尺寸/mm	下深/m(封固地层)		
三开	165.10	7520.00	139.7	7520.00	地面	回接筒顶深 6610.33m
四开	120.60	8120.24	—	—	—	裸眼完井

1. 井控装置

环形防喷器 + 双闸板(上剪切下半封) + 双闸板(上 3½in 下全封) + 变径法兰 + 钻采一体化四通 + 套管头(13⅜in × 9⅞in – 70MPa)。井口套管抗内压强度为 65.6MPa。节流管汇 JG – 70,压井管汇 YG – 70。

2. 钻具组合

Φ120.65mmPDC 钻头 + 95mm 螺杆(1.5°) + DS310 × 211 + 单流阀 + Φ88.9mm 非标钻杆 × 20 根 + 旁通阀 + Φ88.9mm 非标钻杆 + 310 × DS311 + Φ88.9mm 普通钻杆 + HT400 × 311 + Φ114.3mm 钻杆。

3. 钻井液性能

所采用钻井液的基本性能为:密度为 1.55g/cm³;黏度为 57s;失水量为 4.8mL;塑性黏度为 26mPa·s;动切为 9Pa;初/终切为 4Pa/9Pa;pH 值为 10.5;泥饼厚度为 0.4mm;坂含为 25g/L;固体含量为 15%;含砂量为 0.1%;Cl^- 浓度为 17000mg/L;Ca^{2+} 浓度为 200mg/L;Kf 为 0.06。

4. 层位及地层特性

奥陶系鹰山组,黄灰色含砂屑泥晶灰岩,溶蚀孔洞、裂缝发育。

(二)发生经过

2017 年 9 月 19 日 4:48 四开钻进至井深 8120.24m 处;4:50 全烃值由 28% 上升至 49%(单根峰时间),槽面有上涨趋势,罐面上涨 0.5m³;4:52 关井成功;5:00 关井观察,立、套压均为 0。节流循环(前期单根峰时间均在 30min 左右),泵冲由 5 次/min 上升至 35 次/min,立压由 4MPa 先上升至 18MPa,后下降至 17MPa,出口泥浆密度由 1.44g/cm³ 先上升至 1.51g/cm³,后再上升至 1.53g/cm³(入口泥浆密度为 1.55g/cm³);点不着火,开井循环,立压偏低,全烃值为 24% 左右,发现罐面上涨 1.6m³,遂停泵观察,出浆口不断流。关井观察,立压由 0 上升至 8MPa(折算地层当量密度为 1.65g/cm³),套压由 0 先上升至 6.8MPa,后又上升至 14MPa。

(三)原因分析

(1)溢流的主要原因为泥浆密度低于地层压力(溢流之前的泥浆密度为 1.55g/cm³,压井液密度达到 1.80g/cm³)。

(2)卡钻的主要原因为高密度压井后出现压差卡钻。

(四)处理方式与效果

1. 节流循环压井

19日14:30第一周节流循环结束，入口泥浆密度为1.55~1.62g/cm^3，出口泥浆密度为1.50g/cm^3，控制立压为18.5MPa，套压为7.7~7MPa，泵冲为25~39次/min，火焰为橘黄色，焰高6~7m。

19日21:00第二周节流压井，控制立压为24~25MPa，泵冲为36~39次/min，控制套压为7.8~10MPa，入口泥浆密度为1.69~1.70g/cm^3，出口泥浆密度为1.53~1.61g/cm^3，火焰为橘黄色，伴有黑烟，焰高5~8m。节流放喷见图3-1。

图3-1 节流放喷

20日4:30节流压井，控制立压为23~25MPa，泵冲为30~38次/min，控制套压为16~17MPa，入口泥浆密度为1.85g/cm^3，出口泥浆密度为1.57~1.65g/cm^3，火焰为橘黄色，伴有黑烟，焰高为4~6m(23:04主节流管汇液动节流阀J1堵塞失效)。节流循环，控制立压为24~25MPa，泵冲为25~30次/min，入口泥浆密度为1.80g/cm^3，出口泥浆密度为1.61~1.66g/cm^3，套压为4~5.3MPa；9:50关井观察，立压为17MPa，套压为6.5MPa；11:45关井观察，立压逐步上涨至4.4MPa，套压为6.5~7.2MPa(水眼顶浆0.4m^3，最高立压为18.5MPa，后逐步下降至13.5MPa)。

2. 平推压井

20日12:03水眼平推1.80g/cm^{3}的钻井液4m^3，泵冲由4次/min上升至24次/min，立压由4.4MPa先上升至13.5MPa，后又上升至25.4MPa，套压由7.2MPa上升至7.5MPa；13:18环空平推1.80g/cm^{3}的钻井液56m^3，泵冲为61次/min，套压为22MPa，停泵观察，立压下降至8.9MPa，套压下降至8.4MPa；13:40环空泄压回吐3m^3。关井后套压为8.59MPa，环空平推1.80g/cm^{3}的钻井液31m^3，套压由23MPa先下降至22.5MPa，后又下降至20MPa，停泵观察，立压为9.8MPa，套压为9.2MPa，泄套压关井，套压上涨至10MPa。

21日0:05关井观察，立压为12~13.5MPa，套压为11.8~13.3MPa，水眼顶浆1.58m^3，其间配制2.0g/cm^{3}的重浆180m^3；0:08环空泄压，见液后关闸门，点火未着；0:45环空平推2.0g/cm^{3}的压井液35m^3，停泵套压为5MPa，水眼平推2.0g/cm^{3}的压井液25.2m^3(折算深度为5000m)，套压由5MPa下降至3.4MPa。

3. 起钻遇卡

21日2:44开井，液面在井口，很快下降至井深151m处；3:30活动钻具，原悬重为204t，活动范围为180~240t，顶驱限幅为18.2kN·m，正转8圈、回7圈，间断性地活动钻具，活动范围为180～248t；水眼顶$2.0g/cm^3$的钻井液$0.7m^3$，静压至85t，环空监测液面为151m（此时折算地层当量密度为$1.89g/cm^3$），活动钻具，活动范围为180～240t，顶驱限幅为21.5kN·m，正转26圈、回26圈。高架槽返浆，待扭矩回转后，下放至关井位置，关井，溢流$0.68m^3$。关井观察，调配泥浆，立压为0，套压逐步上涨至5.2MPa（11：38～11：41水眼顶$2.0g/cm^3$的钻井液$0.5m^3$）；开节流阀排气，未着火燃烧，环空平推$2.0g/cm^3$的压井液$25m^3$，泵冲为81次/min，套压为14MPa；14：36停泵观察，立、套压均为0。开井观察，活动钻具，活动范围为160～250t。上提活动钻具时录井图见图3－2。

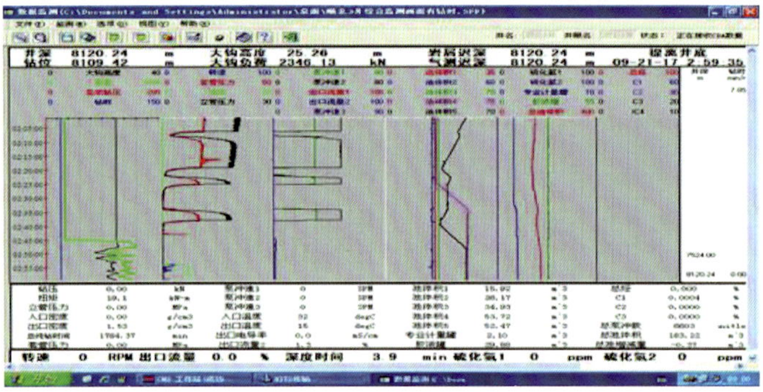

图3－2 上提活动钻具时录井图

4. 人工倒扣

21日18：57分段紧扣，钻具段为500～7500m，放至理论浮重按5圈/1000m正转，再附加10t，在此范围上下活动5～10min，释放后，逐步操作以上步骤，分段紧扣；21：45第二遍分段紧扣，3000m以下井段按照5.5圈/1000m施加正转扭矩。22日13：00第三遍分段从上到下紧扣，顶驱保护接头及500～7500m钻具段，重点是4½in钻杆段与6500m附近钻杆段；16：40倒扣施工，计划倒开位置在6500m附近靠下处放至185t（钻具浮重＋摩阻＋初始值），施加反扭矩20kN·m，反转27.5圈；17：40倒扣施工，放至210t，施加反扭矩24kN·m，反转7圈，活动范围为205～215t；18：38第四遍紧扣，分别正转50圈、38圈、50圈，活动范围为110～180t，释放后分别回转30圈、34圈、49圈；20：30倒扣施工，施加扭矩24kN·m，反转23圈，活动范围为200～215t。

23日4：06环空液面由240m上涨至井口；4：25关井观察，立、套压均为0；4：38环空平推$12.25m^3$，泵冲由10次/min上升至80次/min，套压由0上升至16MPa，立压为0；5：22停泵观察，立、套压均为0，环空液面为150m，开井。分三段验证倒扣，上提至220t，反转圈数分别为7.5圈、16圈、19圈，分别回6.5圈、15圈、15圈，分段紧扣，扭矩为40～43.5kN·m，对应的浮重在附加10t范围内活动（图3－3）。倒扣施工，提至220t，反转32圈，扭矩为28kN·m，活动范围为210～240t；紧扣施工，3000m以前紧扣扭矩为42.2kN·m，3000～6000m段钻具段按照5.5圈/1000m的频率每500m段逐段紧扣。

25日12：00活动钻具，活动范围为160～240t；13：55施加扭矩，验证钻具扭矩传递；14：00监测水眼液面距井口178m；16：00悬重为110t，正转32.5圈，扭矩为30kN·m紧扣，待爆炸松扣施工车到井。

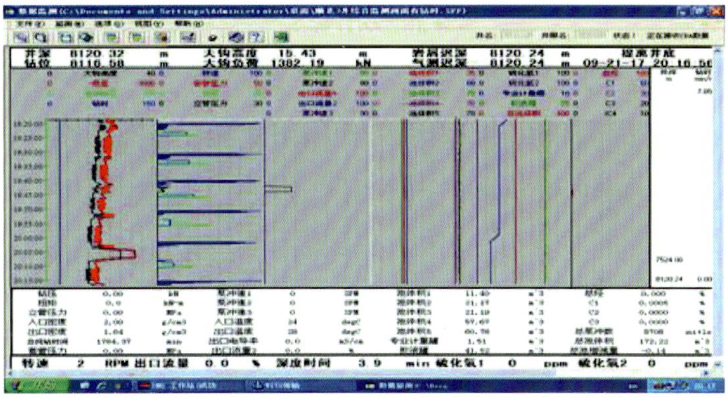

图 3－3　分段紧扣时录井图

5. 爆炸松扣

26 日 15：16 下放爆炸松扣仪器至井深 6019.5m 处；16：00 悬重为 170t，反转 10 圈，扭矩为 25kN · m，在 170 ~ 210t 范围内活动，传递扭矩；16：10 校核爆炸井深为 6013.8m，进行爆炸松扣，悬重由 170t 上升至 177t，释放扭矩回 13 圈；19：07 起电缆完成，检查发现炸药已经引爆，测量水眼液面高度为 286m，在 140 ~220t 范围内活动，传递扭矩，验证爆炸松扣效果，悬重为 170t，扭矩为 23kN · m，反转 21.5 圈，继续在 140 ~ 220t 范围内活动，传递扭矩，验证爆炸松扣效果。导爆索见图 3－4。

图 3－4　导爆索

27 日 8：30 悬重在 160 ~240t 范围内活动钻具，最大静压至 100t；9：05 环空平推钻井液 12.25m^3；9：25 水眼平推 8.05m^3；12：08 下放爆炸松扣仪器至井深 5000m 处(2884m 变径接头处校核井深)，反转 17.5 圈，扭矩为 26kN · m，悬重在 160 ~220t 范围内活动，传递扭矩；13：53 悬重为 155t，校核爆炸井深为 5017.9m，爆炸松扣，悬重由 155t 上升至 158t；13：57 起电缆至井深 4800m 处；14：00 释放扭矩，无回转，反转 5 圈，无扭矩，上提钻具，悬重保持 155t 不变，确认爆炸松扣成功；16：45 起电缆完成，拆甩仪器，恢复顶驱测试用堵头。28 日4：30起钻完成，起出钻具 5020.8m，末端为 3½in 钻杆公扣，检查完好，落鱼长 3088.8m，鱼顶位置为 5020m 处，鱼顶为 3½in 钻杆接箍。

(五)经验教训

(1)坚持“有溢流，早发现”。加强井控坐岗，尤其是油气层钻进期间应落实“三岗连坐”，通过人工测量罐面增长量与利用综合录井仪来及时发现溢流。

(2)做好井下异常判断，及时发现问题并找到最适合的解决方案，并立即采取相应措施。

(3)Φ120.6mm 井眼尺寸小，在井下出现问题时能选择的处理工具有限，又因井深且钻井液密度高，导致处理手段受限。若增大目的层钻进井眼尺寸，将为复杂情况发生后的处理创造更多有利条件。

(4)压井时进行节流压力控制是确保压井成功的重要因素，否则将使环空钻井液受气侵更加严重，导致压井失败。

(5)压井过程中易发生卡钻，因此活动钻具十分关键，安装旋转防喷器可以实现压井过程中的钻具活动，降低发生卡钻的风险。

(6)钻井深度大时反扭矩传递困难，需要在爆炸松扣之前进行较长时间的扭矩传递后才能传递到位，以确保爆炸松扣成功。

(7)在进行探井压井的压力控制时，要注意避免新的地层流体进入井眼。

二、SHB53X 井一间房组溢流

(一)基本情况

该井是部署在塔里木盆地顺托果勒低隆的一口四开制预探井，设计井深为 8564.02m，完钻井深为 8342m。该井三开中完井深为 7740m，Φ193.7mm 套管下深 7738.28m；井身结构及套管程序见表 3－2。

表 3－2　SHB53X 井井身结构及套管程序

开钻次序	钻头		套管		水泥返高/m	备注
	外径/mm	井深/m	外径/mm	下深/m		
导管	660.4	55	508.0	55.00	地面	导管
一开	444.5	1001	339.7	100.50	地面	一级固井
二开	311.2	4972	250.88＋244.5	4970.37	地面	双级固井，双级箍位置约 4000m
三开	215.9	7740	177.8	7738.28	5133	177.8mm 尾管顶深约 5133m
四开	149.2	8342	—	—	—	先期裸眼完井

1. 井口防喷器及节流压井管汇

井口井控装置：环形(FH28－70/105，FH1712011－JH/SK)＋双闸板(2FZ28－105，2FZ1712023－JH/SK，上剪切、下 4½in)＋双闸板(2FZ28－105，2FZ1712024－JH/SK，上3½in下全封)＋转换法兰(FL28－140/35－28/105，FL1515001－JH/CDJZ)＋采气大四

通(105，KQY－H113003－140)+二级套管头(TF273.1mm×193.7mm－105 芯轴式)+一级套管头 TF365.1mm×273.1mm－70 卡瓦式。井口套管尺寸为 Φ193.7mm，钢级为 P110S，抗内压强度为 7MPa。

主节流管汇为 JG－S1/Y2－103/105；J1、J12 为孔板式 SWAOO(盐城三益)；J4 为针形阀 CORPBC。副节流管汇为 JG－S1/Y2－103/78－105；J1、J12 为楔形阀(盐城三益)；J4 为孔板式。

2. 钻具组合

Φ149.2mm 取心钻头(型号为 DC206，编号为 200858，生产厂家为迪普，新度为 100%)+Φ121mm 取心筒(型号为川 5－5)+浮阀+Φ120.65mmDC×18 根+旁通阀+Φ88.9mmHWDP×15 根+Φ88.9mmDP+Φ114.3mmDP。

3. 钻井液性能

所采用钻井液的基本性能为：密度为 1.40g/cm^3；黏度为 50s；塑性黏度为 20mPa·s；动切为 5Pa；静切为 2Pa/6Pa；失水量为 4.4mL；泥饼厚度为 0.5mm；pH 值为 10；含砂量为 0.1%；固体含量为 14%；坂含为 30g/L；Cl^- 浓度为 27000mg/L；Ca^{2+} 浓度为 240mg/L。

4. 层位及地层特性

一间房组，储层裂缝、孔洞发育。

(二)发生经过

2018 年 12 月 1 日四开钻进至 7750m 处(7745m 进入一间房组)起钻，按照要求进行取心。12 月 6 日 2：00 取心钻具下钻到底，开始循环测后效；4：45 全烃值开始上涨，全烃值最高达 18%，然后逐渐回落；继续循环至 7：20，采用 0.52m^3/min 的排量开始树心；7：25 树心至 7750.05m 处时，录井曲线显示液面开始缓慢上涨；7：30 树心至 7750.12m 处，进尺 0.12m。井队坐岗人员发现液面上涨 1.6m^3 并汇报值班干部，值班干部确认发生溢流后立即割心，7：38 上提钻具，7：40 关井成功，立压为 6.5MPa，套压为 2MPa，2min 后观察发现套压由 2MPa 上升至 18MPa，立压无变化；泥浆池体积由 41.28m^3 上升至 59.84m^3，扣除停泵正常回流的 3m^3，实际溢流量为 15.56m^3(割心及上提钻具期间溢流量快速增大至 2m^3/min)。

用钻井液泵低压放回水，立压为 0，单流阀完好；8：35 顶泵求取立压，顶通立压压力为 21MPa，停泵降至 19MPa，套压从 18MPa 上升至 19MPa。经计算可知，地层压力当量泥浆密度为 1.64g/cm^3。

(三)原因分析

地层压力预测不准确，设计提供一间房组的压力系数为 1.14～1.24，与实钻的 1.64 偏差较大，是造成溢流的主要原因。

疑似溢流，关井观察；发现溢流，立即关井。该井关井后溢流量为18.05m³，导致关井后套压达到18MPa，主要原因有：

(1)录井队人员发现泥浆池体积上涨时没有第一时间通知司钻，而是去钻井液循环罐处与坐岗人员核对数据。

(2)坐岗制度未执行到位，钻井液工未及时发现溢流，发现时已经溢流1.6m³。

(3)割心耽误时间较长，造成地层流体大量进入井筒，导致关井后套压过高。

(四)处理方式与效果

1. 环空平推压井

12：50地面压裂流程准备就绪(立压为0，套压为19MPa)，开始环空平推压井；15：10泵入密度为2.0g/cm³的重浆50m³，排量为0.35m³/min，施工压力为24MPa先上升至43MPa，后下降至41MPa，停泵观察15min，套压由38MPa下降至30MPa；15：25，继续使用压裂车环空平推压井，泵入密度为2.0g/cm³的重浆，施工排量为0.35m³/min，施工压力由32.9MPa先上升至39.8MPa，后下降至38.5MPa；16：05泵入钻井液11.7m³后停泵观察，停泵后套压由30MPa下降至22MPa，通过节流阀放压，套压由22MPa下降至16.5MPa。后续在准备平推水眼的过程中考虑到防冻因素，环空分两次共推了6m³。环空累计泵入密度为2.0g/cm³的重浆67.7m³，计算得环空平推液面高度为5100m。

2. 水眼平推压井

12月7日1：35正压井流程安装好，开始水眼平推，泵入密度为2.2g/cm³的重浆37.4m³(水眼容积为35m³)，施工压力由41.6MPa先上升至48MPa，后下降至28MPa，排量由0.13m³/min逐步依次上升至0.23m³/min、0.3m³/min、0.35m³/min、0.4m³/min，套压由18MPa先上升至25MPa，再上升至31MPa；3：30停泵观察，立压由28MPa下降至15MPa，套压由31MPa下降至22MPa。

3. 节流压井

由于地层吃入不好，排量小，平推后井口带压较高，现场讨论后准备节流压井；同时，因为压裂车无法上水，遂使用泥浆泵进行节流循环压井。

12月7日14：10，开始节流压井，泵入密度为2.0g/cm³的泥浆，操作主节流J4控制回压循环压井，压井排量由9L/s先下降至8L/s，再下降至7L/s，最后上升至8L/s，泵压由22MPa先下降至17MPa，后上升至20.17MPa，再上升至21.28MPa，套压由21.3MPa依次下降至17.3MPa、14MPa、7MPa、0，共泵入泥浆260m³，返出243m³，累计漏失17m³；出口泥浆密度由1.95g/cm³先下降至1.34g/cm³，之后再依次上升至1.37g/cm³、1.88g/cm³、1.96g/cm³、1.97g/cm³；17：51液气分离器点火筒见火焰，焰高1m，颜色为橘黄色；18：20火焰熄灭，火焰持续时间为29min；20：00重浆返至井口，全开节流阀，液面稳定。

12月8日0：20，停泵关J3b，观察发现套压为0，立压为0，开井观察，无溢流，开井循环调整泥浆至17：00，入口泥浆密度为1.99g/cm^3，出口泥浆密度为1.98g/cm^3，全烃值为0.4%，井筒稳定。

(五)经验教训

(1)地层压力预测不准确，设计提供一间房组的压力系数为1.14～1.24，与实钻的1.64偏差较大。

(2)目的层钻进采用打单根的方式，应打中单根，钻进时旋塞、方保应入钻台面以下。该井取心钻进时旋塞、方保没有入钻台面，离钻台面高度为2.53m；在发生溢流的情况下需上提一个单根并关井坐吊卡，关井后不能第一时间建立水眼压井流程。

(3)强制应急物资配备管理要求：各种转换接头双套配备，加强日常维护保养；开工前开展正、反压井联合演练。落实重浆清洁工作：前期经过堵漏的重浆应过振动筛，压裂车泵前应加过滤网。

(4)对于未漏失井，若地层吃入能力差，排量不能有效提高，施工压力不断增大，则应先平推、后节流循环压井，从而降低压井风险。

三、SHB5－3井一间房组井漏、溢流

(一)基本情况

该井是顺托果勒低隆北缘构造的一口四开制的评价井，地处沙漠腹地。设计井深为7798.55m，完钻井深为7932.74m，目的层为中奥陶统一间房组和中、下奥陶统鹰山组，井身结构及套管程序见表3－3。

表3－3 SHB5－3井井身结构及套管程序

开钻次序	钻头		套管		水泥返高/m	备注
	外径/mm	井深/m	外径/mm	下深/m		
导管施工	660.40	54.54	508.00	54.54	地面	导管
一开	444.50	1000.00	339.70	999.18	地面	一级固井
二开	311.20	5395.00	250.88＋244.50	5393.14	地面	双级固井，双级箍位置约4300m
三开	215.90	7330.00	177.80	7328.02	5145	177.8mm尾管顶深约5287.18m
四开	149.20	7746.00	裸眼	裸眼	—	回填
侧钻	149.20	7349.00	139.70	7349.00	6829	—
侧钻	120.65	7932.74	裸眼	裸眼	—	—

1. 井口防喷器及节流压井管汇

井口井控装置组合：环形防喷器＋剪切闸板＋单闸板(5in半封)＋双闸板(上3½in下全封)＋变径法兰＋钻采一体化四通＋套管头(13⅜in×9⅞in－70MPa)。井口套管抗内压强度为65.6MPa。节流管汇为JG－70，压井管汇为YG－70。

2. 钻具组合

Φ149.2mmPDC + 1.5°单弯螺杆(抗温 180℃) + 单流阀 × 0.59m + Φ120mm 无磁钻铤 × 9.45m + MWD 短节 × 0.93m + Φ88.9mmDP × 19.4m + 旁通阀 + Φ88.9mmDP × 552.71m + Φ88.9mmHWDP × 417.69m + Φ88.9mmDP × 2705.67m + 311 × DS500 × 0.75m + Φ127mmDP。

3. 钻井液性能

所采用钻井液的基本性能为：密度为 1.40g/cm^3，黏度为 55s，塑性黏度为 20mPa·s，动切为 9Pa，初/终切为 4Pa/9Pa，失水量为 3.8mL，pH 值为 11，泥饼厚度为 0.5mm，坂含为 30g/L，固体含量为 16%，含砂量为 0.1%，HTHP 为 11.8mL(150℃)，Cl^- 浓度为 18000mg/L，Ca^{2+} 浓度为 200mg/L，Kf 为 0.0524，含油量为 6%。

4. 层位及地层特性

奥陶系一间房组，主要岩性为浅灰色细晶灰岩，溶蚀孔洞、裂缝发育。

(二)发生经过

2018 年 3 月 10 日侧钻钻进(侧钻点为 7345m 处)。17 日 2：49 钻进至井深 7384.09m 处时发生失返性漏失，钻压由 40kN 下降至 0，立压由 19.49MPa 下降至 15.84MPa，出口流量由 11% 先下降至 5%，后下降至 0，钻压放空；考虑钻具及井下仪器安全，2：59 降排量(排量为 7L/s，泵压为 4.8MPa)带泵上提钻具至井深 7361.02m 处(泥浆漏失 4m^3，井口未返浆)，上提过程中多次发生遇卡，开顶驱后扭矩波动较大。起钻至井深 7281.14m 处(Φ177.8mm 套管下深为 7328.02m，连续灌浆 1.1m^3，井口未返浆)，其间每 15min 环空吊灌 0.5m^3，共计吊灌 13.2m^3，井口未返浆，累计漏失密度为 1.40g/cm^3 的泥浆 18.3m^3(监测环空液面高度为 580m，水眼液面高度为 570m)。

18 日 10：30 接上级管理部门口头通知，降密度至 1.35g/cm^3，观察能否建立循环，若不能建立循环，则起钻简化钻具组合，实行边漏边钻；13：30 环空吊灌密度为 1.35g/cm^{3}的泥浆共 2.0m^3，出口槽返浆后，停止灌浆，开泵循环(排量为 5L/s，立压为 4.2MPa，出口返浆，累计泵入 1.35g/cm^3 的泥浆 2.7m^3，占 Φ127mm 钻杆内容积高度为 295m，出口返浆，逐渐上调排量至立压为 10MPa，出口持续返浆，不断流，累计增加 1.6m^3 后发生溢流)；16：20 关井观察，套压为 0，求得立压为 1.8MPa，调整地面泥浆密度(将地面泥浆密度由 1.35g/cm^3 调整到 1.40g/cm^3，共计调整 150m^3)。

(三)原因分析

该井发生井漏的地层为奥陶系一间房组，该地层主要特点为：溶蚀孔洞、裂缝发育较好。从发生的经过不难看出，钻遇裂缝时出现了失返性漏失，井漏失返后，地层流体与泥浆置换造成泥浆大面积污染，导致井筒液柱压力过低，出现“先漏失后溢流”的现象。

(四)处理方式与成效

1. 第一次关井，过液气分离器循环

18 日 16：44 关井，过液气分离器循环；16：35 循环排量为 6L/s，立压为 6.6MPa，循环液面正常，停泵立压为 1.8MPa，泄回压后，立压为 0，浮阀关闭正常；停泵检查液气分离器回浆，不断流，停泵后累计返出泥浆 1.1m^3。23：30 关井，过液气分离器循环(立压为 7.5～11.1MPa，套压为 0)，液气分离器点火不着，入口泥浆密度为 1.40g/cm^3，出口泥浆密度为 1.34～1.37g/cm^3，液面正常。

0：30 开井循环，排量为 12L/s，立压为 17.5MPa；全烃值由 0.7% 上升至 87%，C1 由 0 上升至 40.91%，入口泥浆密度为 1.40g/cm^3，出口泥浆密度最低为 1.35g/cm^3，决定再次过液气分离器循环。

2. 第二次关井，过液气分离器循环

19 日关井过液气分离器循环，循环排量为 10L/s，立压为 12.5MPa，点火筒点火成功，火焰呈橘红色，火焰高 1.5～2.5m，此时出口泥浆密度为 1.28g/cm^3。液面上涨 0.72m^3，出口泥浆密度持续降低且不恢复，停泵关井，立压为 0，套压保持 0.75MPa 不变。

3. 第一次平推压井

19 日泥浆泵环空平推密度为 1.42g/cm^3 的泥浆 42m^3，排量为 5～8L/s，套压为 4.6～25MPa；压裂车环空平推密度为 1.42g/cm^3 的泥浆 48m^3，排量为 6～10L/s，套压为 24～27MPa；平推密度为 1.42g/cm^3 的泥浆 61.4m^3 时，套压由 27MPa 先下降至 26.5MPa，后下降至 25.3MPa，后逐渐提排量至 15L/s，套压为 19～20MPa，累计平推密度为 1.42g/cm^3 的泥浆 175m^3。

20 日 15：20 停泵观察(立压为 0，套压由 3MPa 上升至 6.8MPa)，节流循环，水眼泵入 1.85g/cm^3 的泥浆 10m^3，排量为 8L/s，立压为 5～7MPa，套压为 2～3MPa，出口泥浆密度为 1.08～1.11g/cm^3；20：40 压裂车平推压井(水眼平推 1.85g/cm^3 的泥浆 10m^3)，排量为 8L/s，立压由 5MPa 上升至 8MPa，套压由 3.8MPa 上升至 11MPa；环空平推 1.85g/cm^3的泥浆 180m^3，排量为 18L/s，立压为 0，套压由 23.5MPa 下降至 6.5MPa，停泵后套压为 3.5MPa。

21 日 11：30 关井观察，立、套压均为 0(每 2h 开井活动一次钻具，累计环空吊灌 1.85g/cm^3 的泥浆 5.5m^3，测得环空液面高度为 320m)；16：00 起钻至井深 6042m 处(起钻灌浆时按钻具带排量的 1.5 倍进行灌浆，理论灌入 7.6m^3，实际灌入 7.8m^3，漏失 2.7m^3，测得环空液面高度为 348m)。

22 日 4：30 起钻完成(理论灌入 34.24m^3，实际灌入 35.4m^3，漏失 12.8m^3，测得环空液面高度为 330m)；11：30 接通知取消测试，回填侧钻。

4. 第一次打水泥塞，水泥塞承压试验

25 日 3：15 打水泥塞完成，关井候凝。26 日 17：20 套压由 0 缓慢上涨至 3.8MPa，立压为0，通过液气分离器泄压后，套压由3.8MPa下降至0，液气分离器排污阀排出密度为1.69g/cm^3的泥浆0.1m^3。

按固井设计要求做水泥塞承压试验(环空加压至套压为6.3MPa)，套压突然下降至0.7MPa，累计注入密度为1.85g/cm^3的泥浆0.55m^3，水泥塞承压不成功，关井观察，套压为0.7MPa，立压为0(地面准备密度为2.0g/cm^3的泥浆环空平推)。

5. 第二次环空平推压井

27日1：20环空平推压井(泵入19m^3泥浆时，排量为14L/s，套压由7.8MPa突然下降至4.7MPa，泵入22m^3泥浆时，立压开始上涨，立压由0上涨至4.3MPa)，此次平推2.0g/cm^3的泥浆40m^3，停泵后立压保持4.3MPa不变，套压由4.7MPa迅速下降至1.3MPa。

30日10：40环空泄压，套压由3.0MPa下降至1.1MPa，返出密度为1.53g/cm^3的泥浆0.1m^3；11：30关井观察，立压为0，套压由1.1MPa缓慢上涨至1.4MPa。

6. 第三次环空平推

30日12：15环空平推密度为2.0g/cm^3的泥浆30m^3(排量为10～14L/s，套压为0～8MPa，泵入21m^3泥浆后起立压，立压为0～9.2MPa，停泵后套压为2.6MPa，立压为9.2MPa)；13：30关井观察，套压由2.6MPa缓慢下降至0，立压由9.2MPa缓慢下降至0；19：00起钻至井深6202.90m处，开井观察，液面在井口处，出口未返浆，做打水泥塞准备。

7. 第二次打水泥塞

30日0：30打水泥塞施工(21：20～21：27关井，环空试挤，排量为0.71m^3/min，立压为0，套压为0～1.9MPa，挤入密度为1.85g/cm^3的泥浆5m^3；钻具水眼挤注密度为1.85g/cm^3、浓度为15%的堵漏浆10m^3)。31日0：09钻具挤注替浆45m^3，密度为1.85g/cm^3，排量为0.60m^3/min，立压由11MPa先升至23.2MPa，后降至21.5MPa，套压为0～8.7MPa；0：30环空反挤井浆9.7m^3，密度为1.85g/cm^3，排量为0.46m^3/min，立压为8.3～8.9MPa，套压由9MPa先升至10MPa，后降至8.7MPa，停泵后立压由8.4MPa缓慢降至7MPa，套压由5.9MPa缓慢降至3.5MPa，水泥塞井段为7100.00～7384.09m，漏失密度为1.85g/cm^3的泥浆10m^3，漏失密度为2.0g/cm^3的泥浆59.7m^3。漏失密度为1.42g/cm^3的泥浆192.36m^3，漏失密度为1.40g/cm^3的泥浆29.3m^3，漏失密度为1.35g/cm^3的泥浆6.6m^3，漏失密度为1.45g/cm^3的泥浆218m^3，漏失密度为1.85g/cm^3的泥浆404.58m^3，漏失密度为2.0g/cm^3的泥浆59.7m^3，共计910.54m^3。

8. 关井候凝

4月1日9：10立压由2.9MPa缓慢上升至8.9MPa；13：00立压缓慢下降至6.2MPa；16：00立压缓慢上涨至6.6MPa。2日0：30立压稳定保持为6.6MPa。套压由6.1MPa缓慢上升至8.7MPa；14：59套压由8.7MPa下降至2.9MPa；16：00套压缓慢下降至2.5MPa。

2 日 0：55 泄压，立压由 6.6MPa 下降至 4.6MPa，套压由 10.2MPa 下降至 0（钻头位置为 6202.9m 处，水泥塞理论位置为 7100～7384.09m 处，返出密度为 1.54g/cm^3 的泥浆约 2m^3）。

9. 处理遇阻

2 日 4：10 开井观察，液面在井口处，上提 2.43m 活动钻具，钻具遇卡；7：25 继续活动钻具，活动范围为 100～180t，间断性地启动顶驱，扭矩为 15kN·m，开泵憋压 9MPa，出口不返浆；8：00 关井环空平推 1.85g/cm^3 的泥浆 5m^3（排量为 5～6L/s），立压为 8.5～10MPa，停泵后套压由 8.5MPa 下降至 4.0MPa；8：05 泄压，套压由 4MPa 下降至 0，开井活动钻具，活动范围为 100～180t，顶驱正转 29 圈，扭矩为 18kN·m，悬重由 170t 恢复至原悬重（156t），恢复正常。

10. 第三次关井，过液气分离器循环

2 日 15：00 起钻至 5200m 处；16：30 开井观察，液面在井口，出口未返浆，开井循环（排量为 8～14L/s，立压为 7.3～17.9MPa，全烃值由 0.05% 上升至 99.99%，C1 由 0 上升至 25.47%，液面正常），停泵关井求得立压为 0，套压为 0；20：20 关井过液气分离器循环（点火成功，火焰高度为 0.5～5m，出口泥浆密度为 1.80～1.83g/cm^3，入口泥浆密度为 1.85～1.90g/cm^3，液面正常）。

3 日 7：10 下钻至井深 5710m 处，开井循环，排量为 14L/s，泵压为 21MPa，全烃值最高达 99.9%，液面正常，关井通过液气分离器循环，排量为 13L/s，泵压为 19～20MPa，点火成功，火焰高度为 0.5～1m，持续 15min，出口泥浆密度为 1.78～1.83g/cm^3，入口泥浆密度为 1.87～1.88g/cm^3，液面正常。

5 日 8：00 关井通过液气分离器循环，排量为 13L/s，泵压为 19～22MPa，点火成功，火焰高度为 3～5m；7：30 火焰熄灭，出口泥浆密度为 1.75～1.81g/cm^3，入口泥浆密度为 1.84～1.85g/cm^3，液面正常。

6 日 7：22 划眼至 7049m 处，钻压为 0～1t，排量为 12～13L/s，泵压为 22MPa（立压由 21.47MPa 下降至 15.16MPa，出口流量由 15% 先下降至 8%，再下降至 0，总池体积由 67.1m^3 先下降至 66.2m^3，再下降至 64m^3，井口失返，漏失密度为 1.85g/cm^3 的泥浆 3.1m^3，停泵后，液面在井口）；12：00 起钻至井深 6206m 处，尝试建立循环，水眼泵入 1.85g/cm^3 的泥浆 7.4m^3，排量为 4～15L/s，立压为 2.9～22MPa，出口未返浆，停泵后液面在井口，漏失密度为 2.0g/cm^3 的泥浆 7.4m^3。7 日 18：30 关井观察（套压由 2.7MPa 缓慢上升至 8.5MPa；17：00 立压由 0 开始缓慢上升至 2.7MPa）；23：15 关井节流循环（排量为 8～12L/s，立压为 0～14MPa，套压为 0～8.5MPa；19：48 点火成功，火焰高度为 0.5～3m；21：00 泵入 100m^3 泥浆后泥浆从钻头位置返至 2700m 处时，火焰变大，火焰高度达到12～15m；22：00 泵入 146m^3 泥浆时出口返出原油；23：15 返出轻质原油约 10m^3，密度小于 0.95g/cm^3，保持入口泥浆密度为 1.85g/cm^3，节流循环期间漏失泥浆 4.9m^3）；23：30停泵，立压由 14MPa 下降至 8.2MPa，套压由 8.5MPa 下降至 5.9MPa。

11. 平推压井

8 日 4：30 使用密度为 2.15g/cm^3 的泥浆 30m^3 及密度为 1.85g/cm^3 的泥浆 160m^3 环空

平推，排量为15L/s，立压为0～8.1MPa，套压为0～15.2MPa。密度为1.85g/cm³ 的泥浆入井95m³ 时套压降至0，密度为1.85g/cm³ 的泥浆入井86m³ 时立压降至0。10：00关井观察，立、套压均为0，每小时环空吊灌密度为1.85g/cm³ 的泥浆0.5m³。

12. 刮管，下桥塞封井

13日16：20组下桥塞至井深7310m处，坐封到位，验封成功。17日打水泥塞，开窗侧钻。

（五）经验教训

（1）节流循环压井时，由于排量受限，难以将井内受污染的钻井液完全排出，也增大了钻井液处理及现场压井的难度。裂缝性地层压井宜采用平推压井方式，但此次钻遇的是“定容体”地层，压井平推增大了地层圈闭压力。从平推压井过程来看，地层流体和重浆置换导致环空液柱压力降低，且诱发关井压力升高，为后期施工增加了难度，压井成功后建议尽快转入测试。

（2）裂缝性地层环空吊打水泥塞，施工难度大，无法同时兼顾井内漏失及环空油气置换，且风险较大。该井钻遇漏失层后，环空失返，且在泥浆密度为1.85g/cm³ 时泥浆油气侵严重，两次“高注高挤”打水泥塞均难以有效封固漏失层及油气层，无法满足下一步侧钻施工要求，应先进行堵漏作业或者下桥塞封堵后再打水泥塞。

（3）环空吊打水泥塞后，一定要将钻具上提至安全距离（在理论计算值的基础上附加300m），确保钻具安全；关井候凝期间，需定时活动钻具，防止发生卡钻。

四、SHNP1井鹰山组溢流

（一）基本情况

该井是部署在塔里木盆地塔中1号断裂带下盘古城墟隆起西缘18号断裂带的一口五开制风险探井，设计井深为7600m，完钻井深为7661m。井身结构及套管程序见表3-4。

表3-4　SHNP1井井身结构及套管程序

开钻次序	钻头		套管		水泥返高/m	备注
	外径/mm	井深/m	外径/mm	下深/m		
导管施工	914.4	23	720.0	23	地面	导管
一开	660.4	306	508.0	306	地面	表层套管
二开	444.5	3143	365.1	3141	地面	一级固井
三开	333.8	6076	273.1	6076	地面	芯轴坐挂 二级固井
四开	241.3	7080	193.7	7079	地面	尾管回接
五开	165.1	7661	—	—	—	裸眼完井

1. 井口防喷器及节流压井管汇

井口防喷器组合为：旋转防喷器+环形防喷器(FH35－70/105)+双闸板(2FZ35－105；上剪切、下5½in)+双闸板(FZ35－105，上5in下全封)+转换法兰(35－105/28－105)+钻井四通(FS28－105)+套管头(Φ273.1mm×Φ193.7mm－105MPa)+套管头(Φ365.13mm×Φ273.1mm－105MPa)；井口套管抗内压强度为89.9MPa。主节流管汇为JG－105，副节流管汇为FJG－105。

2. 钻具组合

Φ241.3mmPDC+630×410+Φ170mm浮阀+Φ178mm钻铤×1根(测斜坐)+Φ178mm钻铤×8根+柔性短节+随钻震击器+Φ127mm加重钻杆×18根+Φ127mm钻杆+井口Φ170mm箭形钻杆+Φ139.7mm钻杆×1根+Φ180mm箭形钻杆+顶驱方保+顶驱手动旋塞+顶驱液动旋塞。

3. 钻井液性能

所采用钻井液的基本性能为：密度为1.63g/cm^3；黏度为60s；塑性黏度为30mPa·s；动切为9.5Pa；静切为3Pa/11Pa；pH值为10；失水量为3.2mL；泥饼厚度为0.5mm；HTHP为11mL(160℃)；坂含为30g/L；固体含量为21%；含砂量为0.1%；Cl^-浓度为58000mg/L；Ca^{2+}浓度为100mg/L；K^+浓度为15000mg/L。

4. 层位及地层特性

奥陶系鹰山组($O_{1-2}y$)，主要岩性为灰岩，裂缝发育。

(二)发生经过

2018年10月7日15：06钻进至井深6639.81m处，井口失返，漏失泥浆12m^3。放空井段为6639.70～6639.81m，段长0.11m，未探底，吊灌起钻至套管内5050m处。9日1：27循环逐步上提排量过程中(由5L/s逐步上提至12L/s)，调整泥浆密度至出入口泥浆密度(1.60g/cm^3)，立压由1.8MPa降至0.2MPa，泥浆液面无变化，停泵检查，发现出口泥浆外溢，立即关井，关井后15min套压上升至0.7MPa；10：00关井观察，套压上升至1.5MPa。

(三)原因分析

该井发生井漏的地层为奥陶系鹰山组，该地层的主要特点为溶蚀孔洞、裂缝发育较好。从发生的经过来看，钻进过程中出现放空，钻遇大裂缝或者溶洞后出现井漏失返，此后，天然气与泥浆置换，导致井筒液柱压力降低，出现先漏后溢流现象。

(四)处理方式与效果

2018年10月9日10：00开始节流循环排污，排污期间控制立压为1.5MPa，套压为3～3.5MPa，节流循环期间累计漏失8.4m^3，漏速为2.3m^3/h，入口泥浆密度为

1.60g/cm³，出口泥浆密度为1.59g/cm³，循环期间漏速有减小趋势；18：10关井观察，套压由1.4MPa上升至2.6MPa，现场调配密度为1.80g/cm³的泥浆。

1. 第一次环空平推压井

9日环空平推密度为1.80g/cm³的泥浆49.5m³（占环空高度1500m）。在平推过程中，开泵泵入8m³时套压由2.6MPa上涨至12.5MPa，然后突然降至4MPa，地层破裂漏失。平推过程中，套压缓慢上涨至17.6MPa，到量后停泵。停泵后套压为14.3MPa，至22：28关井观察，套压降至11.1MPa。

2. 第二次平推压井

10日1：03环空平推密度为1.80g/cm³的钻井液82.2m³；7：30套压为21.3MPa，间断性地泄压两次，每次泄出钻井液0.5~0.6m³，泄压后观察发现套压有0.2~0.6MPa的上涨趋势；12：45套压上升至22.4MPa。水眼平推密度为1.80g/cm³的钻井液40m³，停泵后立压为25.8MPa，套压为28MPa。

3. 第三次平推压井

10日22：32水眼平推密度为2.0g/cm³的钻井液40.3m³，立压由24.1MPa下降至18MPa，套压由27.3MPa下降至26.9MPa。11日2：29环空依次平推密度为2.2g/cm³的钻井液45m³、密度为2.1g/cm³的钻井液45m³、密度为2.0g/cm³的钻井液167m³，套压由26.9MPa下降至8MPa。套管鞋处地层当量密度为2.16g/cm³。

4. 第四次环空平推压井

11日16：10环空依次平推密度为2.2g/cm³的钻井液60m³、密度为2.35g/cm³的钻井液20m³，套压由7.1MPa下降至4.9MPa（80m³重浆占环空高度为2500m）。观察20min后套压不变，尝试释放圈闭压力，两次共放泥浆6m³，套压不变。套管鞋处地层当量密度为2.17g/cm³。

5. 使用节流阀泄压，节流循环释放圈闭压力

12日14：30分3次通过节流阀泄压（套压由5.6MPa先下降至4.8MPa，后上升至5.1MPa，再下降至4.8MPa，共计放出钻井液5.5m³）。13日用密度为2.0g/cm³的钻井液节流循环，控制泵入量大于返出量，节流循环一周，共计返出密度为2.35g/cm³的钻井液14m³、密度为2.2g/cm³的钻井液60m³、密度为2.0g/cm³的钻井液96m³（排量为10L/s，泵压由15MPa下降至9.5MPa，套压由7.4MPa下降至3.8MPa）。环空重浆返出后，套压缓慢上升。14日1：10~4：30在节流循环过程中，点火筒间断点燃，焰高0.5~1m，火焰呈橘黄色并伴有少量黑烟，无H_2S；入口泥浆密度为2.0g/cm³，出口泥浆密度为1.95g/cm³，继续用密度为2.0g/cm³的钻井液控制泵入量略大于返出量的节流循环（钻头位置为4025.42m处，排量为10L/s，立压为17.7MPa，套压为14.7MPa，在缓冲罐位置测量得全烃值由0.019%先上升至0.22%，后下降至0.10%）。节流循环至12：00后停泵关井观察，关井套压为15.6MPa。

6. 第五次平推压井

15日用密度为2.3g/cm³的钻井液平推钻具水眼，泵入37m³，钻头位置为4025.42m

处，排量为0.6m^3/min，立压由18.2MPa下降至6.8MPa，停泵后立压为0.8MPa，套压由17.5MPa上升至17.6MPa；环空平推密度为2.3g/cm^3的钻井液130m^3，排量为1.5m^3/min，套压由17.6MPa降为0，全开节流阀，井口无外溢。下钻至井深4171m处时井口失返，下钻至井深5840m处井口返浆（4171～5840m未返浆，按钻具体积计算，Φ127mm钻具579m漏失7.7m^3，Φ139.7mm钻具漏失17.7m^3），下钻至井深6057m处。

7. 降密度节流循环排气

15日20：10下钻至井深6057m处并建立循环（根据液面情况，逐步提升排量循环，入口泥浆密度为2.15g/cm^3，出口泥浆密度为2.16g/cm^3）。16日1：39降密度循环过程中发现溢流0.6m^3，关井套压为2.5MPa；18：30用密度为2.14g/cm^3的钻井液节流循环（立压为2.4MPa，套压为1.1MPa，缓冲罐测量全烃值由0.25%先上升至7.4%，后下降至4%，控制出入口排量稳定，其间，3：30～7：00点火筒间断点燃，焰高0.5～1m，火焰呈橘黄色并伴有少量黑烟，无H_2S；入口泥浆密度为2.14g/cm^3，出口泥浆密度为2.07g/cm^3）；19：50排量提至20L/s，保证入口泥浆密度为2.20g/cm^3，节流循环控制每小时漏失5～6m^3，全烃值由13.518%上升至90.434%，CO_2含量由0上升至3%，出口电导率由51mS/cm下降至37mS/cm，点火成功，焰高0.5～2m，火焰呈橘黄色并伴有少量黑烟，无H_2S；22：00停泵关节流阀（套压由1.6MPa上升至3MPa）。

8. 下钻探底

17日10：40泄套压至0，节流阀全开出口无外溢；13：00下钻至井深6520m处，遇阻40kN，上提多提200kN后提开，开泵水眼顶浆20m^3，把裸眼段泥浆顶置套管内，起钻至套管鞋内6057.84m处；19：00关井，用密度为2.10g/cm^3的节流管汇循环，控制漏速为每小时3～4m^3，排量为20L/s，立压为14.3MPa，套压为1.3MPa，漏失2.20g/cm^3的钻井液25.6m^3（其间，17：35～18：00点火成功，焰高0.5m，入口泥浆密度为2.10g/cm^3，后效出来时最低密度为1.72g/cm^3，全烃值最高为63.7%，无H_2S），关井观察，套压为1.8MPa。

9. 提密度节流循环

18日8：47用密度为2.15g/cm^3的钻井液节流循环（钻头位置为6057.84m处），排量为20L/s，立压为14MPa，套压为1.1MPa，控制漏速为每小时3～4m^3，全烃值为0.37%，点火未燃，控制入口泥浆密度为2.15g/cm^3，停泵前出口泥浆密度为2.09g/cm^3（钻具内容积为57.23m^3，环空容积为200.68m^3，始终保持入口泥浆密度不低于2.15g/cm^3，出口泥浆密度为2.0～2.10g/cm^3，套压为1MPa）；10：10关井观察，套压由1.2MPa上升至1.8MPa，节流阀全开并观察返出量，40min共返出1.5m^3；13：00关井观察，套压为0.2MPa。

10. 第一次降密度节流循环

18日用密度为2.10g/cm^3的钻井液节流循环，调节节流阀，维持出入口平衡，停泵开井观察，出口无外溢。

11. 第二次降密度节流循环

19 日降密度至 2.05g/cm³ 节流循环，调节节流阀，维持出入口平衡，关井观察，套压由 0 上升至 3.5MPa；全开节流阀并观察，20min 返出 0.6m³，开井观察，出口无外溢。

12. 第三次降密度节流循环

19 日降密度至 2.0g/cm³ 节流循环，替出井内密度为 2.05g/cm³ 的钻井液，调节节流阀，维持出入口平衡，后效返出密度为 2.02g/cm³ 的钻井液，全烃值最高为 7.559%，目前全烃基值为 1.297%；保证入口泥浆密度为 2.0g/cm³ 并进行节流循环，调节节流阀，维持出入口平衡，全开节流阀观察，出口无外溢。

13. 第四次降密度节流循环

20 日降密度至 1.95g/cm³ 节流循环，调节节流阀，维持出入口平衡，开井观察，出口无外溢。调配密度为 1.90g/cm³ 的钻井液。8：00 保证入口泥浆密度为 1.90g/cm³ 并进行节流循环，调节节流阀，维持出入口平衡(排量为 25L/s，立压为 16MPa，套压为 0.3MPa，全烃值由 2.23% 先上升至 9.64%，后下降至 3.16%，入口泥浆密度为 1.90g/cm³，出口泥浆密度为 1.90g/cm³)；停泵后套压由 0.3MPa 下降至 0，全开节流阀观察，出口无外溢。

20 日 13：00 下钻至井深 6165m 处遇阻，冲划至井深 6190m 处；16：45 下钻至井深 6510m 处(上次探底遇阻位置为 6520m 处)；17：20 循环，把遇阻点与管鞋之间的钻井液循环至套管内，起钻至井深 6057m 处并循环(返出 6165～6190m 井段后效，全烃值最高为 91.3%，出口泥浆密度最低为 1.42g/cm³；20：45 返出 6190～6510m 井段后效，全烃值最高为 99%，出口泥浆密度最低为1.88g/cm³)；23：00 开井观察，出口无外溢。

14. 第五次降密度节流循环

21 日循环(降密度至 1.85g/cm³，排量为 25L/s，立压为 16MPa，全烃值由 1.68% 先上升至 3.1%，后下降至 1.93%，入口泥浆密度为 1.85g/cm³，出口泥浆密度为 1.85g/cm³)，开井观察，出口无外溢。

15. 第六次降密度节流循环

21 日循环，降密度至 1.80g/cm³，排量为 25L/s，立压为 15MPa，全烃值由 1.99% 先上升至 3.54%，后下降至 1.51%，出、入口泥浆密度均为 1.80g/cm³，停泵观察，出口呈匀速线流，每小时液量上涨 0.4～0.5m³。

16. 第七次降密度节流循环

21 日循环(入口泥浆密度为 1.75g/cm³，排量为 25L/s，立压为 15MPa，全烃值由 0.911% 先上升至 46.8%，后下降至 1.21%，入口泥浆密度为 1.75g/cm³，出口泥浆密度为 1.75g/cm³)，停泵开井并观察，出口呈匀速线流，每小时液量上涨 0.4～0.5m³。

17. 静止观察一个起下钻周期的后效情况

21 日 20：00～22 日 22：30 停泵观察，出口呈匀速线流，每小时液量上涨 0.3～0.5m³(静止观察期间共计返出 10.8m³)。23 日 0：00 下钻至井深 6508m 处；8：30 节流循环测后效，油气上窜速度为 28.44m/h(钻头位置为 6508.87m 处，井底层位为 $O_{1-2}y$，井筒静止时间为28.2h；全烃值达到最高峰90.44%，全烃值先由2.27%上升至90.44%，后下降至14.22%，再上升至20.90%，最后下降至6.51%。钻井液性能变化情况为：黏度由59s先上升至74s，后下降至59s，出口电导率由104.6mS/cm下降至71.2mS/cm；2：30出口泥浆密度逐渐恢复至1.74g/cm³，点火成功，焰高3～8m，火焰呈橘黄色并伴有少量黑烟；7：00全开节流阀循环，套压由0.4MPa下降至0；截至8：30，入口泥浆密度为1.75g/cm³，出口泥浆密度为1.74g/cm³，立压为19MPa，排量为30L/s，套压为0，全烃值为4.7%）。14：45开井循环（入口泥浆密度为1.75g/cm³，出口泥浆密度为1.74g/cm³，立压为14MPa，排量为25L/s，全烃值为2.9%）。

18. 打气滞塞、重浆帽起钻，简化钻具并换牙轮通井

23日15：00水眼先后泵入10m³密度为2.2g/cm³的钻井液、密度为1.75g/cm³的钻井液5m³；17：00控压起钻至井深6056m处（通过地面精细控压管线控制井口套压为2.2MPa）；18：00开井观察（出口呈匀速线流，每小时液量上涨0.3～0.5m³）；19：00先后泵入密度为1.75g/cm³的气滞塞17m³（封隔井段为5700～6056m）、密度为1.75g/cm³的钻井液42m³、密度为2.2g/cm³的钻井液9m³。24日8：00起钻完成。

19. 循环排后效

25日1：30下钻至井深6484.55m处；4：15用密度为1.75g/cm³的钻井液节流循环排后效（井筒静止时间为32.7h；3：43全烃值达到最高峰90.304%，全烃值变化由1.154%先上升至90.304%，后下降至1.342%。钻井液性能变化情况为：黏度由59s先上升至68s，后下降至50s，出口电导率由52.3mS/cm上升至62.1mS/cm后，出口泥浆密度开始降低）。

25日6：15划眼至井深6584m处；9：00循环一个迟到时间后继续划眼（入口泥浆密度为1.75g/cm³，出口泥浆密度为1.74g/cm³，立压为16MPa，排量为30L/s，套压为0，全烃值为28%）；11：30冲划至井深6639.81m处（入口泥浆密度为1.75g/cm³，出口泥浆密度为1.74g/cm³，立压为15MPa，套压为0，排量为28L/s，全烃值为15.87%，钻压为0～10kN，扭矩为9.5～10.5kN·m）；划眼期间无漏失、无溢流。

10月25日12：00钻进至井深6644m处（放空井段为6639.70～6642.55m，累计放空2.85m，钻压为0～80kN，立压为16MPa，排量为27L/s，扭矩为9.5～11.5kN·m），钻进期间无漏失、无溢流。

（五）经验教训

（1）在目的层钻进过程中，应加强井控坐岗管理，司钻要密切注意各项参数的变化情况，要坚持“发现溢流立即关井，怀疑溢流关井检查”的井控原则，出现状况后第一时间关井。

（2）保证井内正常的钻井液高度，降低关井套压。钻进过程中，除硫剂含量保证为3%，并及时补充。

（3）目的层漏失发生溢流后，首先考虑节流循环压井，在保持微漏的情况下，选择合理的压井液密度。如采用平推压井的方式，由于没有掌握地层破裂压力和地层裂缝连通情况，平推压井密度的选择难度较大。对于连通性差的地层，钻井液密度要足以压破地层；对于裂缝发育较好的情况，可以采用较低密度的钻井液实现平推压井。

（4）进入目的层前，应提前做好应急压裂车的演练工作。该井供液橇在压井时不能正常使用，故直接使用高压泵压井。

五、ZHT1 井巴楚组水层溢流

（一）基本情况

该井是部署在塔里木盆地卡塔克隆起西斜坡阿东 5 号主干断裂带的一口重点预探井，设计为四开制井身结构，设计井深为 7535m，完钻井深为 7186m。井身结构及套管程序见表 3－5。

表 3－5　ZHT1 井井身结构及套管程序

开钻次序	钻头		套管		水泥返高/m	备注
	外径/mm	井深/m	外径/mm	下深/m		
导管	660.4	150	508.00	150.00	地面	导管
一开	444.5	2000	339.70	1998.98	地面	表层套管
二开	311.2	5190	250.80/244.50	5188.03	地面	一级固井
三开	215.9	7082	177.80	7081.89	—	尾管悬挂
四开	149.2	7186	—	—	—	裸眼完井

1. 井口防喷器及节流压井管汇

井口防喷器组合：环形防喷器（FH35－70/105）＋双闸板（2FZ35－105）＋双闸板（2FZ35－105）＋钻井四通（FS35－105）＋套管头。主节流管汇为 JG－105，副节流管汇为FJG－105。

2. 钻具组合

Φ215.9mmPDC＋Φ172mm 螺杆＋165mm 钻铤×1 根＋213mm 扶正器＋Φ165mm 钻铤×20 根＋挠性短节＋Φ165mm 震击器＋Φ165mm 钻铤×2 根＋Φ127mm 加重×15 根＋Φ127mm 钻杆×267 根＋Φ139.7mm 钻杆。

3. 钻井液性能

所采用钻井液的基本性能为：密度为 1.47g/cm^3；黏度为 52s；塑性黏度为 19mPa·s；动切为 8Pa；初/终切为 2.5Pa/9Pa；失水量为 3.6mL；pH 值为 9.5；泥饼厚度为 0.3mm；坂含为 28g/L；固体含量为 15%；含砂量为 0.1%；HTHP 为 11.6mL(120℃)；Cl^- 浓度为 24000mg/L；K^+ 浓度为 15500mg/L；Ca^{2+} 浓度为 280mg/L；Kf 为 0.0612。

4. 溢流层位及地层特性

巴楚组，盐水层。

(二)发生经过

2017 年 4 月 2 日 1：04 钻进至井深 5355.87m 处入口泥浆密度为 1.49g/cm^3，出口泥浆密度为 1.47g/cm^3(正进行循环提密度)，发现液量上涨 1.0m^3，司钻立即停泵，出口未断流；1：35 单泵(排量为 13.5L/s，立压为 2.2MPa)循环观察，液量上涨 1m^3。井队立即组织关井，关井套压为 3MPa，立压为 0；1：51 关井观察，立压、套压无明显变化。

考虑到裸眼段短、无油气层，为防止出水引起井下复杂情况，决定抢提钻具至套管内，关井处理溢流。

至 2：32 起钻至井深 5164.33m 处(管鞋为 5188.03m 处)，起钻期间出口持续返浆(存在压差)，液量累计上涨 8.4m^3；2：35 关井、接顶驱，套压为 2.2MPa，立压为 0。之后立、套压持续上涨，至 6：00 立压稳定至 15MPa，套压稳定至 17.5MPa。

(三)原因分析

此次发生溢流主要是钻遇高压盐水层，泥浆密度低，液柱压力不能平衡地层压力所致。

(四)处理方式与成效

1. 总体思路

发生溢流后，第一时间进行了汇报，专家到现场分析后，制定了以下压井方案：

(1)根据关井后最终稳定立压为 15MPa，计算得异常压力地层当量密度为 1.75g/cm^3。根据井控实施细则，该井按油水井压井，密度附加值取 0.1，确定压井液密度为 1.85g/cm^3。

(2)根据邻井实钻分析，认为此次溢流为高压水层，采用工程师法压井，井队配备 1.5 倍井筒容积(255m^3)压井液进行一次循环压井。压井过程中根据立压、套压和泵入、返出泥浆情况调节节流阀开度，并控制最大关井套压不大于 20MPa。

(3)考虑到高压水层中可能存在伴生气及 H_2S，向压井液中加入 2t 除硫剂，并做好 H_2S 防护工作。

(4)在点火筒处设置长明火，做好排气处理。

2. 处理方案

(1)缓慢开泵，迅速打开节流阀，调节节流阀使套管压力保持为 18.5MPa，当泵速达到压井排量(8.8L/s)时，调节节流阀，使立管压力接近初始循环立管压力 20.2MPa。

(2)在压井液由地面到达钻头时间 t_1 内(t_1 = 92min)，调节节流阀，使套压保持在 18.5MPa 左右，立管压力由 20.2MPa 逐渐下降至终了循环压力 5.66MPa。

(3)继续循环，压井液由钻头水眼返到环空，钻井液在环空上返过程中(227.4min)，调节节流阀，使立管压力一直保持终了循环压力5.66MPa不变，直到压井液返出井口。

(4)若停泵，立、套压为0，出口无溢流，则开井循环保证入口泥浆密度为1.85g/cm^{3}并将泥浆调整均匀；若立、套压不为0，则根据压力情况调整泥浆密度并继续节流循环压井，直至压稳水层。

3. 压井过程

3日10：07开泵，同时调节手动节流阀，排量为9.6L/s，立压为17.7MPa，套压为19.2MPa。用密度为1.85g/cm^{3}的压井液节流循环(控制立压为8~11MPa，排量由18.4L/s上升至19.7L/s，套压由17.4MPa下降至0)，当泵入量达到124m^{3}时，井队开底阀排污染泥浆，污染泥浆密度为1.17~1.25g/cm^3，累计排放7m^3；继续用密度为1.85g/cm^{3}的压井液节流循环，返出钻井液密度由1.48g/cm^{3}上升至1.83g/cm^3。14：10停泵观察，出口无溢流，压井成功。

(五)经验教训

(1)由于发生溢流时正在进行补重浆提密度，可能存在计量误差，因此在发现溢流时应第一时间关井，观察16min后，立压为0，套压稳定在3MPa。考虑到钻具内外存在压差(入口泥浆密度为1.49g/cm^3，出口泥浆密度为1.45~1.47g/cm^3，压差为2.1MPa)，遂决定开井观察，出口持续返浆，无法进行准确判断。考虑到邻井出水情况，一旦地层出水，可能导致重晶石沉降堵塞循环通道，无法进行后续压井施工，所以，在当时的情况下，起钻至套管内关井观察的措施是可行的。

(2)考虑到钻井液水侵后会造成污染，可能导致重晶石沉降堵塞循环通道，无法进行后续压井施工，遂起钻至套管内进行压井作业。但对于油气层或裸眼段长地层，这种做法是不可取的。

(3)根据压井液密度计算，将255m^{3}井浆加至压井液密度需235t加重剂，由于之前提密度现场消耗了部分储备，且发生溢流时(库存为158t)加重剂未能第一时间到位，因此在一定程度上使关井时间延后。

(4)根据邻井资料表明存在高压地层水可知，该井实钻的钻井液密度偏低。

(5)库存材料不满足现场需求。

六、SHT1井鹰山组溢流

(一)基本情况

该井是部署在塔里木盆地塔中1号断裂带下盘顺托果勒低隆部位的一口重点探井，设计井深为8310m，完钻井深为7874.01m。井身结构及套管程序见表3-6。

表3-6 SHT1井井身结构及套管程序

开钻次序	钻头		套管		水泥返高/m	备注
	外径/mm	井深/m	外径/mm	下深/m		
导管施工	914.40	50.00	720.00	50.00	地面	导管
一开	660.40	601.00	508.00	600.74	地面	表层套管
二开	444.50	4200.00	365.10	4198.98	地面	一级固井
三开	333.38	6200.00	284.58+282.58+273.10	6200.00	地面	套管回接，悬挂器位置为3999.1m
四开	241.30	7669.52	193.70	5995.87~7660.00	地面	尾管回接
五开	165.10	7874.01	—	—	—	裸眼完井

1. 井口防喷器及节流压井管汇

井口防喷器组合为：环形防喷器(FH35-70/105)+双闸板(2FZ35-105；上剪切、下5½in)+双闸板(FZ35-105，上4in、下全封)+升高短节(SG35-105)+钻井四通(FS35-105)+套管头(Φ284.58mm×Φ193.7mm-105MPa套管头)+套管头(Φ365.13mm×Φ284.58mm-69MPa套管头)+套管头(Φ508mm×Φ365.13mm-34.5MPa套管头)。井口最后一层套管外径为284.58mm，P110S，抗内压强度为82.4MPa。

主节流管汇为JG-105，副节流管汇为FJG-105。主、副节流管汇共安装有3条放喷管线，其中副节流管汇左边安装单流阀，钻井四通与主节流管汇之间的内控管和闸阀内铺有耐冲蚀材料，已将J1液动节流阀、J4手动节流阀、J13B液动节流阀阀后的短节更换为防刺短节。

2. 钻具组合

Φ165.1mmPC328取心钻头+取心筒+单流阀+4¾in钻铤×21根+旁通阀+310×ST39+4in钻杆+ST39×410+5in钻杆+411×IDS550+5½in钻杆。

3. 钻井液性能

所采用钻井液的基本性能为：密度为1.50g/cm^3；黏度为62s；塑性黏度为26mPa·s；动切为9Pa；静切为4Pa/9Pa；失水量为3mL；泥饼厚度为0.4mm；pH值为10.5；含砂量为0.1%；固体含量为17%；坂含为26g/L；Cl^-浓度为8800mg/L；Ca^{2+}浓度为300mg/L；HTHP为12mL(160℃)；Kf为0.0524。

4. 层位及地层特性

奥陶系鹰山组($O_{1-2}y$)，主要岩性为灰色泥晶灰岩、泥晶砂屑灰岩，裂缝发育。

(二)发生经过

2015年1月21日21：58取心钻进至井深7861.68m处(进尺为1.65m)，钻井参数发生异常，悬重由229.8t突然下降至181.5t，立压由11.6MPa上升至33.4MPa，井队立即停顶驱、停泵，发现出浆槽返浆量不断增大，迅速上提钻具至7843.9m；22：01关井成功，关井套压为22MPa，立压为0。关井套压缓慢上升到37MPa后保持不变。

(三)原因分析

(1)钻井液密度低，无法平衡地层压力。

(2)第一次溢流是密度为 1.5g/cm^3 的钻井液钻遇了密度为 1.89g/cm^3 以上的高压气层；第二次溢流是密度为 1.92g/cm^3 的钻井液钻遇了密度为 2.20g/cm^3 以上的高压气层。

(四)处理方式与成效

1. 平推法压井失败

22 日 16：00 开始实施平推压井：使用 2500 型压裂车，向环空平推密度为 2.2g/cm^3 的压井液 9.82m^3，套压由 38MPa 升至 58MPa；16：31 停泵，套压由 58MPa 降至 54MPa；16：43开泵，泵入 2.84m^3 压井液，套压由 54MPa 升至 60MPa；16：52 停泵，套压由 60MPa 降至 57MPa；17：33 开泵，泵入 0.64m^3 压井液，套压由 57MPa 升至 60MPa；17：35停泵，套压由 60MPa 降至 57MPa。累计泵入密度为 2.2g/cm^3 钻井液 13.3m^3。23 日 10：00 关井观察，套压一直稳定在 57MPa，地层不吃入，受套管最大抗内压强度限制，无法继续采用平推法压井。

2. 节流循环压井成功

1)第一步：节流循环排气

(1)节流降套压。23 日 13：25 通过 J1→J5→J10 至主放喷通道泄压，先将 4 号液动阀关闭，打开 J2A，释放内控管内的压力，然后将液动节流阀 J1 开至最大，关闭 J9 打开 J10，随后打开 4 号液动阀放喷泄压，立刻逐渐调小液动节流阀 J1 开度；13：28 套压由 57MPa 降至 40MPa 后基本保持稳定，随即关闭 4 号液动阀，井口套压成功降至 40MPa 并保持不变。

(2)正循环节流排气。23 日 13：51 启动 2500 型压裂车，初始排量为 0.9m^3/min，初始泵压为 0.6MPa，初始套压为 42MPa。先泵入密度为 1.65g/cm^3 的压井液 14.4m^3，随后泵入密度为 1.80g/cm^3 的压井液；14：56 J1 液动节流阀失效，井队人员立即倒换至 J13B 节流阀通道，继续实施节流循环排气，同时，井控车间工程师现场指导井队利用 35min 快速抢换 J1 液动节流阀。

16：19 点火成功，火焰高 13m，呈橘红色；16：31 出纯气柱，液气分离器出浆口不返浆(累计泵入密度为 1.65g/cm^3 和密度为 1.80g/cm^3 的泥浆共计 190m^3)；16：54 在不停泵的情况下倒换至 J1 液动节流阀；19：24 套压从 24MPa 降至 8MPa；19：28 液气分离器出浆口开始返浆；21：20 第一个循环周结束。

节流循环排气期间，累计泵入密度为 1.65g/cm^3 的钻井液 14.4m^3、密度为 1.80g/cm^3 的压井液 325m^3，排量从 0.9m^3/min 逐渐降至 0.6m^3/min，立压从 29.36MPa 降至 10.6MPa，套压从 42MPa 逐渐降至 5MPa，出口钻井液密度从 1.31g/cm^3 逐渐恢复至 1.54g/cm^3。

2)第二步：节流循环排气

1月23日21：20~24日10：00，压裂车泵入密度为1.89g/cm^3的压井液实施第二个循环周节流循环压井，排量为0.6m^3/min，立压为21.7MPa，套压为13MPa。第二个循环周累计泵入密度为1.89g/cm^3的钻井液389m^3，出口泥浆密度从1月24日2：30的1.75g/cm^3逐渐恢复至1.80g/cm^3，火焰高度逐渐降低至0.5m左右。

由于出口泥浆密度比进口泥浆密度低，现场决定继续节流循环排气，直至进、出口泥浆密度一致。

1月24日10：15停泵，套压为0；11：30观察(套压为0，出浆槽无返浆)；12：10开井，活动钻具正常；12：35开井循环(入口泥浆密度为1.89g/cm^3，出口泥浆密度为1.80g/cm^3，液面正常)；14：00起钻至井深7609m处(套管内)，继续节流循环排气(排量为12L/s，套压控制为3~4MPa)。

1月25日8：00继续节流排气控压循环，入口泥浆密度为1.89g/cm^3，出口泥浆密度为1.89g/cm^3，泥浆池液面正常，无溢流和漏失，停泵后出浆槽无返浆(25日4：00火焰熄灭)，压井成功。

3. 第二次溢流及压井处置发生经过

2015年2月1日下钻至井底循环测后效，静止42.21h，上窜速度为14.03m/h，上窜高度为592.42m，归位井段为7860.03~7861.68m；全烃值为3.599%~100%，C1值为2.181%~98.78%，无H_2S显示；待全烃值下降至2.67%时开始钻进。自1月21日第一次溢流发生以来，钻井液中累计加入碱式$ZnCO_3$7.45t、NaOH 7.45t。

2月2日1：10钻进至7872.5m处，泵压开始出现缓慢下降趋势，由18.8MPa逐渐下降至17.6MPa，井队人员随即加强观察泥浆池液面变化情况，并检查2号泵及其上水情况，发现上水罐泥浆有气泡，判断为泥浆泵上水不好导致的泵压下降；1：39井架工发现2号泵耐磨盘刺漏，立即通知钻台于1：40换至1号泵，其间监测泥浆池液面均无变化，钻时正常。

2日1：43钻进至7874.01m处(进尺为8.10m，钻时平均为22~23min/m)，司钻发现钻井参数异常，悬重由2196.30kN下降至2024.20kN，立压由17.9MPa上升至26.9MPa，结合第一次溢流控制经验，井队人员立即停顶驱、停泵，并迅速上提钻具准备关井，此时出浆槽返浆量不断增大；1：46上提钻具至钻头位置(7862.98m处)后关井成功，关井立压为24.5MPa、套压为40MPa。

1)压井前准备

(1)发生溢流并关井后，按井控1级险情处理，启动局级应急预案。业主单位、施工单位分管领导分别于当日赶到现场。

(2)设备动员：组织2台2500型压裂车、1台罐车、1台供浆车，管具井控维修中心携带8个节流阀阀芯、1套副节流管汇、1根70MPa水龙带到达现场。

(3)人员动员：钻井公司领导、各部门及管具公司负责人于2月2日到达现场，急调2名具有处置井控应急事件经验的井队长、2名钻井工程师、2名泥浆工程师，另将在邻井施工的停工后钻井队人员全部调到该井现场参加应急抢险。成立后勤援助小组，随时待命。

(4)生产物资储备：配制了密度为2.3g/cm^{3}的重浆600m^3，储备重晶石粉750t、除硫剂7t。

(5)转入节流放喷时，启动油田分公司应急预案，应急指挥中心人员到达现场开展工作。钻井队、录井队配合清理、转移现场外围营房、库房及其他设施。集团公司及相关部门领导、工程公司各级领导陆续抵达现场指导抢险工作。

(6)完善该井抢险应急预案和剪切关井程序。委托管具公司开展同型号钻具、同型号封井器的室内剪切实验，并出具相应报告。实验工程师于2月4日21：00到达现场。

(7)钻井队人员在副节流管汇抢接了一套放喷管线，连接了主、副节流管汇与液气分离器的通道。

2)应急处置

现场成立以油田分公司分管副总经理为组长，以工程公司副总经理、油田分公司首席专家为副组长的压井施工领导小组，下设技术方案组、现场施工组(包括泵注供液组、井口操作组、压井施工组、应急保障组)，审定压井方案并组织实施。压井压力控制要求：综合考虑循环系统压力及井口套管抗压强度，节流循环套压应控制在不大于50MPa，异常情况最高压力应不大于60MPa。

2日3：00立压呈缓慢增长趋势，判断认为钻具底部的浮阀密封失效，关闭顶驱液动旋塞，泄回水；4：45打开顶驱液动旋塞，发现立压上升至38MPa，立即关闭顶驱液动旋塞，对立管及地面管线做防冻处理。

3)压井施工经过

(1)第一步：节流泄套压。

3日20：15主节流管汇开井泄压，套压由42MPa下降至39MPa，15min后液气分离器出浆，密度为1.91g/cm^3；20：58因液动旋塞无法打开，为防止气体侵入井筒量过大而关井，套压为44MPa。节流泄压期间累计回浆34m^3，出口泥浆密度为1.91g/cm^3。

21：30关手动旋塞，开液动旋塞成功(备压由40MPa下降至28MPa)。关井至21：35，套压由44MPa上升至58MPa，小排量通过J1、J5、J9液气分离器节流泄压，套压在57～58MPa区间波动。

(2)第二步：正循环压井。

2月3日21：40开顶驱手动旋塞阀(打背压39MPa)，立压为39MPa，套压为59MPa，启动压裂车。小排量开泵，走J1、J5、J9液气分离器节流循环压井，排量为0.1m^3/min，立压为39.7MPa，套压为59MPa。其间回浆6m^3，累计回浆40m^3。

(3)第三步：高套压节流放喷。

22：00 套压上升至 60MPa，开 2 个节流阀(J1 与 J13B)，走 J1－J5－J10、J3A－J13A－J13B－J13C－J10 共 2 条放喷通道，同时走主放喷管线节流放喷；22：05 套压由 60MPa 降至 56MPa。

22：15 放喷口点火成功，火势凶猛，声音巨大，地面震感强烈；23：40 泵入密度为 2.3g/cm^3 重浆 53m^3，排量为 0.3～0.9m^3/min，立压从 39.7MPa 逐渐降至 0.6MPa，套压降至 48MPa，调节 J13B 节流阀后套压升至 49MPa；23：45 全关 J13B 节流阀，J1 节流阀半开，套压为 50MPa，立压为 1.9MPa。

3 日 23：56 泵车超压，停泵，立压为 44MPa，套压为 51MPa，累计泵入密度为 2.3g/cm^3 的重浆 67.61m^3。压裂车放回水期间立压下降缓慢，压井作业期间悬重在 130～208t 区间变化(钻具钻进期间悬重为 222t，钻具关井时悬重为 170t，泵车停泵时悬重为 121t)，分析认为钻具存在异常，可能发生了短路。

4 日 1：15 继续节流放喷，套压由 51MPa 逐步下降至 32MPa，立压为 33MPa；5：40 套压逐步下降至 16MPa，其间配置密度为 1.2g/cm^3 的盐水 3.5m^3，替入井口，对压裂车地面管线、钻井立管、水龙带和井口钻具进行防冻处理。

4 日 5：50，钻具悬重从 136t 逐步恢复到 208t，主节流一侧保持原 2 个通道放喷点火；5：50 打开副节流管汇放喷点火成功，套压为 8MPa；8：30 套压逐步下降至 4.8MPa，立压为 4.8MPa；9：40 钻具悬重突然从 210t 降至 24t(顶驱重 28t)，判断认为钻具断脱，安装钻杆卡死。为了降低钻井四通及两翼法兰、闸板、内控管线因长期放喷而出现刺漏的风险，应急领导小组决定安装采气井口。

5 日 8：00 继续点火放喷(其间自副节流管汇 Y8# 闸门后抢接一条放喷管线)，主节流管汇套压为 1.7MPa，副节流管汇套压为 2MPa；17：10 打开副节流管汇的第二条放喷管线，主、副节流管汇的 3 条管线同时放喷点火。

(4)第四步：剪切钻具，试关全封失败。

5 日 19：00 调低环形防喷器工作压力，下放钻具 5.35m，打开远程控制台旁通阀，关剪切闸板剪切钻具；24：00 手动试关全封，全封闸板无法正常关闭。

6 日 10：00 打开主节流管汇第二条放喷管线，钻井四通两侧的 4 条管线同时放喷点火，主节流管汇套压为 0.8MPa，副节流管汇套压为 0.9MPa。

(5)第五步：验证剪切效果和剪切闸板的密封性。

6 日 12：05 打开液动旋塞，放回水，经检测认为无气体，证实剪切闸板密切良好。将环形压力降至 7.5MPa，上提钻具 25cm，悬重不变，确认钻具已被剪断。

(6)第六步：安装采气四通及采气树。

7 日 10：00 钻井四通两侧的 4 条管线同时放喷点火，主、副节流管汇套压同为 0.55MPa；10：55 钻井队人员打开环形防喷器，起出上部钻杆；11：25 拆甩防溢管、环形防喷器；12：15 坐采气四通，测试公司连接地面测试管汇。

8 日 5：30 对采气四通试压(103.7MPa)合格；8：30 剪切闸板手动解锁，关 4in 半封闸板；8：35 开剪切闸板、采气四通两翼放喷点火，主节流管汇套压由 0.4MPa 降至 0.2MPa。

9 日继续通过采气四通两翼放喷通道放喷点火，其间，3：30 坐采气树，连接采气树到地面管汇之间的法兰管线，固定地面放喷管线，关闭钻井四通两翼通道。

10 日 0：30 对采气树进行试压，试压合格后，于 1：40 开启采气树两翼放喷通道进行放喷(同时关闭采气四通两翼通道)，转入放喷泄压和测试阶段。10 日压井处置第一阶段结束，由油田分公司完井测试管理工作中心统一管理。

(五)经验教训

(1)要重视钻井液密度的及时调整。超深井、外围探井地层压力预测难度大、误差大，钻进过程中适时依据后效及油气上窜情况调整钻井液密度，以平衡地层压力，对做好一级井控工作十分重要。

(2)注意提高井控装备及钻具的可靠性。提高井控装备配套等级，采用防 H_2S 的钻具和套管，配套耐冲蚀能力强的钻井四通、节流阀、内控管等井控装备，在外围探井发生溢流后做好二级井控工作，确保快速有效控制井口、安全压井。

(3)关注特殊的溢流显示。及早发现溢流，除了出口流量增大、液面上涨等 10 种直接显示以外，刹把操作人员应高度重视憋跳钻、钻进或钻时突然加快或放空、悬重突然减少及泵压突然升高这 4 种间接显示，对于溢流要做到早发现、早关井、早处置，为关井后的压井作业创造有利条件，减小压井的难度。

(4)优化井控装备组合形式，提高装备应急能力。对于外围重点探井，尤其是含硫高压气井，建议在设计时考虑采用双四通(四通之间加装一个单闸板防喷器)、双节流、双压井管汇，配备两套液气分离器，一旦节流循环压井时上四通、主节流管汇闸门组、连接短节等发生刺漏且抢修困难，可快速倒换到副节流管汇继续实施节流循环压井。

(5)提高节流阀的耐冲蚀能力和液气分离器的抗压能力，在节流循环压井过程中至关重要。建议组织有关专家及生产厂商，研发适用于高压气井的节流装置，同时提高液气分离器抗压等级(含进液管)。

(6)由于顺北地区外围探井产层普遍含 H_2S，井口钻具建议不要使用 S135 钢级高强度钻杆，可考虑 G105 级钻杆或合金钻杆。

(7)针对外围重点探井，尤其是含硫高压气井，钻具内防喷工具(单流阀)宜采用质量更可靠的进口产品，出厂检测试压时需做气密试验，确保钻井循环系统安全，确保后续压井处置灵活方便。

(8)使用顶驱的钻机设备在外围区块目的层钻进的过程中，宜采用打单根的方式施工，即在井口用一根钻杆替代方钻杆。该钻杆下部接一旋塞阀，在发生溢流时，若井底单流阀因受冲蚀而失效，则关井后可关闭井口下旋塞，为后续压井创造有利条件。

七、SHN5 井蓬莱坝组溢流

(一)基本情况

该井是部署在塔里木盆地顺托果勒西倾斜坡区构造的一口探井，设计井深为 7575m，完钻井深为 7209.8m。井身结构及套管程序见表 3－7。

表 3－7 SHN5 井井身结构及套管程序

开钻次序	钻头		套管		水泥返高/m	备注
	外径/mm	井深/m	外径/mm	下深/m		
导管施工	914.4	23.00	720.0	23.00	地面	导管
一开	660.4	300.00	508.0	300.00	地面	表层
二开	444.5	3700.00	365.1	3698.02	地面	一级固井
三开	311.2	6300.00	244.5	3299.53	地面	悬挂回接
四开	215.9	6940.00	177.8	6939.00	地面	尾管悬挂
五开	149.2	7209.80	—	—	—	裸眼完井

1. 井口防喷器及节流管汇

环形防喷器(FH28－70/105)＋双闸板(2FZ28－105；上 5in 下 5in－5½in 变径)＋双闸板(FZ28－105，上 3½in 下全封)＋钻井四通(FS28－105)＋套管头(Φ250.8mm×Φ177.8mm－105MPa)＋套管头(Φ339.7mm×Φ250.8mm－69MPa)。主节流管汇为 JG－105，副节流管汇为 FJG－105。

2. 井内钻具组合

Φ215.9mmPDC 钻头＋双母接头＋坐键接头＋Φ155mm 无磁钻铤＋Φ215mm 扶正器＋Φ165mm 钻铤×9 根＋Φ127mm 加重钻杆×5 根＋Φ127mm 钻杆＋Φ139.7mm 钻杆。

3. 层位及地层特性

奥陶系蓬莱坝组，裂缝发育。

(二)发生经过

1. 施工情况

2013 年 5 月 31 日四开，采用密度为 1.18g/cm^3 的钻井液钻至一间房组 6436m 处时气测升高(全烃值由 1.586% 上升至 99.99%，C1 由 1.2% 上升至 98.6%)，关井套压为 0.6～1.5MPa，节流循环上调钻井液密度(由 1.18g/cm^3 上升至 1.56g/cm^3)，恢复钻进，全烃值为 25%～48%，停泵接单根有线流，至中完 6940m 处提密度至 1.59g/cm^3，下套管前 3 次节流循环，均点火成功。

7 月 5 日下 7in 尾管完成，采用防气窜水泥浆固井。下钻探得上塞 5677m，扫至 6934m 处，循环(全烃值为 5%～14%)，起钻测声幅(重叠段 6096.85～6299m 的声幅为 40%～

50%；6299～6885m 的声幅为 55%～80%；6885～6920m 的声幅为 45%～50%）。15 日下入 RTTS 封隔器打压 25MPa 后无压降，悬挂器位置不吃入。

19 日五开。采用密度为 1.56g/cm³ 的钻井液开始钻进，钻进 5m 后于 21 日下入 RTTS 打入 3400m 清水，造负压，水眼有线流，管鞋串气。31 日取心钻进至 7184m 处，循环测后效，全烃值为 12%～99.9%，提密度至 1.78g/cm³，基本恢复正常（全烃值为 10%～25%）。8 月 5 日 1：35 采用密度为 1.78g/cm³ 的钻井液钻进至奥陶系蓬莱坝组 7209.8m 处时发生溢流，关井后，套压由 0 上升至 28.3MPa，立压为 11.5MPa，折算地层压力当量密度为 1.94g/cm³。

首先使用密度为 1.95g/cm³ 的钻井液节流循环压井，井下漏失，压井后套压由 5MPa 上升至 17.2MPa，节流循环期间点火，火焰最高为 15m。

然后分别使用密度为 2.05g/cm³ 和密度为 1.95g/cm³ 的钻井液平推压井。压井后钻具遇卡，强拉强扭无效，注酸、泡解卡剂尝试解卡无效后，倒扣起钻，鱼头位于 6062.1m 处，落鱼长 1134.95m，采用高强公锥打捞，公锥母扣端与（410×311）变扣接头公扣端脱扣，落鱼长 1135.88m，鱼顶位于 6061.17m 处。

22 日下入 9⅝inK－1 挤注式封隔器，验封正常后，降钻井液密度至 1.30g/cm³。23 日进行 9⅝in 套管锻铣作业；至 27 日锻铣至 5978.80m 处，段长为 24m，停泵观察发现无异常。

2. 事件经过

2013 年 8 月 27 日锻铣结束后下光钻杆打水泥塞，19：39 下钻至 5996.42m 处，下放遇阻，上提钻具至井深 5986.34m 处，接方钻杆，开泵不畅，间断开泵，泵压为 12～14MPa；11min 后泵压突然上涨至 17.1MPa，停泵，泵压下降至 9.6MPa 并保持稳定，下放遇阻，放回水，卸掉 2 根 Φ139.7mm 钻杆后，上提遇卡，下放遇阻，开泵不通，转盘无法启动；22：19 活动钻具期间溢流 0.3m³，关井期间套压由 0 先上升至 38.2MPa，后上升至 40.4MPa（关井 5min 后套压上升至 40.4MPa）

（三）原因分析

下钻至上窗口，没有开泵循环下探，因锻铣后铁屑堆积在下窗口套管内，下钻至 5996.42m 处（进入下窗口 17.62m）。综合录井曲线及指重表记录卡片显示，遇阻达 12t，开泵造成钻具水眼不通，增加了后期压井的施工难度。

（1）封隔器失封卡瓦可能失效，顶着钻具上行，造成钻具内外水眼不通。

（2）下钻至上窗口后没有及时开泵，直至进入下窗口 17.62m 时，遇阻 12t；下窗口以下套管内铁屑等脏物堆积，附着在钻具的内壁及环空处，造成阻塞。

（四）处理方式与效果

1. 钻具水眼和环空试挤未成功

28 日组织泵车正挤 1.36m³，立压由 5.6MPa 上升至 52MPa，套压由 38MPa 上升至

40.5MPa。节流放压观察，套压由40.5MPa下降至35.2MPa，立压由52MPa下降至50.2MPa，套压由35.2MPa很快升至39.3MPa。判断认为钻具水眼与环空不通。29日反挤1.3m^3，套压由38.2MPa先上升至45.5MPa，后上升至49MPa，节流放压，套压由49MPa下降至39.7MPa，打开下旋塞，立压为0，套压基本不变，环空试挤不成功。遂试图使用置换法压井，但因锻铣钻井液黏切较高，沉降效果差，故无法实施。

2. 下连续油管

经研究决定，下连续油管试图建立钻具内外循环通道，替重浆压稳水眼；如果水眼不通，可进行射孔作业，建立钻具与环空的通道。连续油管最大下深为7100m。地面设备为额定压力级别，连续油管防喷器组为额定压力级别，静压为105MPa，动压为65MPa；泵车额定工作压力为70MPa；井口三通额定压力为65MPa；测试管汇额定压力为105MPa；节流压井管汇额定压力为105MPa。

8月31日连接设备，并对连续油管全封、半封、动密封及连续油管本体、地面流程试压60MPa；7：40开始下连续油管，使用右翼控制回压28～30MPa；10：00连续油管下深1000m，套压为43.6MPa，测试发现管汇右翼刺漏，切换流程中使用左翼控压；11：01下至2000m处，液气分离器见气点火，火焰呈橘黄色，焰高8～10m。

12：30下至3000m处，边下边循环，回压为28～30MPa，累计泵入22m^3(密度为2.1g/cm^3)，返出20m^3(密度为1.5g/cm^3)；15：00节流循环，控制回压为28～30MPa，泵压为31～50MPa，排量为0.16m^3/min，泵入28m^3(密度为2.10g/cm^3)，返出21m^3(密度为1.52～2.08g/cm^3)，焰高8～10m；15：10时J5阀门连接管体刺漏，倒流程(即三通→测试管汇右翼→J4→J7→J10)；17：00测试发现管汇左翼刺漏，切换流程用井队节流管汇控压(即三通→测试管汇直通→J4→J7→J10)；20：00下至5800m处，边下边循环，控制回压为28～30MPa，排量为0.1～0.16m^3/min，套压为44MPa，泵入44m^3(密度为2.1g/cm^3)，返出38.3m^3(密度为1.87～2.0g/cm^3)，累计泵入94m^3(密度为2.1g/cm^3)；20：30时J7连接法兰刺漏，倒流程(即三通→测试管汇直通→J15→J14→J3A→J2B→J11→J12→J13)；20：45节流循环，控制回压为28～30MPa，泵压为17～40MPa，排量为0.15～0.3m^3/min，泵入13m^3(密度为2.1g/cm^3)，返出11m^3(密度为1.52～2.08g/cm^3)，累计泵入107m^3(密度为2.1g/cm^3)。

21：30关井接入第二套测试管汇，开井前管线压力为56MPa，套压为43.5MPa，停泵泵压为8.8MPa，开井测试发现管汇旋塞阀刺漏，更换旋塞阀后再次刺漏，拆除测试管汇，直连三通，用井队节流管汇控压(即三通→J15→J14→J3A→J2B→J11→J12→J13)；24：00节流循环，泵入24.5m^3(密度为2.1g/cm^3)，排量为0.15～0.25m^3/min，控制回压为28～30MPa，泵压为38.4MPa，套压为44MPa，返出密度为1.78～1.86g/cm^3的钻井液28m^3，累计泵入131.5m^3(密度为2.1g/cm^3)，累计少返13.2m^3，焰高为8～10m。

9月1日2：30节流循环，控制回压为28～30MPa，泵压为38.4～42.5MPa，套压为44～46.5MPa，排量为0.14～0.15m^3/min，泵入41.5m^3(密度为2.1g/cm^3)，返出密度为

1.78～2.08g/cm³ 的泥浆 35.6m³，累计泵入密度为 2.10g/cm³ 的钻井液 168.5m³，累计返出密度为 1.52～2.08g/cm³ 的泥浆 153.9m³；4：25 分离器进浆口法兰刺漏；4：30 节流循环，分离器出口火焰突然升高至 20～25m，返出气液混合物，遂关闭分离器，节流放喷(即三通→J15→J14→J3A→J2B→J11→J12→J13→J9)。控制回压为 45～55MPa，泵压为 50～55MPa，泵入密度为 2.10g/cm³ 的钻井液 0.8m³，排量为 0.07m³/min。

4：50 套压上升至 55MPa，超过设定限压值 52MPa；5：00 开大节流阀，试图降低小环空套压，未见效，套压很快上升至 60MPa(9⅝in 套管抗内压强度为 63.2MPa)；5：02 节流循环，尝试用压裂车反推压井但未能实施，遂立即从压井管汇放喷，套压很快降至 0，返出泥浆，分析认为是气体滑脱引起的圈闭压力所致。

3. 放喷泄压

9 月 1 日 5：07 关压井管汇，套压为 15MPa；5：37 现场安装剪切闸板未完成，节流管汇压力为 55MPa，J16 阀门刺漏，井口、节流管汇可燃气体浓度超标；6：00 节流管汇压力为 55MPa，打开压井管汇放喷泄压，点火，焰高 15～20m。

10：55 主放喷管线对小环空节流放喷，副放喷管线对大环空放喷，套压为 20MPa，连接 J15 阀门的管线弯管被刺，105MPa 节流管汇 J6B(关位)刺漏(其后连接法兰)，副放喷管线的一处法兰连接刺漏，13⅜in 套管有裂纹并有气体逸出。现场人员迅速向分公司应急办公室报告，启动分公司一级井控应急预案。

(五)经验教训

1. 对异常高压预测认识不足

奥陶系蓬莱坝组勘探程度低，地层压力预测难度大，$O_3l \sim O_{1-2}y$ 及 O_1p 预测地层压力当量密度为 1.10～1.15g/cm³，实钻时，$O_3l \sim O_{1-2}y$ 地层钻井液密度由 1.18g/cm³ 逐步上提至 1.56g/cm³，才平衡地层压力，维持正常钻进；钻进至 O_1p 7176～7184m 时，发生溢流，钻井液密度提至 1.78g/cm³，才平衡地层压力。钻进至 7209.8m 处时，再次发生溢流，用密度为 2.05g/cm³ 的泥浆才将井压稳，压井结束后上提钻具被卡(卡钻原因为岩屑堆积或井壁垮塌)。此次卡钻是该井后期持续复杂情况的开始，也是第二次溢流的导火线，使该井一直处于井控风险状态。

2. Φ177.8mm 套管未及时回接

对地层认识不足，钻至 7176～7184m 井段时，钻井液密度已提至 1.78g/cm³，认为已钻开蓬莱坝组主力气层，即将完钻，同时考虑使用 Φ88.9mm 钻杆，准备完钻后再回接 Φ177.8mm 套管，导致后期压井期间井口承压能力不足。

3. 侧钻方案没有充分论证

考虑到 Φ177.8mm 尾管固井质量差，上下串气，不能满足分层测试的需要，若继续处理卡钻事故，则难度较大，且处理周期不定，遂决定回填侧钻。

侧钻方案未考虑以下风险：Φ244.5mm 套管锻铣后可能发生高压气体上窜；侧钻前中

部封隔，一旦封隔失效，将给后续处理造成很大困难。

4. 封隔器失封是造成此次溢流事件的直接原因

(1)封隔器耐压差56MPa、耐温204℃，第一次压井时关井立压求得地层压力为139.82MPa，封隔器坐封后下部钻井液密度按2.05g/cm³计，封隔器上部为密度为1.30g/cm³的泥浆，液柱压力为78.7MPa，封隔器上、下压差为37.65MPa。理论上，封隔器的性能是能够满足该井要求的。根据测井资料可知，6300m处地层温度为143℃。封隔器下入后，封隔器下部气体与泥浆置换，若封隔器下部全部为气柱，则封隔器实际上、下压差为58.45MPa，此时已超过封隔器的额定压力，加之高温对封隔器的影响，最终导致封隔器失封。

(2)盲目追求进度，只考虑封隔器的性能参数，没有充分认识到封隔器只能起到辅助密封的作用；在下入封隔器后，没有利用该挤注式封隔器及时对下部产层进行挤水泥作业，也没有在封隔器之上进行打塞作业。

(3)回填侧钻井需做好以下工作：

①在下入封隔器后，及时对封隔器下部产层进行挤水泥作业，同时在封隔器之上进行打塞作业。

②降密度锻铣套管前，应循环观察，测气体上窜速度，在确定井控安全的前提下方可进行下一步作业。

③在锻铣作业时，一是应调整好泥浆性能，保证携岩效果；二是每趟钻提钻前都应打重浆且控制起钻速度，防止起钻抽吸。

④下光钻杆打塞前，应进行通井，必要时进行刮管作业，将井内泥浆替换为重浆，将井压稳，通过循环验证确保安全后方可进行打塞作业。

5. 对采用连续油管解堵的风险认识不足

下连续油管通水眼建立钻具内、外循环通道，且替重浆压稳水眼的方案是可行的。连续油管的流程试压为60MPa，能够满足控压要求，但不满足高压节流要求。在井口压力持续上升并接近连续油管泵车的额定工作压力时，继续用连续油管实施节流循环作业比较困难，作业的井控风险增大。

6. 放喷时机选择不合适

在钻具水眼内节流循环过程中，随着泵压和套压的升高，错过了环空压力升至套管抗内压强度的80%(50MPa)放喷的最佳时机。现场也考虑过放喷泄压方案，但钻具水眼内返出的钻井液密度为1.78~2.08g/cm³，认为基本能将钻具内压稳定，故进行了节流循环降套压。若及时放喷，则可以避免节流管汇发生刺漏。

7. 井口高压时，井控装备抗损能力不足

该井所用管汇为2007年生产的JG-S2/Y2-78-105/70型节流管汇，在该工区是第三次上井使用。该管汇在现场节流、放喷过程中曾多次发生刺漏。

(1)J5#、J7#、J13#平板阀通道均位于节流阀下游短节、平板阀部位，流体经过楔形节流阀改变流体方向、流态变化而形成涡流，气体、液体带着加重材料(油保加重剂、含铁矿粉)、岩屑、铁屑刺出深槽，刺坏了本体及其他部位。

(2)J16 平板阀刺漏原因：可能是钢圈槽密封不严，管汇多次使用后因振动而导致松动。

(3)J6B 平板阀刺漏原因：①可能由于平板阀与下游方墩连接的密封垫环槽处形成了涡流，刺漏后连续冲刷，导致法兰颈部、方墩损坏严重；②应急放喷时，未完全开启到位。

(4)压井管汇端放喷管线刺漏原因：过桥固定不牢固，车辆多次通过后使其发生移动，撞击到放喷管线，导致法兰丝扣连接处损伤，放喷时发生刺漏。

8. 表层套管破裂因素

(1)表层、Φ244.5mm 技术套管固井质量差，气体容易窜槽。

(2)Φ244.5mm 技术套管为非气密扣，气体通过丝扣部位渗漏，并通过环空带压膨胀窜至井口套管头处，因压力超出 Φ339.7mm 表层套管抗内压强度而发生破裂。

(3)井口套压过高，未及时放喷。

9. 管理因素

(1)该井的安全风险没有引起各部门领导的高度重视：从 8 月 5 日钻开高压层第一次发生溢流到 9 月 1 日发生井控险情期间，先后进行了压井、处理卡钻(泡卡、倒扣)、下挤注封隔器、锻铣套管等作业，每次都只针对某一作业制定方案，没有就该井的风险进行严格评估，没有组织相关专家对全井的后期施工充分论证，没有制定系统的处理方案和应急预案。

(2)逐级审批制度执行不到位：该井进行补充设计时没有严格执行逐级审批制度。

(3)设计执行不规范：在侧钻中存在抢时间、抢进度的做法，没有等设计方案完成就先行施工，违反了井控实施细则(“钻井生产应先设计后施工，坚持无设计不能施工的原则。当需要更改设计时，应按设计审批程序经批准后实施”)的相关规定。侧钻前井眼内安全工作准备不足，留下了溢流隐患。

第二节 塔河及外围地区溢流故障

塔河南地区储层气油比为 195～2515，H_2S 含量为 158～4452mg/m^3，温度为 147～154℃，压力为 1.10～1.16MPa；2018 年、2019 年日产百吨井数(稳产 >3 个月)分别占比为 71%、40%。奥陶系地层普遍含 H_2S，通过加强井口 H_2S 监测、调整 pH 值、加大除硫剂量、优化工艺措施，可以减少 H_2S 聚集，保障钻井施工安全。塔河地区碎屑岩储层主要包含三叠系、石炭系、白垩系等地层。其中，油藏共 96 个井区、气藏共 16 个井区，储层压力系数为 1.03～1.26，温度为 80～120℃。塔河碎屑岩储层属于中－高孔、中低渗－中高渗储层，非均质性较强。塔里木油田塔河南区块与顺北油气田相比，二者储层钻井所采用的钻井液体系一致。

一、AD10CH2 井鹰山组溢流

(一)基本情况

该井是部署在塔河区块阿克库勒凸起西北斜坡部位的一口侧钻水平开发井，设计井深为 6948.66m，完钻井深为 7002.76m。井身结构及套管程序见表 3-8。

表 3-8 AD10CH2 井井身结构及套管程序

开钻次序	钻头		套管		水泥返高/m	备注
	外径/mm	井深/m	外径/mm	下深/m		
一开	149.2/165.1	6263~6492	139.7	6135~6492	5913	一级固井
二开	120.65	7002.76	—	裸眼	—	—

1. 井口防喷器及节流管汇

环形防喷器(FH35-35/70，FH110830-ZY/SK)+双闸板(2FZ35-70，2FZ1112030-ZY/SK；上剪切、下 5½in-5in 变径)+双闸板(2FZ35-70，2FZ0711005-ZY/RS，上 3½in、下全封)+钻井四通(FS35-70，编号 FS1512017-ZY/CQZZ)+转换法兰(FL28/35-70，FL0905009-ZY/SY)+升高短节+套管头(TF13⅜in×9⅝in-35MPa)。井口套管抗内压强度为 65.6MPa，节流管汇为 JG-70，压井管汇为 YG-70。

2. 钻具组合

Φ120.6mmPDC+210×230+单流阀+211×ZY310+Φ79.4mmDP×50 根+旁通阀+Φ79.4mmDP×59 根+ZY311×310+Φ88.9mmHWDP×45 根+Φ88.9mmDP×246 根+311×410+Φ127mmDP。

3. 地层及岩性描述

鹰山组，黄灰色泥晶灰岩。

(二)发生经过

2019 年 1 月 2 日 10：30 采用密度为 1.18g/cm^3 的泥浆钻进至完钻井深 7002.76m 处。3 日 10：19 下钻至井深 5096m 处时开泵顶通水眼，通过高架槽发现停泵后出口仍在外溢，通过仪器监测出口流量显示为 2.8%(出口流量基值为 1.2%)，立即关井，套压为 0.7MPa；12：00 关井观察套压升至 2MPa 并保持稳定，求得关井立压为 1.5MPa。

(三)原因分析

(1)目的层奥陶系鹰山组地层裂缝、溶洞发育，易发生溢流、井漏风险。

(2)实钻钻井液密度为 1.18g/cm^3，不能平衡地层压力，钻进期间受环空压耗影响，井底压力增大、液面稳定，完钻后起下钻作业过程中，井底压力降低且低于地层压力，导致了溢流现象。

(四)处理方式与效果

1. 压井准备

3 日 16：00 关井观察，立压为 0，套压保持 2MPa 不变，配浆、制定压井方案(计划采用 1.22g/cm^3 的压井液通过“边循环边加重法”节流循环压井)。该井设计及老井测试为稠油井，预测 H_2S 含量较高(达 20000～60000mg/m^3)。为避免稠油凝管和 H_2S 风险，节流循环期间应做好监测，若出现稠油和 H_2S 则立即停止节流循环，使用密度为 1.75g/cm^3 的重浆 50m^3 平推压井，组织现场人员学习压井方案并进行全员交底。

配置钻井液及材料储备情况：密度为 1.75g/cm^3 的重浆 50m^3，密度为 1.35g/cm^3 的重浆 45m^3，密度为 1.18g/cm^3 的泥浆 150m^3，重晶石粉 95t，除硫剂 2t。

2. 压井施工

3 日 16：00 缓慢开泵，同时操作节流管汇手动节流阀控制套压；16：30 循环排量为 7L/s，立压为 8.5MPa，控制套压为 2MPa；19：00 逐步提高排量至 13L/s，循环立压由 8.5MPa 上升至 17MPa，控制套压为 1MPa，出口返出泥浆密度为 1.18g/cm^3；22：00 压井排量为 13L/s，循环立压由 17MPa 下降至 15MPa，控制套压由 2MPa 下降至 0，出口泥浆密度由 1.18g/cm^3 先下降至 1.05g/cm^3，后上升至 1.22g/cm^3；停泵后立压、套压为 0；23：00，压井成功。

(五)经验教训

(1)在稠油高含硫区准确判断溢流为后效气侵后，可选择节流循环压井，同时做好相关预案。

(2)通过监控视频和录井曲线可知，起下钻过程中，高架槽坐岗工可以根据高架槽返浆情况发现溢流，因此，设置现场高架槽坐岗是十分有效的。

(3)该井通过求立压测算地层当量密度，考虑到井下漏失情况，以及下一步的施工内容，采用较低密度(1.22g/cm^3)的压井液压井；压井后下钻至套管鞋处(6492m)循环处理泥浆，通井钻具进入裸眼段之前，应保证井筒内泥浆密度均匀，降低裸眼段起下钻时的井控风险。

二、TH12365XCX 井一间房组溢流、卡钻

(一)基本情况

该井是部署在塔河区块阿克库勒凸起南斜坡部位的一口二开制侧钻开发井，设计井深为 6501.40m，完钻井深为 6017m。井身结构及套管程序见表 3－9。

表 3-9 TH12365XCX 井井身结构及套管程序

开钻次序	钻头		套管		水泥返高/m	备注
	外径/mm	井深/m	外径/mm	下深/m		
上层套管	244.5	4495.34	177.8	6025.10	—	悬挂器为 4366.35~4369.75m，开窗点 5845m
一开	149.2/ 165.1/ 120.65	6017	—	—	—	—

1. 井口防喷器及节流管汇组合

环形防喷器(FH35-35/70)+单闸板(FZ35-70；5in 半封)+双闸板(2FZ35-70；上 3½in、下剪切全封一体化)+法兰 FL28/35-70(BX158×BX159)+钻采一体化四通+套管头(Φ339.7mm×Φ244.5mm-35MPa)。井口套管抗内压强度为 63MPa。节流管汇 JG-70，压井管汇 YG-70。

2. 钻具组合

Φ149.2×165.1×Φ120.65mm 随钻偏心扩孔 PDC+Φ120mm 单弯螺杆(1.75°)+浮阀+无磁钻铤+MWD 短节+Φ88.9mmDP×25 根+Φ88.9mmHWDP×36 根+Φ88.9mmDP+311×410 变丝+Φ127mmDP。

3. 钻井液性能

所采用钻井液的基本性能为：密度为 1.28g/cm^3；黏度为 52s；塑性黏度为 25mPa·s；动切为 7Pa；静切为 3Pa/7Pa；API 失水量为 4.8mL；泥饼厚度为 0.5mm；HTHP 为 11.8mL(130℃)；pH 值为 9.5；含砂量为 0.1%；固体含量为 9%；坂含为 30g/L；Cl^- 浓度为 7800mg/L；Ca^{2+} 浓度为 260mg/L。

4. 层位及地层特性

奥陶系一间房组，主要岩性为浅灰色细晶灰质，溶蚀孔洞、裂缝发育。

5. 井底数据

测深为 6017m，垂深为 5970.23m，井斜为 33.5°，方位角为 331.03°，位移为 233.3m，狗腿度为 4.25°/30m。

(二)发生经过

2019 年 1 月 31 日 24：00 钻进至一开中完井深 6017m 处(进入一间房组 4m)。2 月 1 日 0：55 在循环捞砂期间，发现气测异常，全烃值由 0.415%上升至 7.548%；2：56 全烃值上涨至最高达 94.768%，C1 为 39.4883%，有后效及稠油返出；8：00 循环泥浆出口气测值不稳定，全烃值由 94.76%先下降至 11.14%，后上升至 90.543%，再下降至 68.744%，出浆槽含有大量气泡，循环罐液面浮有大量泡沫，其间混入密度为 1.52g/cm^3 的钻井液将入口钻井液密度上调至 1.30g/cm^3，出口钻井液密度为 1.16~1.25g/cm^3，停泵后井筒稳定，起钻至 5849.81m 处(套管鞋井深为 5845m)。

(三)原因分析

(1)目的层奥陶系一间房组地层裂缝发育，易发生溢流、井漏。

(2)此开次设计钻井液密度为1.28～1.30g/cm^3，钻进期间使用密度为1.28g/cm^{3}的钻井液正常施工，揭开一间房组后出现了稠油置换现象。

(四)处理方式与效果

1. 节流循环排污

2月2日8：00使用密度为1.35g/cm^{3}的泥浆过液气分离器节流循环排油气，至4日共节流循环排污3次。4日19：28泵入低黏切高固相钻井液14.8m^3，替至裸眼井段后关井憋压3～4MPa，待低黏切高固相钻井液沉降。6日10：20关井憋压候沉，套压为4.3MPa；14：40间歇泄压完成，累计泄出8.14m^3，开井出口不断流，流量逐渐变小。

继续下钻至井深5868m处后开泵循环验证，至19：20出口返出大量颗粒状稠油，点火筒处未着火，返出稠油量不减少，返出稠油约5m^3。因出口返出稠油量不减少，不能预知稠油量，为确保井下安全，保护井场环境，防止稠油凝管，遂停止节流循环，备重浆，准备平推压井，尽快将稠油压回地层。

2. 平推压井打井底水泥塞

6日根据通知要求，在井筒稳定后起钻更换钻具组合进行井底打塞。7日3：15环空依次平推密度为1.60g/cm^{3}的泥浆35m^3、密度为1.35g/cm^{3}的泥浆58.5m^3，排量为16L/s，泵压为16MPa；7：00水眼内平推密度为1.59g/cm^{3}的泥浆24m^3；7：50停泵观察，立压由8.4MPa下降至6.7MPa，套压由6.8MPa下降至2.8MPa，打回水泄立压，水眼内可见液面；19：30水眼内使用密度为1.85g/cm^{3}的泥浆6m^{3}平推压井，环空使用密度为1.85g/cm^{3}的泥浆31m^{3}平推压井，关井观察，套压由4MPa下降至0；22：20泄压，返出少量泥浆后断流，起定向钻具。2月8日15：00起定向钻具完成，下打塞钻具。2月9日17：10开始打塞；20：30打塞完成，关井憋压候凝(由8MPa上升至15.2MPa)。2月10日20：00套压为16.5MPa，泄压回吐0.9m^{3}后出口断流。2月12日1：00下打塞钻具组合至5862m处并探到塞面，循环处理钻井液后起钻更换打塞钻具组合后下钻。

3. 平推压井遇卡

13日17：30按照要求打塞至井深6013m处(5968m以深井段水泥塞不实，偶尔有放空现象，预留4m水泥塞)；21：10循环泥浆，出口泥浆中气泡增多，气测值异常，全烃值由3.614%先上升至16.63%，后下降至3.29%，罐面正常；21：30循环钻井液，出口钻井液中气泡量变小，钻井液罐液量上涨0.8m^3，立即关井，套压由0上升至0.8MPa。

22：40环空平推密度为1.70g/cm^{3}的泥浆34m^3，盖重浆帽；23：25水眼内平推密度为1.70g/cm^{3}的泥浆15m^3，盖重浆帽，停泵套压由14MPa下降至13MPa。14日3：28关井观察，套压由6.3MPa下降至3.0MPa，立压由8.2MPa下降至1.8MPa；3：46水眼平推密度为1.80g/cm^3的泥浆11m^3，环空平推密度为1.80g/cm^3的泥浆30m^3，排量为13L/s，立压由12.6MPa下降至11.2MPa，关井观察，立压由8.6MPa下降至1.1MPa，套压由8.9MPa下降至1.1MPa；5：00泄回水1m^3，立、套压回零；5：10开井活动钻具，原悬重为153t，最大上提至180t，最大下压至120t，钻具遇阻卡。

4. 节流循环打解卡剂

14日5：10～13：10，在60～180t范围内(原悬重为153t)上提下放活动钻具，同时扭转钻具30圈，施加扭矩，带扭矩下压活动钻具；18：07节流循环调整井筒内钻井液，出口见颗粒状稠油，排出稠油约30m^3，入口泥浆密度为1.52～1.56g/cm^3，出口泥浆密度为1.13～1.35g/cm^3，开井观察，出口断流。15日1：35间歇活动钻具及顶通水眼，活动吨位为80～180t，转20～26圈，活动后释放回原圈数，配备密度为1.55g/cm^3的解卡剂16m^3；2：04关井，节流泵入解卡剂10.5m^3，排量为6.6L/s，泵压由9.6MPa先下降至6.8MPa，后上升至10.1MPa，井口施加回压1MPa，出口返出颗粒状稠油约5m^3后，稠油量明显减少；3：16替浆31m^3，将解卡剂替入裸眼井段3m^3，钻具水眼内预留7.5m^3，排量为6～8L/s，泵压由8.8MPa先上升至11.5MPa，后下降至10.9MPa，井口施加套压1MPa，其间出口泥浆密度为1.28～1.51g/cm^3，罐面计量到量后停泵，停泵泵压为2.4MPa，套压为0；3：23关井观察，套压为0，立压由2.4MPa下降至1.1MPa，开井后出口断流。16日15：00开井观察，泵压为1.5MPa(内外压差)，其间每2h开泵顶水眼内解卡剂进环空，每次顶水眼前活动钻具尝试解卡，活动吨位为70～170t，强扭20～30圈；18：00上部钻具倒扣，调整方入后对扣、紧扣；22：10使用密度为1.56g/cm^3的钻井液循环洗井，井筒稳定，循环期间憋扭活动钻具，扭25圈，活动吨位为60～160t。

16日23：00～19日2：00尝试降密度、降压差解卡，采用密度为1.28g/cm^3的钻井液及解卡剂，钻具水眼内采用密度为1.28g/cm^3的钻井液35m^3，环空平推密度为1.28cm^3的钻井液累计140m^3(环空容积为138m^3)，套压为12～29MPa，立压为25～28MPa。19日16：30泡解卡剂，间歇泄压，共计泄出31.4m^3，立压为24.1MPa，套压为24.1MPa，因压力高而无法开井；9：45使用高密度钻井液平衡压力，钻具水眼内使用密度为1.65g/cm^3的钻井液40m^3(水眼容积为38.8m^3)，环空平推密度为1.60g/cm^3的钻井液132.5m^3；10：00水眼内平推密度为1.60g/cm^3的钻井液5m^3，套压为7.7MPa，立压为8.6MPa；间歇泄压，回吐5.8m^3，套压由5.2MPa下降至3.4MPa，立压由6MPa下降至2.5MPa，使用密度为1.60g/cm^3的钻井液节流循环，控制套压为1.9～2.4MPa。21日5：30开井循环钻井液，排量为12L/s，立压为15.7MPa；7：45开井观察，井筒稳定。

5. 处理卡钻

1)第一次松扣

2月21日23：30下电缆进行松扣，下电缆至井深5839m处，引爆成功后未能成功松扣。

2)第一次人工倒扣

22日2：00开始活动钻具尝试解卡，未成功后继续进行人工倒扣，倒扣前进行整体紧扣，钻具施加正扭矩28圈，活动范围为40～160t，反复紧扣后尝试人工倒扣；7：46钻具倒扣，上提钻具，悬重为120t，计算得倒扣位置约为4300m处，与实际准备倒扣位置差异较大，随后对扣、分段紧扣。

3）第二次松扣作业

22日13：00～13：40下电缆至400m处，15：00施加反扭矩19圈，活动钻具传递扭矩（考虑到电缆下到位后再施加反扭矩会磨损电缆，因此在电缆较浅的位置进行传递。因该井原井为斜直井，井筒内存在多个拐点，扭矩传递困难，故通过活动钻具传递扭矩）。19：00继续下电缆至5830m处，校深后进行爆炸松扣作业，引爆成功，电缆起出井口，松扣未成功。

4）第二次人工倒扣

23日3：00～6：00尝试人工倒扣，反复施加反扭矩，逐步提升至20圈，倒扣未成功（钻具倒开扣，钻具悬重为112t，计算得倒扣位置约在4100m处，与实际准备倒扣的位置存在较大差异，因此再次进行对扣、紧扣作业）。

5）第三次松扣作业

23日13：00～15：20组下电缆至井深400m处；16：30施加反扭矩18圈，活动钻具（170～150t）传递扭矩；17：50下放电缆至井深5632.41m处，引爆后方钻杆震动明显，释放扭矩不回，活动钻具悬重保持151t不变化，松扣成功，理论倒扣位置为5632.41m处；20：00起电缆完成，引爆成功。

6）起钻情况

24日10：00起出5623.2m钻具，经检查，钻具无明显强压强扭变形，落鱼长度为370.61m，落鱼结构为：Φ149.2mm×165.1m×Φ120.65mm偏心扩孔钻头+双母+无磁钻铤×1根+Φ88.9mm加重钻杆×1根+Φ88.9mmDP×18根+Φ88.9mm加重钻杆×19根。11：30连接超级震击器开始下钻，尝试震击解卡。

7）震击解卡情况

25日6：00组下Φ127mm钻杆至井深5623.2m处并探到鱼顶；7：40开泵循环冲洗鱼顶、钻具称重，震击器对扣成功；8：00紧扣完成，开泵顶通，立压由5MPa逐渐升至8MPa、10MPa、13MPa，水眼未顶通；24：00尝试震击解卡（其间水眼正挤最高15MPa且水眼未顶通，11：00～12：00环空反挤打压由17MPa降至11MPa时压力不降，井口未返浆，水眼未顶通）。26日13：00尝试震击解卡（共累计上击93次未解卡），切割队备案困难，到井时间无法确定（13：00接到切割队通知，备案未通过）；15：00人工倒扣（计划从震击器处），上提钻具155t，施加反扭矩12圈，活动钻具范围为150～180t，方钻杆晃动，悬重由180t降至156t，释放扭矩不回旋，活动钻具悬重保持为156t，倒扣成功；18：00循环处理上部井眼钻井液。27日7：00起出5623.2m钻具。3月5日17：30接到批复进行三类封井。

(五)经验教训

(1)采用低黏切高固相钻井液的处理方式及打水泥塞封固井底通道的方式均可以尝试，但在该井中两种方式的效果都不理想。

(2)打完水泥塞发生溢流后，没有考虑到高密度平推压井后的压差卡钻风险。该井在打水泥塞前进行过平推压井作业，井筒内基本无稠油影响，应考虑采用控制套压节流循环的方式进行压井作业。

(3)钻井液密度达1.63g/cm^3，现场储备的钻井液多为重复利用的钻井液，虽经维护处理，但因密度过大、静置时间过长而存在沉淀可能，成为组下震击器对扣成功后无法建立循环的原因；且因井底压力过高、井眼轨迹拐点多，使钻具卡点可能发生上移，给震击解卡增加了难度。

三、TK898H井良里塔格组溢流

(一)基本情况

该井是部署在塔河区块阿克库勒凸起西南部斜坡部位的一口水平开发井，设计井深为6223m，完钻井深为5845.8m。井身结构及套管程序见表3-10。

表3-10 TK898H井井身结构及套管程序

开钻次序	钻头		套管		水泥返高/m	备注
	外径/mm	井深/m	外径/mm	下深/m		
导管施工	660.40	60	508.0	66.77	地面	导管
一开	346.10	1199	273.1	1198.20	地面	表层套管，一级固井
二井	250.88	5740	193.7	5729.00	地面	技术套管，双级固井
三开	149.20	—	—	—	—	裸眼完井

1. 井口防喷器及节流管汇

环形防喷器(FH35-35/70)+双闸板(2FZ35-70；上剪切、下5½in)+双闸板(2FZ35-70；上5½in、下全封)+钻井四通+变径法兰+10¾in×7⅝in-70MPa套管头。节流管汇为JG-70，压井管汇为YG-70。

2. 钻具组合

Φ250.8mmPDC+Φ197mm螺杆+631×410+浮阀+坐键接头+Φ177.8mm无磁DC×1根+Φ248mm扶正器+Φ177.8mmDC×12根+411×HT550+Φ139.7mmDP。

3. 钻井液性能

所采用钻井液的基本性能为：密度为1.30g/cm^3；黏度为54s；塑性黏度为27mPa·s；动切为7Pa；静切为3Pa/7Pa；失水量为3.6mL；泥饼厚度为0.5mm；pH值为9；含砂量为0.2%；固体含量为12%；坂含为35g/L；Cl^-浓度为15000mg/L；Ca^{2+}浓度为

160mg/L。

4. 层位及地层特性

良里塔格组，溶蚀孔洞、裂缝发育。

(二)发生经过

2018 年 9 月 30 日 15：00 钻进至 5740m 处，总池体积由 110.76m^3 下降至 110.47m^3，发现井口失返(进入上奥陶统良里塔格组 74m，实际良里塔格组为 99.5m，设计进入一间房 4m 后结束二开)；起钻至 4802m 处接方钻杆验漏(累计漏失量为 1.4m^3，漏速为 21m^3/h)。10 月 1 日 9：30 起钻完成，累计漏失密度为 1.30g/cm^3 的钻井液 48.91m^3；12：40 接到通知打水泥塞转中完作业。

10 月 2 日下钻至 5730m 处并循环，录井显示出口流量由 27% 上升至 35%，总池体积由 109.59m^3 上升至 110.32m^3，立即关井，关井套压为 1.5MPa；13：10 节流循环排气(焰高 2～6m，呈橘黄色，无 H_2S，进口泥浆密度为 1.30g/cm^3，出口泥浆密度为 1.20g/cm^3)。

(三)原因分析

(1)目的层奥陶系良里塔格组，溶蚀孔洞、裂缝发育，易发生溢流、井漏风险。

(2)良里塔格组裂缝连通下部储层，因油气上窜而导致发生溢流。

(四)处理方式与效果

1. 压井准备

10 月 2 日节流循环、排后效；进口泥浆密度为 1.30g/cm^3，出口泥浆密度为 1.14g/cm^3。关井套压为 2.5MPa，立压为 0。此后进行配浆、调浆，并制定压井方案(原井浆节流循环排后效)。

压井方案要点：

(1)该井设计预测 H_2S 密度为 300～5000mg/m^3，初步判断为井漏失返且下钻到底后井底后效所致，故首选节流循环排气。

(2)该井一开套管下深为 1198.20m，管鞋处地层破裂压力当量密度为 2.08g/cm^3；目前钻深为 5740m，裸眼段长 4541.80m，实钻二叠系井段为 4887.00～4964.00m，段长 77.00m。

(3)准备堵漏材料，配堵漏浆。

(4)选择压井钻井液的密度时，必须考虑钻具在裸眼段地层压差卡钻的风险，以及上部二叠系的易漏风险(设计预测地层奥陶系良里塔格组的当量密度为 1.21～1.23g/cm^3)，取井底附加压力的低限，压井液密度为 1.35g/cm^3，全井筒液柱压力较地层压力高 2.8MPa(10 月 3 日 10：00 关井，立压为 2MPa，计算得当量密度为 1.34g/cm^3，按套压折算当量密度为 1.35g/cm^3)。

2. 压井施工

2日套压为2.5MPa，立压为0，节流循环排后效，进口泥浆密度为1.30g/cm^3，出口泥浆密度为1.14g/cm^3，点火火焰高3～4m；打堵漏浆20m^3，堵漏浆出水眼，控制套压为3～4MPa；用密度为1.35～1.40g/cm^{3}的钻井液进行节流循环压井。

4日节流循环压井（套压为0.5～7MPa，立压为4～6.5MPa，入口泥浆密度为1.35～1.36g/cm^3，出口泥浆密度由1.20g/cm^{3}先下降至1.11g/cm^3，后上升至1.34g/cm^3，一直有原油返出，点火后焰高0.5～15m）；打入低黏切重晶石塞10m（密度为1.41g/cm^3，黏度为40s），替浆62m^{3}后开井观察，井筒稳定，起钻至5500m处待重晶石塞下沉（堵漏）。5日节流循环压井（套压为0～1MPa，立压为4.5～5.5MPa，入口泥浆密度为1.35g/cm^3，出口泥浆密度为1.33～1.35g/cm^3，漏失1.35g/cm^{3}的钻井液11.88m^3，平均漏速为0.8m/h；13：10火焰熄灭，间断点火，无法点燃）；开井观察，液面在井口，不溢不漏。

（五）经验教训

（1）裸眼段长、二叠系易漏是此次压井施工的难点。二开长裸眼井处理溢流时要综合考虑上部裸眼的承压能力，不能盲目上提压井液密度，以致增大上部地层井漏后压井的处理难度。

（2）通过关井立压测算地层当量密度，采用较低密度（1.35g/cm^3）的压井液节流循环成功压井，有效避免了井下钻柱压差卡钻和二叠系井漏风险。

（3）现场应坚持做好低泵冲试验，确保精确取得低泵冲数据，为节流循环压井打下坚实基础。

（4）为尽快建立液柱压力，在施工时应坚持“先处理井漏再压井”的原则。

四、TH12567X井鹰山组溢流

（一）基本情况

该井是部署在塔河区块阿克库勒凸起西部斜坡部位的一口斜井开发井，设计井深为7181.68m，实际完钻井深为7090m。井身结构及套管程序见表3－11。

表3－11 TH12567X井井身结构及套管程序

开钻次序	钻头		套管		水泥返高/m	备注
	外径/mm	井深/m	外径/mm	下深/m		
导管施工	660.40	67	508.0	67.00	地面	导管
一开	346.10	1204	273.1	1202.76	地面	一级固井
二开	250.88	6500	193.7	6498.47	地面	双级固井
三开	149.20	6673	—	—	—	裸眼完井

1. 井口防喷器及节流管汇

环形防喷器（FH35－35/70）＋双闸板（2FZ35－70；上剪切、下4½in）＋双闸板（2FZ35－70；上3½in、下全封）＋变径法兰＋钻采四通＋10¾in×7⅝in－70MPa套管头；井口套管抗内压强度为87MPa。节流管汇为JG－70，压井管汇为YG－70。

2. 钻具组合

Φ149.2mmPDC（M1365D）＋Φ120mm螺杆（1.5°）＋单流阀＋Φ88.9mm钻杆×22根＋Φ88.9mm加重钻杆×44根＋Φ88.9mm钻杆＋变扣311×HT400＋Φ114.3mm非标钻杆。

3. 钻井液性能

所采用钻井液的基本性能为：密度为1.16g/cm^3；黏度为44s；塑性黏度为14mPa·s；动切为5.5Pa；静切为2Pa/4Pa；HTHP为11.2mL（130℃）；失水量为4mL；泥饼厚度为0.5mm；pH值为11；含砂量为0.1%；固体含量为7%；含油量为5%；坂含为30g/L；Cl^-浓度为6400mg/L；Ca^{2+}浓度为360mg/L；Kf为0.0524。

4. 层位及地层特性

奥陶系鹰山组，黄灰色泥晶灰岩。

（二）发生经过

2018年11月13日3：55钻进至6649.57m处时发现漏失，上提钻具至6626m处，上提时无遇阻显示，转盘扭矩正常；4：55起钻至套管内并发现溢流，溢流量为0.6m^3；4：55关井成功，关井套压为1.3MPa，溢流量为1.8m^3。

（三）原因分析

（1）目的层奥陶系鹰山组裂缝、溶洞发育，易发生溢流、井漏风险。

（2）实钻钻井液密度较低，不能平衡地层压力，导致溢流。

（四）处理方式与效果

1. 压井准备

溢流后关井套压为1.3MPa，关井后观察套压由1.3MPa上升至1.7MPa，井队人员准备压井，准备密度为1.55g/cm^{3}的泥浆80m^3。压井方案要点包括：

（1）该井设计预测H_2S含量为10000～80000mg/m^3，初步判断为目的层井漏后导致的溢流。

（2）该井二开套管下深为6498.47m，井深为6649.57m，裸眼段长151.1m。

（3）该井目前井深为6649.57m，垂深为6626m，井内泥浆密度为1.16g/cm^3，井内静液压力为75.3MPa，井口套压、立压均为1.7MPa，井底压力总和为77MPa。根据现场重浆储备情况，用密度为1.55g/cm^{3}的泥浆压井。平推密度为1.55g/cm^{3}的泥浆后，井底液柱压力为84.9MPa，满足施工要求。

2. 压井施工

Φ114.3mm 钻具水眼内容积为 6L/m，2500m 钻具水眼需要泵入密度为 1.55g/cm^3 的泥浆 15m^3；钻具与套管环空容积为 12L/m，2500m 环空需要泵入密度为 1.55g/cm^3 的泥浆 30m^3，累计泵入密度为 1.55g/cm^3 的泥浆 45m^3，压井排量为 6～7L/s。

压井结束并观察半小时后，进行管线吹扫，然后开井观察半小时，安排进行液面监测。

(五)经验教训

(1)通过关井立压测算地层压力，确定合理压井液密度。

(2)目的层溢流时，采取“不堵漏”原则，压稳地层后保持微漏状态。

(3)冬季施工期间，应注意保障压井前后的管线畅通。

五、TH12565 井鹰山组溢流

(一)基本情况

该井是部署在塔河区块阿克库勒凸起西南部斜坡部位的一口开发井，设计井深为 6740m，完钻井深为 6628.28m。井身结构及套管程序见表 3-12。

表 3-12 TH12565 井井身结构及套管程序

开钻次序	钻头		套管		水泥返高/m	备注
	外径/mm	井深/m	外径/mm	下深/m		
导管施工	660.40	60.00	508.0	60.00	地面	导管
一开	346.10	1203.00	273.1	1202.50	地面	一级固井
二开	250.88	6417.00	193.7	6415.03	地面/4500	双级固井，分级箍位置约 4600m 处
三开	165.10	6628.28	—	—	—	裸眼完井

1. 井口防喷器及节流管汇

环形(FH35-70，FH-0407-005-ZY/SK)+双闸板(2FZ35-70，2FZ0701-041-ZY/SK，上剪切下 4in)+双闸板(2FZ35-70，2FZ-0806-036-ZY/SK，上 3½in、下全封)+转换法兰(FL28-105/35-70，FL-1007017-ZY/SK)+钻采一体化四通(70/EE，H011006)+套管头(TF10¾in×7⅝in-70MPa)。井口套管尺寸为 193.7mm，钢级为 P110S，抗内压强度为 76.4MPa；节流管汇为 JG-S1/Y1-103/78-70，J1 为楔形，J4 为筒式。

2. 钻具组合

Φ165.1mmPDC+Φ127mm 直螺杆+浮阀+Φ120mmDC×1 根+Φ165mm 扶正器+Φ120mmDC×20 根+旁通阀+Φ88.9mmDP+Φ101.6mmDP。

3. 钻井液性能

所采用钻井液的基本性能为：密度为 1.40g/cm^3；黏度为 57s；塑性黏度为 22mP·a；动切为 7Pa；静切为 2Pa/7Pa；失水量为 4.6mL；泥饼厚度为 0.5mm；pH 值为 10；坂含为 32g/L；固体含量为 14%；含砂量为 0.1%；Ca^{2+}浓度为 270mg/L；Cl^-浓度为14300mg/L；HTHP 为 12mL(130℃)。

4. 层位及地层特性

鹰山组，黄灰色泥晶灰岩，裂缝发育。

(二)发生经过

2018 年 11 月 13 日 6：50 用密度为 1.40g/cm^3 的钻井液三开钻进至 6561.82m 处，立压由 20MPa 上升至 29.2MPa，出口流量由 29.1% 上升至 35.2%，振动筛处见稠油，其他参数无明显变化，停泵观察发现高架槽无溢流，活动钻具时摩阻正常，关井观察，套压为 0、立压为 0。

(三)原因分析

(1)目的层奥陶系鹰山组裂缝、溶洞发育，易发生溢流、井漏。

(2)钻进期间使用密度为 1.40g/cm^3 的钻井液施工不能平衡地层压力，导致发生溢流且出现稠油置换现象。

(3)循环罐内液量增加，但现场人员没有发现。

(四)处理方式与效果

1. 压井准备

出口流量增大，有稠油返出，为防止大量稠油继续上返发生凝管，井上储备了 1.60g/cm^3的重浆 25m^3、1.40g/cm^3 的钻井液 30m^3，将稠油推至环空井深 3500m 处，井温为 73℃，使稠油液化。若压力不降，则储备 1.40g/cm^3 的钻井液 100m^3，向环空平推 77m^3，将稠油从 3500m 处推入地层。

2. 压井施工

13 日 7：59 用钻井泵环空平推 1.17g/cm^3 的钻井液 1.92m^3，套压由 0 上升至 22.3MPa，套压压力稳定；环空继续平推 1.17g/cm^3 的钻井液 0.54m^3，套压由 22.3MPa 上升至 24MPa；向钻具水眼内正挤，打压至 22.7MPa 未顶通，泄压至 0，立压由 0 上升至 11.3MPa(判断浮阀失效)。

考虑到压力高，钻井泵平推时具有一定风险，遂组织压裂车到达现场。16：50 压裂车环空平推压井，套压降至 18.5MPa(累计泵入 1.60g/cm^3 的钻井液 25m^3、1.40g/cm^3 的钻井液 30m^3，平推至环空井深 3500m 处)，关井观察，套压由 18.5MPa 下降至 0，开井观察，高架槽处无溢流现象，环空未见液面。

14 日压裂车正挤至 27.7MPa，停泵观察，压力无变化；22：40 泄压，压力最低降至 9.2MPa，关闭泄压阀，压力上涨至 10.9MPa(怀疑是钻具水眼内进入油气混合物致使立管压力不为 0)。

15 日压裂车正挤至 47.7MPa，水眼顶不通；11：00 两次验证，从环空反推压力为 6MPa，水眼压力对应上涨 5～6MPa，环空泄压后水眼压力恢复至 10.7MPa，判断认为反替水眼未堵死；14：55 从环空反推 1.40g/cm^3 的钻井液 0.6m^3，套压由 0 上升至 5MPa，水眼泄压回吐 0.4m^3，压力由 10.7MPa 下降至 0，判断认为水眼堵死；17：00 观察压力(套压为 0、立压为 0)，钻具水眼、环空液面稳定。

3. 螺杆脱落

16 日 19：00 起钻完成，发现螺杆从悬挂轴承外筒的丝扣处脱落，出井螺杆的马达转子和壳体间有稠油块。

(五) 经验教训

(1) 稠油井返出时应尽快组织重浆、压裂车平推，防止稠油凝管。

(2) 认真检查入井工具和螺杆，严把螺杆质量关，在井口测试螺杆是否正常，杜绝问题工具入井。

(3) 该井出现憋泵现象后水眼一直未顶通，后期使用压裂车最高打压至 47.7MPa 但始终无法顶通，起出钻具后发现单流阀失效，螺杆从悬挂轴承外筒的丝扣处脱落，出井螺杆的马达转子和壳体间有稠油块。因此，在以后的施工过程中一定要加强对井下特殊工具的检查与分析(图 3－5、图 3－6)。

图 3－5 起出螺杆照片

图 3－6 返出稠油照片

六、TH10267CH 井一间房组溢流

(一) 基本情况

该井是部署在塔河区块阿克库勒凸起西部斜坡部位的一口二开制侧钻水平开发井，设计井深为 6234.6m，完钻井深为 6119.68m。井身结构及套管程序见表 3－13。

表 3－13　TH10267CH 井井身结构及套管程序

开钻次序	钻头		套管		水泥返高/m	备注
	外径/mm	井深/m	外径/mm	下深/m		
一开	165.10	5813.00（侧钻点为 5820.00）	139.7	5811.5	地面	开窗侧钻位置 5471.50m，悬挂位置 5421.12m
二开	120.65	6119.68	—	—	—	裸眼完井

1. 井口防喷器及节流压井管汇

套管头 Φ273.1mm × Φ193.7mm－70MPa＋钻采一体化四通＋变径法兰 FL28/35－70（BX158×BX159）＋双闸板 2FZ35－70（上 3½in 半封、下全封）＋双闸板 2FZ35－70（上剪切、下 4in 半封）＋环形 FH35－35/70＋防溢管。井口套管抗内压强度为 63MPa，节流管汇为 JG－70，压井管汇为 YG－70。

2. 钻具组合

Φ120.65mmPDC＋配合接头＋浮阀＋211×HTNC310 接头＋Φ88.9mm 小接箍×28 根＋旁通阀＋Φ88.9mm 小接箍×77 根＋ST390×HTNC311＋Φ101.6mmHWDP×45 根＋Φ101.6mmDP。

3. 钻井液性能

所采用钻井液的基本性能为：密度为 1.16g/cm^3；黏度为 49s；塑性黏度为 18mPa·s；动切为 5Pa；静切为 1.5Pa/6Pa；失水量为 4.4mL；pH 值为 11；泥饼厚度为 0.5mm；HTHP 为 12mL（110℃）；含砂量为 0.1%；固体含量为 8%；坂含为 30g/L；含油量为 5%；Cl^- 浓度为 18832mg/L；Ca^{2+} 浓度为 100mg/L；Kf 为 0.06。

4. 层位及地层特性

奥陶系一间房组，主要岩性为浅灰色细晶灰质岩，溶蚀孔洞、裂缝发育。

（二）发生经过

1. 前期情况

2018 年 7 月 24 日 23：51 定向钻进至井深 6103.49m 处时发生失返性漏失，立即起钻至套管内。7 月 25 日 15：00 钻进至井深 6116.49m 处，密度由 1.16g/cm^3 下降至 1.02g/cm^3，黏度由 49s 上升至 75s，Cl^- 浓度由 18832mg/L 上升至 25000mg/L，根据第一个井眼的相关经验判断认为地层可能出水；15：30 起钻至 5995m 处时，高架槽坐岗人员发现有可燃气体显示，判断认为发生油气侵，立即关井，关井后观察，立、套压均为 0。

环空反挤 1.43g/cm^3 的泥浆 15m^3、1.60g/cm^3 的泥浆 50m^3，正挤 1.60g/cm^3 的泥浆 16m^3，关井观察，套压保持 6MPa 不降；8：30 反挤 1.90g/cm^3 的泥浆 25m^3，停泵后套压为 0，开井观察，无外溢，活动钻具正常，接到批复换常规钻具分段调整钻井液性能，然后进行强钻。

2. 发生经过

7 月 30 日 18：24 下钻到底，钻进至 6119.68m 处，漏失 8.06m^3（漏速由 7.38m^3/h 下

降至0)；19：20循环且无漏失(全烃值由4.25%上升至61.82%，入口泥浆密度为1.40g/cm^3，出口泥浆密度为1.37g/cm^3)，停泵，高架槽返浆未断流；19：23关井(钻头位置为6113.55处，立压为4MPa，套压为9.4MPa，溢流0.8m^3)。8月1日1：05关井观察(立压为0，套压为10.3MPa)。

(三)原因分析

(1)井漏原因：因钻遇奥陶系裂缝性地层而导致井漏。

(2)溢流原因：一是从该井压井过程来看，地层流体和重浆置换导致环空液柱压力降低而诱发溢流；二是地层压力窗口窄，很难找到压力平衡点。

(3)第一次卡钻发生的原因：该井裸眼段长300m(其中水平段长200m)，钻进过程中残留的部分岩屑在裸眼段(特别是水平段)形成岩屑床；另外，后期使用1.90g/m^{3}的泥浆多次压井，压井完活动钻具尝试解卡的过程中，重晶石沉淀与岩屑床形成了致密泥质饼块(不排除高密度泥浆在裸眼段形成泥饼的可能性)，钻具长时间静止，导致黏卡、砂卡或压差卡钻。

第二次卡钻发生的原因：主要原因与第一次卡钻相同；次要原因为压井完无法建立循环，活动钻具和倒划眼过程中脱落的泥饼无法循环带出，导致钻头上部泥饼堆积。

(四)处理方式与效果

1. 第一次平推压井遇卡

8月1日3：30环空平推密度为1.90g/cm^{3}的泥浆40.7m^{3}后停泵，水眼平推密度为1.90g/cm^{3}的泥浆5m^3，停泵套压为0，开井观察；5：00上下活动钻具但未提开(最大上提至200t，最小下压至51t，钻具原悬重为125t，最多强扭18圈，未能解卡，环空监测液面为138m)。

2. 第一次解卡

8月1日13：00用密度为1.45g/cm^{3}的泥浆80m^{3}将环空内1.90g/cm^{3}的泥浆推入地层，尝试建立循环，用密度为1.45g/cm^{3}泥浆正循环，活动钻具(40～200t)，未解卡，出口流量大于入口流量，立即关井。

23：45用密度为1.58g/cm^{3}的泥浆节流循环，出口泥浆密度为1.37g/cm^3，套压越来越高，关井观察，套压为12MPa、立压为0。

2日2：45环空平推密度为1.90g/cm^{3}的泥浆40m^3，正挤水眼1m^3，套压由12MPa下降至0；8：00间断性地活动钻具，上提钻具至悬重为180t并解卡。

3. 第二次卡钻

2日9：17起钻至井深6065m处遇阻；9：35倒划眼至井深6063.27m处，卸单根后，在活动钻具的过程中发生卡钻。

4. 第二次解卡

2日21：50环空反推密度为1.45g/cm^{3}的泥浆80m^3，泵入4m^{3}顶通水眼，关井观察，套压由8MPa下降至5MPa。

3日1：00使用1.45g/cm^{3}的泥浆节流循环，关井观察，立压为0，套压为0，开井观察，出口无外溢；2：00上下活动钻具5次(60~180t)，上提至180t时钻具提开解卡；3：30开泵倒划至6054m处(倒划困难)；16：00注清水冲刷裸眼井壁，泵入密度为1.90g/cm^{3}的重浆4m^3、密度为1.01g/cm^{3}的水8m^3；20：30方钻杆开泵带单根至井深5800m处；22：30起钻至井深5413m处(7⅝in套管内)。8月5日17：00接到转完井测试通知。

(五)经验教训

(1)溢流压井成功后，应下钻分段调整泥浆性能。如果漏失量越来越小，应立即停泵观察；如果钻具未进入套管，应第一时间起钻至套管内，避免因在裸眼段关井、压井导致卡钻。

(2)高密度泥浆平推压井成功后容易造成压差卡钻或砂卡、黏卡，如果发生卡钻，可以尝试使用低密度泥浆平推环空，然后通过同等密度在微漏的前提下节流循环。这样即使不能解卡，也能为后续泡酸提供条件(关键是找到合适的钻井液密度)。

(3)压井成功后起钻，裸眼段在条件允许的情况下可使用方钻杆开泵并逐根带出。

(4)节流循环经过液气分离器，节流循环过程中应保持进口泥浆密度不变，从而为准确判断井下情况提供依据。

七、TH10116CH井巴楚组溢流

(一)基本情况

该井是部署在塔河区块阿克库勒凸起轴部位的一口水平开发井，设计井深为6119.55m，完钻井深为6090.47m。井身结构及套管程序见表3-14。

表3-14　TH10116CH井井身结构及套管程序

开钻次序	钻头		套管		水泥返高/m	备注
	外径/mm	井深/m	外径/mm	下深/m		
一开	149.20/165.10	5683.00	139.7	5683	—	尾管悬挂
二开	120.65	6090.47	—	—	—	裸眼完井

1. 井口防喷器及节流压井管汇

井口井控装置：环形防喷器(FH35-35/70)+单闸板(FZ35-70，剪切)+单闸板(FZ35-70，5in半封)+双闸板(2FZ35-70；上3½in半封、下全封)+变径法兰+钻采一体化四通+13⅜in×9⅝in-35MPa套管头。井口套管抗内压强度为60MPa，节流管汇为JG-70，压井管汇为YG-70。

2. 钻具组合

Φ120.65mmPDC + Φ95mm 螺杆(1.5°) + 浮阀 + Φ105mm 坐键接头 + Φ105mm 无磁加重钻杆 + Φ88.9mm 非标钻杆 ×30 根 + 旁通阀 + Φ88.9mm 非标钻杆 ×39 根 + Φ88.9mm 非标加重钻杆 ×45 根 + Φ88.9mmDP ×198 根 + Φ127mmDP。

3. 钻井液性能

所采用钻井液的基本性能为：密度为 1.17g/cm^3；黏度为 45s；塑性黏度为 15mPa·s；动切为 5Pa；静切为 2Pa/5Pa；失水量为 3.6mL；泥饼厚度为 0.5mm；pH 值为 10；含砂量为 0.1%；固体含量为 6%；坂含为 30g/L；Kf 为 0.0524；含油量为 3%。

4. 层位及地层特性

巴楚组，裂缝发育。

(二) 发生经过

2018 年 10 月 9 日 17：15 钻进至 5691.98m 处时发现溢流，出口流量由 17.17% 上升至 18.11%，总池体积由 98.89m^3 上升至 99.71m^3，气测全烃值由 0.07% 上升至 0.09%；17：17 关井，套压涨至 6.5MPa(钻头位置为 5680.58m 处)。

(三) 原因分析

因泥浆密度低而未能平衡地层压力，钻开产层后，泥浆首先置换产层油气。置换的油气在井筒内上升的过程中，不断占据泥浆在井筒内的空间，从而降低了液柱压力，使本来就没有平衡的井眼状态继续恶化，油气不断进入井筒，导致溢流增大。另外，为了满足该井周围开采需要，注入了百万分的氮气，也提高了地层的压力。

(四) 处理方式与效果

9 日 17：17 ~ 10 日 9：00 关井观察，立压为 0、套压为 6.9MPa；配压井液，准备压井，组织将压井方案向全员交底，通知液面监测队伍做好准备。

配置钻井液及材料储备情况：密度为 1.45g/cm^3 的重浆 207m^3，重晶石 32t，石灰石 20t，除硫剂 2t。

1. 压井方案

(1) 该井设计预测 H_2S 含量为 500 ~ 1200mg/m^3，老井 TH10116 井 H_2S 含量为 599.82mg/m^3，钻杆钢级为 S135(有变更批复)，决定采用平推压井法压井。前期一开钻至井深 5691.48m 处时发生井漏失返，判断认为奥陶系地层裂缝发育，地层吃入性较好，为平推压井准备了较好的井下条件。

(2) 因开泵求得立压为 0，鉴于前期发生过井漏，说明地层裂缝发育，老井曾累计注气 10 × 10^{4}m^3，关井后套压短期上涨较快，判断为气侵。此后，先以套压折算当量密度为 1.30g/cm^3、附加密度为 0.15g/cm^3、配备密度为 1.45g/cm^3 的压井液，确保压稳地层。

2. 压井施工

1)第一次平推压井施工

10 日 9：00 开始采用钻井液泵钻具水眼平推压井，同时验证水眼畅通；11：30 水眼平推密度为 1.45g/cm^3 的重浆 38m^3，排量为 4L/s，开泵泵压由 0 上升至 8.4MPa，套压由 6.9MPa 上升至 7.5MPa，停泵立压为 0，套压由 7.5MPa 上升至 8MPa；12：10 环空平推密度为 1.45g/cm^3 的泥浆 2m^3，套压由 8MPa 上升至 26MPa；12：47 停泵观察，套压为 26MPa。环空平推超过最高泵压，现场分析认为，可能是环空聚集气体压力过大，因井口套管头为 35MPa，压裂车也无法使用较高的施工压力，遂决定先放压。

2)间断性地经节流、液气分离器放压施工

10 日 13：00 经节流管汇、液气分离器试放压，套压由 26MPa 下降至 9.8MPa，出口未见液，点火筒出口有明显气流，点火未燃；15：00 关井观察，套压由 9.8MPa 上升至 11.2MPa；水眼注入密度为 1.45g/cm^3 的泥浆 2m^3，泵压为 0；15：20 环空注入密度为 1.45g/cm^3 的泥浆 1.3m^3，关井观察，套压为 23.3MPa。

11 日 0：10 经节流管汇、液气分离器试放压，点火口出气套压降至 4MPa 时出口返液，点火未燃，套压由 7.8MPa 下降至 1MPa，返液 1.8m^3，密度为 1.07g/cm^3；12：00 上下活动钻具(原钻头位置为 5680.59m 处，上提至 5670.97m 处，上提钻具时摩阻为 0，无法下放，可能是环空压力导致，在 5670.97m 处做吊卡)，经节流管汇、液气分离器试放压，套压由 8.3MPa 下降至 4MPa，出口返液，点火未燃；放压后重浆调配完成，尝试用高密度泥浆平推。

3)第二次平推压井施工

11 日 17：00 开始平推压井；19：27 环空平推密度为1.80g/cm^3的泥浆 36m^3、密度为 1.45g/cm^3 的泥浆 36m^3，水眼平推 1.45g/cm^3 的泥浆 4.5m^3，立压由 0 先上升至 24MPa，后下降至 1MPa，套压由 4MPa 先上升至 23MPa，后下降至 0，排量为 11L/s；停泵关井观察，立、套压均为 0。

4)尝试建立循环施工

12 日 22：00 起钻完成，更换常规钻具组合进行强钻作业(环空液面为 467m)。14 日 3：15 备密度为 1.20g/cm^3 的泥浆，分多次使用 1.20g/cm^3 的泥浆从环空、水眼灌浆，尝试建立循环但无效，累计泵入密度为 1.20g/cm^3 的泥浆 83m^3(环空 55.5m^3，水眼 27.5m^3)；14：15 控制套压为 2.5MPa 节流循环排污，在振动筛处出现少量稠油，点火筒火焰高 0.5m，进口泥浆密度为 1.25g/cm^3，出口泥浆密度为 1.20g/cm^3。

5)第三次平推压井施工

15 日 13：10 关井观察，套压由 0 上升至 2.4MPa；13：55水眼平推密度为 1.35g/cm^3 的泥浆 24.5m^3，停泵后立压为 0；20：25 环空平推密度为 1.35g/cm^3 的泥浆 159.2m^3，停泵后立、套压均为 0，液面为 470m，压井成功。

(五)经验教训

(1)该井为老井注气，致使钻进施工过程中发生了严重气侵。套压上涨较快，环空中侵入气体较多，导致初期压井时套压越压越高。

(2)从压井施工结果来看，气侵溢流初期采取平推压井的方式反而会造成后期压井困难，可以先尝试节流循环排气，同时控制套压略大于关井套压，防止地层继续出气；节流排污完成，套压降低后，全井再用压井液平推压井。

(3)该井多次压井、节流循环排污，班组人员之间需加强配合；对讲机、便携式气体检测仪、可燃气体检测仪等防护设备必须在配备齐全后方可进行施工；液气分离器应点长明火，防止气体逸散。

(4)应加强高架槽、循环罐坐岗管理，及时发现溢流并关井能够避免关井压力过高，为后续压井创造有利条件，同时降低井控风险。

(5)发生溢流后，要充分分析溢流原因，制定合理的压井方案，确保压井一次性成功，降低井控风险。

(6)在高含硫井遇溢流井漏的地层中，使用高强度钻具时应采取平推法压井，这样安全性更高。

八、TP190H 井一间房组溢流

(一)基本情况

该井是部署在塔河区块阿克库勒凸起西南斜坡部位的一口五开制水平开发井，设计井深为6937.75m，完钻井深为6996m。井身结构及套管程序见表3－15。

表3－15 TP190H井井身结构及套管程序

开钻次序	钻头		套管		水泥返高/m	备注
	外径/mm	井深/m	外径/mm	下深/m		
一开	444.50	1200.50	339.7	1200	地面	—
二开	311.20	5654.00	250.8＋244.5	5652	地面	—
三开	215.90	5744.00	206.4	5744	—	套管悬挂
四开	165.10	6491.00	139.7	6490	—	尾管悬挂
五开	120.65	6850.51	—	—	—	裸眼完钻

1. 井口防喷器及节流压井管汇

井口防喷器组合：环形(FH35－35/70)＋单闸板(FZ35－70，剪切)＋单闸板(FZ35－70，5½in半封)＋双闸板(2FZ35－70，上3½in半封、下全封)＋变径变压法兰(BX159×BX158)＋钻采四通＋TF13⅜in×9⅞in－70MPa。节流管汇为JG－70，压井管汇为YG－70。

2. 钻具组合

Φ120.65mmPDC + 5LZ95 × 1.5°单弯螺杆（180℃，立林）+ 浮阀 + 坐键接头 + Φ105mm无磁钻铤 + 无磁接头 + Φ88.9mm 无磁承压 + 211 × ZY310 + Φ88.9mm 钻杆 × 36 根 + 旁通阀 + Φ88.9mm 钻杆 × 102 根（接箍外径为 108mm）+ ZY311 × 310 + Φ88.9mmHWDP45 + 311 × 410 + 411 × 520 + Φ139.7mmDP。

3. 钻井液性能

所采用钻井液的基本性能为：密度为1.16g/cm^3；黏度为48s；失水量为5.0mL；塑性黏度为14mPa·s；动切为7Pa；初/终切为2Pa/7Pa；pH 值为10；泥饼厚度为0.5mm；坂含为30g/L；固体含量为8%；含砂量为0.1%；含油量为4%。

4. 井底数据

测深为6787.35m，井斜为90.90°，方位角为235.23°，垂深为6575.88m，闭合距为214.13m，闭合方位角为225.63°，狗腿度为3.56°/30m。

（二）发生经过

2017 年3 月3 日17：04 五开采用1.16g/cm^3 的钻井液钻至井深6839.38m 处时发生井漏（立压由16.6MPa 下降至15.0MPa，出口流量由13% 先下降至8%，后下降至0，总池体积由67.4m^3 下降至67.0m^3，大钩负荷由238.67kN 下降至238.06kN，钻压由20kN 下降至16kN）；17：24 漏失3m^3，出口失返，上提钻具过程中出口见返浆，继续循环观察测漏速；17：35 循环，液面无变化，恢复正常钻进；21：51 定向、复合钻进至井深6850.51m 处，固定式探头监测到 H_2S 自动报警，关井后套压为0.4MPa，液量上涨0.7m^3；22：21 套压涨至0.6MPa。

（三）原因分析

溢流层位溶蚀孔洞、裂缝发育，岩性为灰岩。钻遇该地层时，钻速加快甚至放空，泥浆漏失导致无法连续循环，使得泵压下降、悬重增加、钻压下降。漏失的泥浆占据了孔洞、裂缝的空间，由于密度差作用，将空间的井底气置换进入井筒。随着置换气在井筒内的上移，按照气态方程理论，在井口敞开的情况下，体积增大，导致溢流。

（四）处理方式与效果

3 月3 日关井观察至23：40，打死卡（套压为0.6MPa）。3 月4 日0：15 平推，向钻具内泵入1.35g/cm^3 的泥浆8.5m^3，立压由0 上升至17.5MPa，套压由2.3MPa 上升至17.5MPa；1：40 关井观察，套压由17.5MPa 下降至10.0MPa；2：30 节流循环，排量为5.3L/min，套压由10.0MPa 下降至4.3MPa，立压为5～6MPa，出口 H_2S 浓度由 10×10^{-6} 先上升至 40×10^{-6}，后又下降至 32×10^{-6}；1：58 火焰高1m，持续时间1min，后续节流循环压井期间 H_2S 含量一直维持在 30×10^{-6} 左右，现场决定平推压井。

15：41 平推压井准备，正、反压井管线试压 60MPa 且无压降，井队配 1.60g/cm³ 的重浆 100m³；套压由 0.4MPa 下降至 0.1MPa，立压为 0；16：11 水眼泵入密度为 1.60g/cm³ 的重浆 20m³，排量为 0.5～1.0m³/min，泵压为 36～18.4MPa；18：12 环空泵入密度为1.60g/cm³的重浆 80m³，排量为 0.5～1.0m³/min，施工泵压为 31.9～19.8MPa；19：34 钻具水眼泵入重浆 35m³；20：45 环空泵入密度为 1.60g/cm³ 的重浆 56m³（排量为 0.5～1.0m³/min，施工泵压为 22.3～11MPa）；22：00 停泵关井观察，套压由 10MPa 下降至 6.1MPa。

24：00 缓慢泄套压，套压由 6.1MPa 下降至 5.0MPa 后回吐 16.1m³。3 月 5 日 4：50 关井观察，套压由 5.0MPa 先上升至 6.1MPa，后下降至 5.3MPa，配置密度为 1.90g/cm³ 的重浆 60m³；5：02 水眼泵入密度为 1.90g/cm³ 的重浆 5m³（排量为 0.9m³/min），施工套压由 10.5MPa 下降至 5.2MPa，施工立压为 4.7～11.7MPa；6：05 环空泵入密度为 1.90g/cm³ 的重浆 47.4m³，排量为 0.5～0.9m³/min，施工泵压由 8.6MPa 下降至 4.9MPa，施工套压由 17MPa 下降至 2.4MPa；7：30 关井观察，套压由 2.4MPa 下降至 0；8：00 开井观察，环空无回吐。

（五）经验教训

1. 置换过程分析

该井于 3 月 3 日 17：04 钻进至井深 6839.38m 处后漏速逐渐减小，到后来液面无变化，说明井底孔洞被泥浆充填后，泥浆液柱压力没有将地层压破，实现了连续循环。

以上情况正是置换过程中的一种表现，同时也说明目的层孔洞或裂缝可能较发育，与外界没有构成连通，从而确定了溶洞或裂缝的定容性。

2. 压井过程分析

此次压井施工，先用密度为 1.35g/cm³ 的泥浆试挤，但井口压力上涨很快，说明地层渗透性差。按照塔河区块、托普区块常规的地层压力系数及破裂压力系数，使用 1.35g/cm³的泥浆理论上能将地层压破，但事实却并非如此。由于井口压力过高，被迫放压节流循环，在节流循环的过程中，一直有 H_2S，所以被迫关井后再次实施反推。根据该区块其他井压井时出现过的同类情况，选用密度为 1.60g/cm³ 的泥浆，但还是未能将地层压破；考虑到 H_2S 在井口时间太长，遂采用 1.90g/cm³ 的泥浆压破地层，实现了反推压井的顺利进行。

3. 压井认识

对于目的层钻进期间发生常规性漏失的井，应将钻具提离井底，将方钻杆提出转盘，关井观察或静止观察，采取定时定量反灌钻井液或吊灌钻井液的措施。目的层钻进期间发生漏失后，极易发生置换，使气柱上移。气柱在上移过程中，在开井情况下，会导致静液柱压力降低，极易发生溢流。采取关井措施，反灌泥浆，根据灌入量及井口压力情况，可以确定液面是否在井口，以及漏失规模。

（1）如果关井后没有套压，且液面在井口，在循环排气过程中没有发生新的漏失，则应至少循环一个迟到时间，在无其他问题后再进行下一步施工作业。

（2）该井在目的层钻进过程中先发生漏失，后恢复正常，在恢复钻进期间发现了 H_2S，说明漏失的泥浆置换出的地层气中含有 H_2S。

（3）在高含硫地区钻井，如果发现 H_2S 逸出，则首选平推法压井。因为 H_2S 对钻具的氢脆影响极其严重，特别是在井口 300m 范围内、温度为 25°左右时，其破坏力极大。节流循环期间，若出口 H_2S 浓度超过 20×10^{-6}，或在小于 20×10^{-6} 的情况下持续时间超过 30min，则应立即将受 H_2S 污染的钻井液全部反推回地层。

（4）在泵车到井之前，使用泥浆泵压井时，应该首选现场密度最大的泥浆平推压井，将 H_2S 压回，确保距井口 3000m 内钻具的安全性。

（5）该井从发现 H_2S 到压井结束，用时较长（34h9min），先后采用密度为 1.35g/cm^3、1.60g/cm^3、1.90g/cm^3 的泥浆实施压井。根据施工情况来看，用 1.60g/cm^3 的泥浆反推之后，地层虽未破裂，但压力在下降，说明地层也在吸收泥浆。对地层破裂压力不清楚，是导致压井时间过长的主要原因。

4. 固定式 H_2S 检测仪应用

在该井发现 H_2S 后，固定式 H_2S 检测仪发挥了重要作用，提供了安全保障。

九、TK915－12H 井一间房组溢流

（一）基本情况

该井是一口“三高”气井，为四级结构水平开发井，设计井深为 6138m，完钻井深为 6110m。井身结构及套管程序见表 3－16。

表 3－16　TK915－12H 井井身结构及套管程序

开钻次序	钻头		套管		水泥返高/m	备注
	外径/mm	井深/m	外径/mm	下深/m		
一开	444.5	2999.00	339.7	2998.65	地面	表层套管
二开	311.2	5410.00	244.5＋265.13	5409.40	地面	盐层尾管
三开	215.9	5923.75	177.8	5912.00	地面	气层尾管回接芯轴式悬挂器
四开	149.2	6051.00	—	—	—	裸眼完井

1. 井口防喷器及节流压井管汇

井口井控装置组合：环形防喷器（FH35－35/70）＋双闸板（FZ35－70，上剪切、下 3½in半封）＋双闸板（2FZ35－70，上 3½in 半封、下全封）＋变径法兰＋钻采一体化四通＋13⅜in×9⅝in－35MPa 套管头。节流管汇为 JG－70，压井管汇为 YG－70。

2. 钻具组合

Φ149.2PDC 钻头（KM1362ADR）＋Φ120mm 螺杆（1.5°）＋浮阀＋Φ120mm 坐键短节＋

Φ88.9mm 无磁承压钻杆 + Φ88.9mm 钻杆 ×5 根 + 旁通阀 + Φ88.9mm 钻杆 ×6 根 + Φ88.9mm 加重钻杆 ×15 根 + Φ88.9mm 钻杆。

3. 钻井液性能

所采用钻井液的基本性能为：密度为 1.25g/cm^3；黏度为 48s；塑性黏度为 20mPa · s；动切为 5Pa；静切为 1Pa/4Pa；pH 值为 10.5；失水量为 4mL；泥饼厚度为 0.5mm；坂含为 30g/L；Cl^- 浓度为 60000mg/L；固体含量为 8%；含砂量为 0.1%；HTHP 为 11.2mL（125℃）；Kf 为 0.0524；含油量为 5%。

4. 层位及地层特性

一间房组，裂缝发育。

（二）发生经过

2017 年 3 月 23 日 22：24 钻进至 6078.15m 处，出口流量由 19.03% 上升至 50.42%，总池体积由 116.34m^3 上升至 116.62m^3，全烃值由 2.768% 上升至 53.284%，甲烷含量由 0.6643% 上升至 43.3646%，溢流量为 0.28m^3。在高架槽发现出口流量增长后立即向司钻汇报，22：26 关井成功，关井套压为 1MPa；23：30 关井套压由 1MPa 下降至 0.7MPa；0：00关井，套压由 0.7MPa 下降至 0.5MPa。

（三）原因分析

一间房组裂缝发育，井底地层气被泥浆置换后，随着体积增大，在没有关井的情况下循环发生了溢流。

（四）处理方式与效果

3 月 24 日 1：00 水眼正挤密度为 1.45g/cm^3 的泥浆 3.8m^3，泵压为 14MPa，套压由 0.5MPa 上升至 2MPa，排量为 7L/s；1：30 环空反推密度为 1.45g/cm^3 的泥浆 13m^3，泵压为 4MPa，套压由 2MPa 先上升至 4MPa，后下降至 0，排量为 7L/s；2：20 关井观察，无异常；3：00 开井观察，无异常；3：20 起钻至 5917m 处；6：30 用钻井液（密度为 1.25g/cm^3）处理井筒泥浆，其间漏失泥浆 24m^3；7：10 下钻到底，循环；10：00 恢复正常钻进，溢流复杂情况解除。

（五）经验教训

（1）对于地质设计预告的目的层含有 H_2S 的井，在目的层钻进过程中发生井漏时，要立即停止钻进，关井平推压井，将含硫钻井液推回地层，再进行节流循环最少一个迟到时间，通过液气分离器分离除气，待井底置换的混浆返出井口，泥浆密度恢复正常，套压、立压为 0 后，再开井恢复正常作业。

（2）按照 H_2S 气井的设备配套和措施，做好设备的安装和预案准备；

①按要求安装井口和试压，每趟钻在钻具中加入全新的浮阀和旁通阀。

②发生溢流时，高架槽坐岗人员发现槽内液面上涨，第一时间通知司钻，从发现溢流到关井成功，用时2min，及时录取，套压为1MPa，立压为0，液量增加0.28m^3，实现了井控工作中的“早发现”。

③按井控要求组织防硫、防喷演习，出现溢流时确保快速控制井口。

④甲方人员及钻井公司驻井领导现场指导制定合理压井方案，实现了井控工作中的“早处理”，确保了现场井控安全。

⑤按照施工井设计预告的含硫级别，做好气防、设备、钻具及除硫剂的准备工作。

十、TK917CX 井一间房组溢流

（一）基本情况

该井是一口布置在塔河九区与TK917井同台的开发井，设计井深为6345.21m，完钻井深为6441.89m。井身结构及套管程序见表3-17。

表3-17　TK917CX井井身结构及套管程序

开钻次序	钻头		套管		水泥返高/m	备注
	外径/mm	井深/m	外径/mm	下深/m		
侧钻一开	149.2	5702.50~6441.89	—	—	—	裸眼完井

1. 井口防喷器及节流压井管汇

井口井控装置组合：环形防喷器（FH35-35/70）+单闸板（FZ35-70，剪切）+双闸板（2FZ35-70，上4in、下全封）+变径变压法兰+钻完井一体化四通+9⅝in×7in-70MPa套管头+13⅜in×9⅝in-35MPa套管头。井口套管抗内压强度为65.6MPa，节流管汇为JG-70，压井管汇为YG-70。

2. 钻具组合

Φ149.2mmM1365DPDC钻头×0.26m+Φ120螺杆（1.5°）×6.32m+120mm回压阀×0.49m+Φ120mm无磁钻铤（310×311）×2.12m+Φ120mm无磁悬挂（310×311）×5.08m+Φ121mm无磁承压钻杆（310×311）×9.35m+Φ88.9mm斜坡钻杆×30根+Φ88.9mm斜坡加重钻杆×15根+Φ88.9mm斜坡钻杆×14根+Φ101.6mm钻杆。

3. 钻井液性能

所采用钻井液的基本性能为：密度为1.23g/cm^3；黏度为56s；失水量为4.2mL；塑性黏度为25mPa·s；动切为7Pa；初/终切为2Pa/6Pa；pH值为10.5；泥饼厚度为0.5mm；坂含为35g/L；固体含量为12%；含油量为4%；含砂量为0.1%；Cl^-浓度为20688mg/L；Ca^{2+}浓度为214mg/L；Kf为0.06。

4. 层位及地层特性

一间房组，溶蚀孔洞、裂缝发育。

5. H_2S 含量

该井设计预测 H_2S 含量为300~2000mg/m³，老井 TK917 井 H_2S 含量为690~1324mg/m³。

(二)发生经过

2017年2月11日11：38复合钻进至井深6428.82m处，发现漏失钻井液0.33m³，立压由20.3MPa下降至18.9MPa，泵冲由43次/min上升至45次/min；12：20复合钻进至井深6430.13m处，共计漏失12.5m³，其中，12：00~12：15测漏速为220L/min，立压为19.5MPa，排量为12L/s；18：00钻进至井深6441.28m处，液面恢复正常，累计漏失密度为1.23g/cm³的钻井液37m³；18：19钻进至井深6441.89m处，发现溢流0.5m³，无 H_2S，泵冲为45次/min，泵压为20MPa。预测井底测斜数据：井深为6441.89m，垂深为5816.79m，井斜为88.10°，方位角为67.70°，闭合距为685.91m。18：22关井，套压由0上升至2.5MPa，共溢流4.5m³；19：20用顶开法求得关井立压为2.5MPa，其间套压由4.2MPa上升至4.7MPa。2月12日14：30配压井液，连接地面压井流程，准备压井。现场判断认为井下气侵较严重，且井下有731.68m钻具在大斜度裸眼段。为了保障钻具安全，放弃采用1.60g/cm³的重浆平推压井，决定配密度为1.35g/cm³的钻井液进行节流循环压井。

(三)原因分析

目的层为一间房组，溶蚀孔洞、裂缝发育，漏失泥浆将产层气置换。在循环泥浆的过程中，随着置换的气体在井筒内上行，体积增大，导致溢流。

(四)处理方式与效果

1. 压井准备

2月12日10：00关井观察，关井时间为15h38min，立压为0，套压为4.7MPa。此后，配浆，制定压井方案。为防止平推压井井口压力过大(大于20MPa时用钻井泵压井困难)，选择调用水泥车进行压井施工，准备700型水泥车、液面监测队伍。2月12日14：30连接地面压井流程，配压井钻井液，准备压井，组织压井方案全员交底；15：00对地面压井流程试压，为60MPa，稳压10min，无压降，试压合格。

用顶开法求得关井立压为2.5MPa，立压折算地层当量密度为1.28g/cm³；考虑附加0.07g/cm³，配置钻井液及材料储备为：密度为1.35g/cm³的泥浆200m³，密度为1.42g/cm³的重浆65m³，密度为1.55g/cm³的重浆55m³。

2. 压井施工

13日15：00~15：39压裂车平推密度为1.35g/cm³、黏度为60s的压井液8.3m³，泵压由0先上升至26MPa，后下降至12MPa，套压由4.7MPa上升至6.4MPa，立压为0，停泵后套压由6.4MPa下降至5MPa；16：05泥浆泵平推密度为1.35g/cm³、黏度为100s的稠浆 15m^3，排量为3～13L/s，泵压由 0 上升至 16.5MPa，套压由 5MPa 上升至 14MPa，立压为 0；17：07泥浆泵平推密度为 1.35g/cm^3、黏度为 60s 的压井液 54.5m^3，排量为 13～15L/s，泵压由 16.5MPa 下降至 15.9MPa，套压由 14MPa 先上升至 14.2MPa，后下降至 13.8MPa，立压为 0，停泵后套压由 13.8MPa 下降至 3.5MPa，环空累计平推密度为 1.35g/cm^3的压井液 77.8m^3；17：18 水眼平推准备(套压由 3.5MPa 下降至 2.2MPa)；18：20水眼平推密度为 1.35g/cm^3、黏度为 60s 的压井液 35m^3，排量为 3.7～11.2L/s，立压由 0 先上升至 21MPa，后下降至 20.5MPa，套压由 2.2MPa 上升至 4MPa，停泵后立压由 20.5MPa 下降至 1.5MPa，套压由 4MPa 下降至 3.3MPa；20：14 关井观察，立压由 1.5MPa 下降至 0，套压由 3.3MPa 下降至 1.4MPa；20：30 泄压，套压由 1.4MPa 下降至 0，返出密度为 1.35g/cm^3 的钻井液 1m^3，无 H_2S；21：00 关井观察，套压由 0 先上升至 0.3MPa，后下降至 0；21：20 开闸门，返出密度为 1.35g/cm^3 的钻井液 0.9m^3 后(无 H_2S)，关井观察，套压保持为 0。

根据现场观察及两次泄压情况，1.35g/cm^3 的压井液无法平衡地层压力。现场分析认为，同台井高含 H_2S，加重的钻井液 pH 值应达到 11，其除硫剂含量应达到 0.8% 以上、黏度应高于 60s。

13 日 9：15～14：30 反推密度为 1.45g/cm^3 的压井液 34m^3，排量为 2L/s，套压由 18.3MPa 先上升至 27.8MPa，后下降至 25.2MPa，立压为 0；19：30 反推密度为1.60g/cm^3 的压井液 90m^3，排量为 3～14L/s，套压由 25.2MPa 先上升至 26MPa，后下降至 18MPa，停泵套压由 18MPa 下降至 14.1MPa，立压为 0；累计反推 124m^3。14 日 10：00 关井，套压由 14.1MPa 上升至 15.6MPa，立压为 0，地面配制密度为 1.80g/cm^3 的压井液 260m^3；12：00开旋塞正推密度为 1.80g/cm^3 的压井液 24.1m^3，排量为 4L/s，泵压由 0 先上升至 30.5MPa，后下降至 13.5MPa，套压由 15.6MPa 下降至 14.3MPa，停泵立压由 13.5MPa 下降至 9MPa，累计推入 148.1m^3；14：45 关旋塞，泄立压，套压由 14.3MPa 上升至 15.5MPa，地面配制密度为 2.00g/cm^3 的压井液 180m^3；16：40 反推密度为 2.00g/cm^3 的压井液 82.5m^3，排量为 15～16L/s，套压由 15.5MPa 先上升至 18.6MPa，后下降至 0，立压为 0，累计推入 230.6m^3；23：20开节流阀，观察返出情况，出口无流体、气体返出。13 日 0：30 监测液面，拆地面压井流程，环空液面为 50m，水眼液面为 109m；1：00 开井，上下活动钻具(100～175t)，下放至 100t 时，钻具恢复至原悬重 145t，解卡；3：00 吊灌起钻至井深 5623.59m 处(套管内)，起钻期间每柱灌满环空，漏失密度为 1.55g/cm^3 的钻井液 7.28m^3，累计漏失钻井液 157.08m^3。

15 日 3：30 关井观察，监测环空水眼液面，环空液面在井口，钻具水眼内液面为 98m。复杂情况的解除时间为 2016 年 2 月 15 日 16：40，损失时间为 101h2min。

(五)经验教训

(1)从监控视频可见，高架槽坐岗工可以及时发现溢流，因此该岗位是十分重要的。

但是该井高架槽坐岗人员未配备防爆报警通信工具，建议坐岗人员、司钻应配备防爆对讲机，从而在发现异常后第一时间向司钻报警，第一时间处置。

(2)该井通过求立压测得地层当量密度为1.28g/cm^3，附加0.07g/cm^{3}钻井液密度后，用1.35g/cm^{3}压井液进行了第一次反推压井，虽然有一定效果，减小了井口压力升高的风险，但是经过后续的压井作业证明其并没有压稳。其原因是：井筒内的介质是泥浆与气体的混合相，由于从发现溢流后关井到求立压时间长达15h38min，且气体滑脱到了井口后才发生溢流，其间气柱到底有多高，泥浆与产层气混合到了什么程度，都不得而知；另外，气体处于动态向上滑脱阶段，井筒内的泥浆密度无法准确求取，因而难以达到压稳状态。在环空反推1.35g/cm^{3}的泥浆77.8m^3、钻具水眼正注泥浆35m^{3}后，离关井时间50h38min，同样证明前期没有压稳。

(3)该井从关井到第一次压井经过了15h38min，用1.35g/cm^{3}的泥浆压井后时间延长到50h38min，说明气井井控物资储备不足，不能在溢流关井后立即实施压井作业，导致井控过程更加复杂。

(4)在钻完井过程中发生溢流复杂情况时，首先要考虑控制溢流，将井压稳后再进行后续作业，一定要以井控安全为第一要点。

(5)从该井可见，700型水泥车施工排量为3.33~6L/s，压井施工效果不好，钻井现场施工过程中不宜选择水泥车作为压井设备，建议选择排量大、承压能力高的压裂车。

十一、TP255CH井一间房组溢流

(一)基本情况

TP255CH井是部署在塔河区块阿克库勒凸起斜坡部位的一口开发井，设计井深为7336.7m，完钻井深为7006.41m。井身结构及套管程序见表3-18。

表3-18 TP255CH井井身结构及套管程序

开钻次序	钻头		套管		水泥返高/m	备注
	外径/mm	井深/m	外径/mm	下深/m		
一开	149.20	6529.00	139.7	6529	地面	套管悬挂
二开	120.65	7006.41	—	—	—	裸眼完井

1. 井口防喷器及节流压井管汇

井口井控装置组合：套管头Φ273.1mm×Φ193.7mm-70MPa+钻采一体化四通+变径法兰FL28/35-70(BX158×BX159)+双闸板2FZ35-70(上3½in半封、下全封)+双闸板2FZ35-70(上剪切、下5~5½in半封)+环形FH35-35/70+防溢管。井口套管抗内压强度为63MPa，节流管汇为JG-70，压井管汇为YG-70。

2. 钻具组合

Φ120.65mmPDC钻头+Φ95mm单弯螺杆(1.5°)+浮阀+Φ105mm坐键接头+

Φ105mm 无磁钻铤 + Φ105mm 无磁短节 + Φ88.9mm 钻杆（接箍外径为 108mm）×25 根单根 + 旁通阀 + Φ88.9mm 钻杆（接箍外径为 108mm）×14 根 + Φ88.9mm 加重钻杆 ×43 根 + Φ88.9mm 钻杆 ×58 根 + Φ127mm 钻杆。

3. 钻井液性能

所采用钻井液的基本性能为：密度为 1.17g/cm^3；黏度为 45s；失水量为 5mL；塑性黏度为 16mPa·s；动切为 4Pa；初/终切为 1.5Pa/6Pa；pH 值为 10.5；泥饼厚度为 0.5mm；坂含为 30g/L；固体含量为 7%；含油量为 6%；含砂量为 0.1%；Cl^- 浓度为 9200mg/L；Ca^{2+} 浓度为 620mg/L。

4. 层位及地层特性

一间房组，裂缝发育。

(二) 发生经过

2017 年 7 月 14 日 11：00 复合钻进至设计完钻井深 6955.08m 处；22：35 加深定向钻进至井深 6989.90m 处，立压由 21.94MPa 下降至 21.50MPa，出口流量由 18.29% 下降至 14.06%，发生渗漏；23：41 复合钻进至井深 6992.65n 处，井口失返，泥浆液面在井口，漏失密度为 1.17g/cm^3 的泥浆 1m^3。15 日 0：00 强钻至井深 6993m 处，漏失密度为 1.17g/cm^{3}的泥浆 3.7m^3，泥浆返出（测斜数据：测深为 6978.50m，井斜为 88.51°，方位角为 253.87°，垂深为 6539.16m，水平位移为 602.88m，闭合方位角为 252.23°）；1：30 复合钻进至井深 6994.39m 处，漏失密度为 1.17g/cm^3 的泥浆 12m^3，漏速为 8m^3/h（钻时慢）；3：32 循环（1：30～2：30 循环漏失 1m^3），发现溢流 0.2m^3；3：35 关井观察，套压为 1.6MPa；4：40 关井观察，套压为 1.6～1.8MPa，求得关井立压为 1.4MPa。

(三) 原因分析

地层钻遇油气层并发生井漏后，油气侵入钻井液，上升过程中形成置换，导致发生溢流。

(四) 处理方式与效果

15 日 6：00 环空平推密度为 1.44g/cm^3 的泥浆 30m^3，排量为 11L/s，套压为 1.8～7.3MPa；此后，水眼平推 1.44g/cm^3 的泥浆 10m^3，排量为 10L/s，泵压为 20MPa，套压为 5.1MPa，停泵，立压为 5.3MPa，套压为 5.10MPa；6：30 放回水，立压为 0（钻具带浮阀），从 J8 缓慢放压至 0，返出泥浆 5m^3，关闭后，套压升至 4.9～5.2MPa。

21：20 调配组织重浆，套压为 4.76～4.9MPa，立压为 0～1MPa（浮阀失效）；21：35 水眼平推密度为 1.95g/cm^3 的泥浆 11m^3，排量为 12L/s，泵压由 17.5MPa 下降至 13MPa，套压为 4.1～5.5MPa；停泵，立压为 0，套压为 5.5MPa；22：22 环空平推 1.95g/cm^3 的泥浆 31m^3，排量为 12L/s，套压由 8.3MPa 下降至 3.7MPa，停泵后套压为 0，开井观察，出

口槽无溢流，液面在井口；23：27 起钻至井深 6815mm 处，出口槽观察发现有线流。16 日 0：08 关井观察，套压为 0.7MPa。

16 日 0：15 水眼平推密度为 1.84g/cm^3 的泥浆 5m^3，排量为 12L/s，泵压为 12.2MPa，套压为 0.7～1.2MPa；停泵，立压为 0，套压为 0.63MPa；0：40 环空平推 1.84g/cm^3 的泥浆 16m^3，排量为 12L/s，套压由 4.5MPa 下降至 2MPa，停泵后套压为 0；0：50 开井观察，井口稳定，液面在井口；14：00 起钻完成。

(五)经验教训

(1)在先发生井漏后产生溢流的情况下，一是要注意漏失量和漏速的变化；二是要注意溢流关井后套压的上升情况。

若是漏失量不大且漏速不大，则没有发生失返，在发生溢流后关井套压上升慢的情况下，推断地层可能有小的裂缝或为定容体，可以采取节流循环的方式，通过液气分离器来排出气侵泥浆。在此种情况下，若是采取反推法压井，则一般地层吃入量小，井口压力高，不利于安全施工。第一次压井时，泵入 1.44g/cm^3 的泥浆，致使地层形成圈闭压力；提高钻井液密度到 1.95g/cm^3 后，计算压井液量，保证了压井的成功(同时在压井过程中向泥浆中加入除硫剂)。

采用反推法压井，在产层的连通性差或者是定容体的情况下，往往越压地层压力越高，对井口安全控制不利。

在漏速大且有 H_2S 显示的情况下，采取反推法压井，使用尽可能高的泥浆密度，有利于一次性将进入井筒的污染钻井液推回地层。

(2)在目的层钻进过程中，应加强井控坐岗，司钻要密切关注各项参数变化，坚持“发现溢流立即关井，怀疑溢流关井检查”的井控原则，保证井内有较多的钻井液，降低压井施工难度。

(3)灰岩地层稳定，卡钻风险小，待压稳地层后方可起钻，不建议带压起钻。

十二、TP184 井恰尔巴克组溢流

(一)基本情况

该井是部署在塔河区块阿克库勒凸起西南斜坡部位的一口开发井，设计井深为 6563m，完钻井深为 6571m。井身结构及套管程序见表 3－19。

表 3－19 TP184 井井身结构及套管程序

开钻次序	钻头		套管		水泥返高/m	备注
	外径/mm	井深/m	外径/mm	下深/m		
一开	346.10	1198.00	273.10	1197.43	地面	表层套管
二开	250.88	6490.21	193.70	6471.00	地面	技术套管
三开	165.10	6571.00	—	—	—	裸眼完井

1. 井口防喷器及节流压井管汇

井口井控装置组合：环形防喷器(FH35－35/70)＋双闸板(2FZ35－70，上剪切3½in、下半封)＋双闸板(2FZ35－70，上3½in、下全封)＋变径变压法兰＋钻完井一体化四通＋套管头。节流管汇为JG－70，压井管汇为YG－70。

2. 钻具组合

Φ165.1mmPDC(M1365D)＋330×310＋浮阀(311×310)＋Φ120.6mmDC×18根＋旁通阀(311×310)＋Φ88.9mmDP。

3. 钻井液性能

所采用钻井液的基本性能为：密度为1.17～1.32g/cm^3；黏度为56s；失水量为4.2mL；塑性黏度为25mPa·s；动切为7Pa；初/终切为2Pa/6Pa；pH值为10.5；泥饼厚度为0.5mm；坂含为35g/L；固体含量为12%；含油量为4%；含砂量为0.1%；Cl^-浓度为20688mg/L；Ca^{2+}浓度为214mg/L；Kf为0.06。

4. 层位及地层特性

中完进入一间房组，地层裂缝发育。

(二)发生经过

二开阶段，2016年2月15日23：45以1.32g/cm^{3}的泥浆钻进至井深6489.59m处时出现放空，高架槽瞬时失返。放空井段为6489.59～6490.21m，段长0.62m(进入一间房组)，钻压由3t下降至0，泵压由18.9MPa下降至17.3MPa。23：47地质综合录井仪显示总池体积呈明显下降趋势，瞬时漏速达21m^3/h，用方钻杆甩单根，井下无挂卡现象，卸方钻杆起钻，其间累计漏失泥浆7m^3。起钻期间采用向环空连续灌浆的方式，确保井筒一直为满的状态，但漏速明显呈下降趋势(起钻前3柱，漏速高达10m^3/h，0：30～2：30期间平均漏速为6m^3/h，2：30以后平均漏速降至1.5m^3/h)。起钻过程中，漏速逐渐减小至无漏失，累计漏失密度为1.32g/cm^{3}的泥浆78.05m^3。更换光钻杆，打水泥塞施工，下入Φ193.7mm套管中完。

2016年3月14日三开油气层开次验收通过后，于13：00下钻到底6471m处，以1.17～1.32g/cm^{3}的泥浆开始扫塞。扫塞至6477.08m时上提钻具有挂卡现象，挂卡15t，必须开泵后才能提出钻具(分析认为，管鞋处原人工井底水泥环垮塌，导致上提挂卡)。

提至套管内6459.92m处停泵，发现高架槽出口不断流，现场立即关井(关井时间为3月14日14：40)。测得溢流量为1.6m^3，关井半小时内立压从0上升到5MPa(井下单流阀失效)，套压从0上升到4.8MPa，随后压力保持稳定，基本无上涨趋势。

(三)原因分析

该井在二开阶段进入一间房组，曾发生过失返性漏失，为了保证上部井眼稳定，漏失后下光钻杆到井底，注水泥堵漏后中完。二开井深为6490.21m，而套管下深为6471m。

由于三开前已经钻开了产层，且没有套管封隔，导致扫水泥塞出套管鞋时进入了已经钻开的目的层。由于裂缝发育、油气活跃、泥浆密度较低，未能平衡地层压力，发生溢流。

(四)处理方式与效果

1. 第一次压井方案及过程

1)压井方案

考虑到该井二开钻遇稠油，以及该地区邻井均为高含硫井，决定采取平推压回法压井。计算得环空容积为108m³，钻具水眼容积为25m³。配置密度为1.35g/cm³的压井液200m³，先从环空试挤20m³压井液，验证地层破裂情况后，从水眼平推压井25m³，再从环空平推剩下的压井液。现场组织了一台水泥车。施工压力最高为35MPa，排量最高为0.7m³/min。

2)压井过程

3月15日1：00反推1.35g/cm³的压井液(考虑到若地层不吃入，立压可能上涨过快，超过35MPa将憋水龙带，所以关闭旋塞)，开泵排量为0.2m³/min，泵压从关井套压(4.8MPa)持续上升，泵入量为2m³时，泵压上升到24.8MPa后突然下降到7.8MPa，随后继续施工，排量为0.4m³/min，其间泵压逐渐上升到14.2MPa，反推20m³后于1：00停泵。停泵后套压为12MPa，关井观察至4：00，套压缓慢下降到9.4MPa。从试挤情况分析可知，地层吃入情况较好。

4：00水眼内正推密度为1.35g/cm³的压井液(打6MPa备压，开启旋塞)，开泵排量为0.2m³/min，开泵压力为7.1MPa，随后逐步提排量至0.4m³/min，施工泵压逐步上升至17.2MPa后保持稳定，套压从9.4MPa上升到20.3MPa；至5：00共正挤25m³，停泵后立压为6.8MPa，套压为24.2MPa；5：30观察，立压下降至3.2MPa，套压下降至17.6MPa。

9：00反推1.35g/cm³的压井液54m³，泵压为3.5～20.1MPa，套压为18.2～23.6MPa。以排量0.2～0.4m³/min排出34m³后，泵压上升到20.1MPa，套压上升至23.6MPa。由于此时施工压力较高，导致泵盘根刺漏，无法继续施工。同时，考虑到此时的施工压力接近泵车施工极限，后续施工无法继续开展，于是关井观察。此时立压为18.2MPa，套压为23.3MPa。

关井观察至9：30，开节流阀泄压，回吐密度为1.35g/cm³的泥浆8m³，套压下降至22MPa，立压下降至16MPa。随后继续关井观察至3月16日20：45，套压从22.0MPa上升至22.9MPa，立压从16MPa上升至16.9MPa。

此次压井施工后井内压井液的情况为：钻具水眼内有密度为1.35g/cm³的压井液25m³，环空内有密度为1.35g/cm³的压井液66m³。立压为16.9MPa，套压为22.9MPa。

2. 第二次压井方案及过程

1)压井方案

第一次压井时选用密度为1.35g/cm³的压井液，水眼内平推25m³，停泵后立压为

6.8MPa，观察半小时后立压下降至3.2MPa，说明压井密度不够，且平推压井有较好效果。配置密度为1.60g/cm³ 的压井液200m³。先从环空平推一个环空容积的压井液，然后从水眼内平推一个水眼容积的压井液。因施工压力及排量受限，在现场重新组织了一台压裂车。施工压力最高为50MPa，排量最高为0.9m³/min。

2)压井过程

3月15日20：45开始环空反挤密度为1.60g/cm³ 的压井泥浆(关闭旋塞)，开泵排量为0.5m³/min，泵压为22.9MPa，逐步提排量至0.9m³/min，管线抖动严重，再提排量风险很高，遂继续以0.9m³/min的排量平推压井，当计量平推73m³ 压井液时停泵，套压为16MPa。此时环空上部有73m³ 密度为1.6g/cm³ 的压井液，下部有35m³ 密度为1.35g/cm³ 的压井液；钻具水眼内有密度为1.35g/cm³ 的压井液25m³。

停泵观察半小时后套压为14.5MPa，从平推环空73m³ 压井液的施工过程分析可知，套压下降缓慢，即使环空平推密度为1.6g/cm³ 的压井液也不能将关井套压降至0，说明溢流地层为定容体，地层虽压破，但连通性较差，虽能在高压力下持续吃入压井液，但达不到漏失的理想状态，因而导致地层压力上升。现场讨论后决定关井观察，不再继续平推密度为1.6g/cm³ 的压井液，以免进一步抬高地层能量，给下一步施工增加难度。

3. 旋塞开启过程

根据压井情况，现场讨论分析后认为压井液密度过低，排量不够，需要重新组织压裂车完成下一步施工。3月16日12：00，压裂车连接好管线后进行试压，试压(50MPa)合格；逐步泄压至23.5MPa，试打开下旋塞但未能打开，随后多次调整背压数值在16~28MPa区间活动，试开钻具下旋塞不成功。

考虑钻具水眼经过环空平推压井后理论压力为11MPa，压力过高导致开启困难，遂于14：20开节流阀泄套压以降低钻具水眼内压力，套压从13.3MPa下降到9MPa，回吐密度为1.60g/cm³ 的泥浆33m³；16：00关井，套压从12MPa缓慢上升至15.5MPa后保持稳定(此时，施加在旋塞上的压力为21.4MPa)；至23：00，多次试开下旋塞，调整背压在14~25MPa区间活动，但未能打开，其间扳断2把旋塞扳手，旋塞阀销口损坏严重，不能继续承扭矩，随后重新修复旋塞阀销口，并用螺纹锁固脂固定旋塞扳手。

3月17日上午11：00观察发现螺纹锁固脂与旋塞扳手连接较好，打背压至35MPa，然后逐渐降低，降至21MPa时，试开旋塞但未能打开。此时旋塞扳手尖部断裂，不能继续开旋塞。随后重新黏结旋塞，准备凝固后再次试打开旋塞。关井观察期间，套压稳定在17MPa，到18日1：00打背压至19MPa，试开旋塞，旋塞孔扩大损坏，旋塞阀销口滑扣严重，无法打开旋塞。

旋塞开启困难原因分析如下：

(1)经过环空平推压井后水眼的理论压力为25.5MPa，压差大导致旋塞开启困难。

(2)因第二次压井时在环空平推压井过程中关闭了旋塞，无法观测立管压力值，导致不能准确打背压，开启旋塞难度进一步提高。

(3)从旋塞阀内部结构分析，关闭旋塞、井压密封后，即使打背压，压力也无法传递到旋钮上，所以开启旋塞困难。

(4)车间内解体旋塞及实验情况：

①车间内解体旋塞后，旋塞阀体、阀座均完好，没有损坏或变形；不带压下使用扭力扳手，开关扭矩为5～10N·m。

②单向带压：5MPa下使用扭力扳手，开关扭矩为200～300N·m；10MPa时，扭力扳手无法开启，人踩上扳手用力勉强开启；15MPa时，加力试开，旋塞孔滑扣，扳手变形，无法开启。

4. 第三次压井方案

井内压井液理论分布情况：水眼中有25m^3密度为1.35g/cm^3的压井液，环空上部有40m^3(开节流阀反吐33m^3)密度为1.6g/cm^3的压井液，下部有35m^3密度为1.35g/cm^3的压井液。

由于旋塞无法开启，准备配制密度为1.80g/cm^3的压井液200m^3环空平推压井，压井完成后若套压回零，则采取钻具水眼泄压，泄压完成后在水眼内使用同密度压井液进行平推压井。

因施工压力及排量受限，现场重新组织了2台压裂车。施工压力最高为70MPa，排量最高为1.5m^3/min。

水眼内泄压方案：

(1)待环空压井完成，套压回零并观察安全时间后，利用行吊装置卸开BX158－BX159上的法兰，然后装入事先加工好的3½in吊卡，下放钻具并将钻具悬重坐于吊卡上，恢复封井器，关环形及上半封闸板密封上部钻具，关剪切闸板剪断钻具泄压，泄压完成后恢复封井器组合及钻具结构，进行下一步施工。

(2)待环空压井完，套压回零并观察安全时间后，在地面上将旋塞与下部钻具连接的扣卸松1/4～1/3扣，接钻具下放至井下，关闭环形防喷器及上闸板半封防喷器，地面利用B型钳倒扣，卸扣后静置观察，待液柱压力找平后，下放钻具对扣，恢复钻具结构，进行下一步施工(现场采用的方案)。

使用带压钻孔技术，在旋塞阀旋钮下部钻孔，安装泄压装置泄压。

5. 第三次压井过程

因关井观察时间过长(套压为17.5MPa)，井下压井通道可能不畅通，3月18日13：40开泵环空试反挤密度为1.80g/cm^3的压井液验证压井通道是否畅通。开泵排量为0.5m^3/min，泵压为19.3MPa，逐步提排量至0.97m^3/min，泵压缓慢上涨，最高至23.5MPa。随着泵入量的增加，泵压缓慢下降至16.9MPa，平推压井液22m^3后停泵，停泵后泵压由16.9MPa逐渐下降至13.6MPa。分析认为，环空平推压井的通道畅通，且1.80g/cm^3的压井液能够有效降低套压。

现场压井液准备到位后，22：40开始依次环空平推密度为1.80g/cm^3的泥浆85m^3、密度为1.90g/cm^{3}的泥浆13m^3，开泵排量为0.5m^3/min，此后逐步提排量至1.5m^3/min，泵压由13.6MPa最高上升到20.8MPa，随后逐步下降，停泵后泵压为2.5MPa。19日0：40套压从2.2MPa下降至0.2MPa；1：00通过节流阀泄压至0，J8管线呈指状线流，关闭节流阀前平板阀，套压为0。

19日10：00调换上半封闸板组合完成，关井观察，套压为0，开节流阀J4，开J8观察，出口无返液，监测环空液面为260m；10：50测得液面深度为190m(其间环空灌密度为1.90g/cm^{3}的泥浆1.12m^3，理论环空液柱上升66m)；10：54开井观察，无异常；11：00活动钻具，悬重正常，无挂卡显示，敲击钻具，回声清脆。

钻具水眼内泄压施工过程如下：

(1)上提钻具，悬重为124t，下放钻具探底至溢流点6477m处，无显示，继续下放，下放至6491.2m处遇阻(上一开次人工井底位置为6490.21m处)，复探位置不变，确定到井底。分析认为，经多次环空的平推压井，原井眼内的沉砂、水泥块等均被挤入地层。

(2)装好死卡，井口人员佩戴好空气呼吸器，操作人员用盾牌遮挡身体，将钻具座卡在旋塞位置，用液压大钳卸1/3扣。此时，有轻质油从丝扣处渗出，呈抛物线状态，而不是射流状态，判断认为水眼内压力不高。

(3)用提前连接于吊卡上的绳索开启钻杆掉卡，下放钻具放空悬重，关闭环形防喷器，井口用液压大钳快速卸扣；卸到最后一扣时，上部钻具突然上弹15cm，然后又下行了30cm，卸扣成功。

(4)静止观察1h后，环空液面监测为166m，比卸扣前上涨了24m。确认安全后，开井上提钻具，更换旋塞，下放钻具并一次性对扣成功；在井口使用事前准备好的链钳紧扣，紧扣完成后上提钻具，悬重保持124t不变，钻具正常。

(5)接压井流程，水眼平推25m^{3}密度为1.90g/cm^{3}的压井液，排量由0.2m^3/min逐步提高至0.7m^3/min，压力从31MPa逐步降低至0，套压从0上升至3.5MPa。19日17：00施工完成。

(6)关井观察至21：00，套压为1MPa，立压为0，水眼内测液面为310m，开井节流循环，经液气分离器，出口点长明火。20日0：20节流循环，点火筒点火成功，火焰高度为2~3m，监测出口泥浆密度为1.66~1.70g/cm^3，入口泥浆密度为1.77~1.80g/cm^3，排量为0.5m^3/min，立压为23MPa，控制套压为3~4MPa。

(五)经验教训

对于该井发生的溢流复杂情况，在发生溢流关井后，首先应认识产层的特性，按照不同的产层特点和井控设备、物资储备等要素选择不同的压井方法。在此次复杂情况的处理过程中，一开始对产层的特点认识不清楚，虽然因考虑到有可能含有H_2S而采取了反推法压井，但是因为定容体的产层特点，产层所属地层的连通性差，出现了压力越压越高的情况。就该情况，在证实不含H_2S的情况下，可采取节流循环压井的方式，逐步释放地层压力。

既然采取反推法压井，就应该考虑到井口的承压能力，尽可能采用高密度的压井液，且保持加足除硫剂、pH 值大于 10，以防压井时井口压力过高，导致井口刺漏。

反推法压井的排量参数至关重要，应采用尽可能大的排量压井，这样既可以减少混浆污染，又可以缩短井口处于高风险的时长。因排量及泵压受限，前后更换了两次配合压井作业的泵车，严重影响了平推压井作业施工质量。压井施工对压井设备要求高，施工压力及排量必须满足要求，不得降低标准。

就该井而言，其他应该注意的问题有：

(1)平推压井方案制定有待完善，应考虑到旋塞开启困难的因素，在平推压井时先压水眼后压环空，确保水眼安全。

(2)选择配套的钻井设备时要考虑井控安全，统筹考虑水龙带及高压循环系统。

(3)一旦确定井内溢流具有定容体特征，采取平推压井的方式，在施工过程中发现立压、套压变化与压井施工单(预测压力变化)出入太大时，应及时停止该密度下的平推压井，防止地层中进入过多压井液，人为推高地层压力；同时，应根据邻井地质资料及时调整压井液密度。

(4)该井二开套管下深 6471m，稠油井深 6460m，在多次平推压井效果仍收效甚微的情况下，可以考虑节流循环压井。

第四章 下套管固井故障

在油气井建井过程中，下套管固井作业是钻完井过程中的一个重要环节，也是各开次钻井工程施工过程中的最后一道工序。固井工程是一项综合工程，相关技术涉及材料学、化学、物理学、数学、计算机学等，具有系统性、一次性、耗时短、不可逆的特点，主要包括下套管和注水泥浆两个环节，主要目的是保护和支撑油气井内的套管，以及封隔油、气、水地层。固井质量的好坏直接影响到整个钻井工程的成败及油气井的生产寿命。

塔里木盆地油气钻完井工程，由于油气藏埋藏深、压力高、温度高、地层压力系统复杂、油气藏类型特殊等情况，对下套管固井技术要求高，施工难度大。要保证固井质量，在不断总结经验的基础上，还应加强技术创新、管理创新，从而满足特殊类型油气藏的勘探开发需求。

一、YZ2 井 Φ339.7mm 表层套管遇卡故障

(一) 基本情况

该井一开 Φ444.5mm 钻头中完井深为 2800m，下 Φ365.1mm 表层套管至 1711.64m 处时套管卡死，后经过两次浸泡解卡剂，在 50～250t(原悬重为 196t)范围内活动套管但无效，遂采取就地固井措施。

1. 钻具组合

Φ444.5mm 牙轮钻头 + Φ279mm 钻铤 ×1 根 + Φ228.6mm 钻铤 ×1 根 + Φ442mm 扶正器 + Φ228.6mm 钻铤 ×2 根 + Φ203.2mm 钻铤 ×7 根 + Φ203.2mm 震击器 + Φ203.2mm 钻铤 ×2 根 + Φ139.7mm 钻杆。

2. 入井管串结构

浮鞋 + 套管 ×4 根 + 浮箍 + 套管 ×149 根。

3. 钻井液性能

所采用钻井液的基本性能为：密度为 1.28g/cm^3；黏度为 56s；塑性黏度为 18mPa · s；动切为 6Pa；静切为 2.5Pa/8Pa；pH 值为 8.5；失水量为 5.2mL；泥饼厚度为 0.5mm；坂含为 45g/L；固体含量为 10%；含砂量为 0.2%；Cl^- 浓度为 4380mg/L；Ca^{2+} 浓度为 100mg/L；Kf 为 0.0612。

4. 地层及岩性描述

阿图什组，灰黄色泥岩、粉砂质泥岩。

(二)发生经过

2018年2月2日下 Φ365.1mm 表层套管至井深1667.82m处时摩阻为340kN，摩阻较上根套管增加了100kN(井深为1400m，摩阻为50~100kN；井深为1400~1600m，摩阻为150~200kN)，现场最大上提至2100kN但未能活动开。继续下套管至井深1711.64m处后不能继续下行，开泵循环并活动套管，活动范围为500~2500kN(原悬重为1960kN)，活动无效，套管卡死。

(三)原因分析

(1)下套管至井深1400m处后摩阻逐渐增大，特别是下至井深1667.82m处时摩阻达到340kN，较上根套管增加了100kN，最大上提至2100kN(悬重为1490kN、浆未灌满)，未能活动开，有明显黏卡先兆。现场人员未意识到井内风险，未及时汇报，继续下入套管至井深1711.64m处后不能下行，又违章下压至250kN，最终卡死套管。

(2)井深1400m以浅井段井径较大，形成了多处大肚子井眼，虚泥皮较多。分析认为，一开钻进施工过程中，钻井液性能维护处理不到位，钻井液性能未进行有针对性的处理，最终导致套管进入小井眼段黏卡。

(四)处理方式与效果

(1)循环、上下活动管串。大排量循环，活动吨位为500~2500kN(原悬重为1960kN)，未能解卡。

(2)第一次泡解卡剂。配方：32m^{3}柴油+3t SR301+1t快T+6m^{3}水+22t重晶石。注入解卡剂31m^3，浸泡井段为1392~1712m，管柱活动范围为250~2800kN，浸泡9h未解卡。

(3)降低钻井液密度、上下活动管串。泥浆密度由1.28g/cm^{3}下降至1.25g/cm^{3}后，循环并上下活动管串无效。

(4)第二次泡解卡剂。配方：30m^{3}柴油+3t SR301+4t液体复合类解卡剂+1.6t快T+11m^{3}水+16t $BaSO_4$；密度为1.10g/cm^{3}的解卡剂50m^3。注解卡剂30m^3，浸泡井段为1272~1712m，活动范围为250~3200kN，浸泡解卡剂14h后未解卡。

(5)就地固井。

(五)经验教训

在一般情况下，套管是否能够下到位，与对通井的认知程度有直接关系，而通井的钻具组合、技术措施要结合井况特征确定：①通井钻具的刚度应大于套管串；②通井时起下钻应无阻卡显示，起下钻摩阻应与正常钻进时一致；③应模拟下套管作业时间进行通井；④下套管属于关键作业环节，应由领导带班，并有专家现场指导。该井施工过程中的不足之处如下：

(1)该井为大尺寸井眼，地层不稳定，易形成“大肚子”，要确保钻井液的携砂能力，同时提高井壁稳定性，保证井眼质量。

(2)当测井发生遇阻情况时(测井径仪器下至井深889m处遇阻未通过)，应及时了解遇阻原因，并提出有针对性的改进建议。

(3)下套管过程中，在摩阻逐渐增加的情况下，切不可盲目继续下入，套管下放前要确保上部有自由活动段，保持足够的上提力并逐级上提，将套管串上提至能够解卡，绝不能强行下压。

(4)下套管过程中要有钻井队领导带班，并派专家现场指导，监督人员要在关键环节进行现场监督。有遇阻显示或摩阻变大时，必须立即向上级领导汇报。同时，钻井公司带班领导和驻井监督人员要做好下入过程的全程监控，发现异常及时处理。

二、YD1－1H井Φ127mm尾管完井套管遇卡故障

(一)基本情况

该井三开中完井深为5768m，完钻层位为亚格列木组，采用Φ127mm尾管悬挂固井，送下尾管下至5592.78m处时发生遇阻，悬重由1103kN下降至978kN，继续下压至800kN仍未通过，上提最大至1800kN仍未提活，开泵循环，上下活动套管无效，套管卡死。

1. 入井管串结构

浮鞋＋套管×3根＋1#浮箍＋套管×3根＋2#浮箍＋套管×4根＋球座＋套管串＋悬挂器＋送放钻具。

2. 钻井液性能

所采用钻井液的基本性能为：密度为1.32g/cm^3；黏度为57s；塑性黏度为24mPa·s；动切为6Pa；静切为1.5Pa/6Pa；失水量为3mL；泥饼厚度为0.4mm；HTHP为10mL(130℃)；pH值为10；含砂量为0.08%；固体含量为10%，坂含为35g/L；Cl^-浓度为38880mg/L；Ca^{2+}浓度为400mg/L。

(二)发生经过

2018年10月14日送放Φ127mm尾管至井深5592.78m后开始接立柱，接好立柱后下放钻具遇阻，悬重由1103kN下降至978kN(录井曲线见图4－1)。在上提未提活的情况下，继续下压吨位至800kN，未通过；现场甩立柱，上提至最高1800kN，未能活动开，接方钻杆，开泵2MPa顶通水眼，建立循环，排量为0.25m^3/min，压力为3MPa；小排量循环，间断性地活动钻具(800～1700kN)无效，套管卡死。

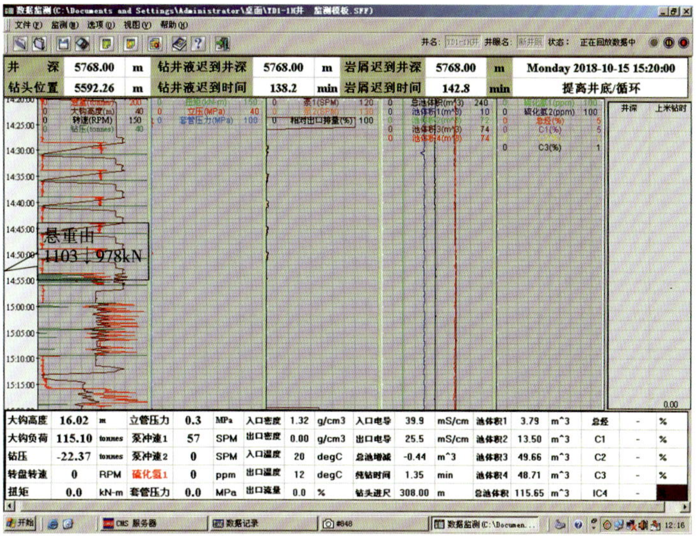

图 4－1 下套管遇阻时的录井曲线图

(三)原因分析

(1)在接完立柱后下放时，悬重由 1103kN 下降至 978kN 发现遇阻后，司钻继续下压至 800kN，下压吨位 300kN(规定下压吨位除去摩阻不得超过 150kN)。在未开泵循环的情况下，现场多次上提下放，且活动范围为 800～1600kN，这是造成套管卡死的重要原因。

(2)井眼轨迹不规则，存在多段波浪式井眼轨迹。该井为定向水平井，靶前位移短，轨迹先降斜再增斜，在 5458～5507m 井段狗腿度为(4.79°～8.65°)/30m(井眼轨迹见图 4－2)。

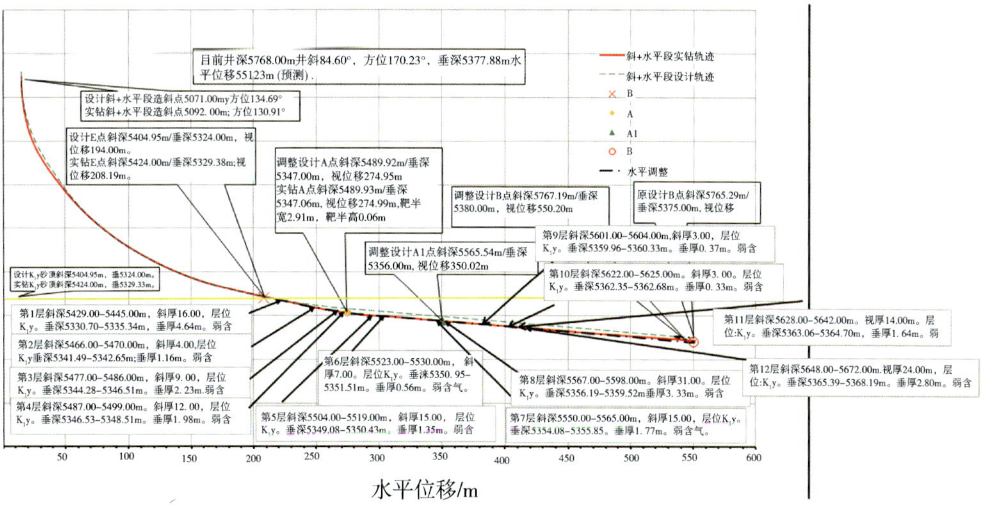

图 4－2 井眼轨迹图及井眼轨迹数据

(3)该井为水平井，使用刚性旋流扶正器(外径为 158mm)，套管串刚性强度设计可能偏大。

（四）处理方式与效果

（1）循环、上下活动管串、注柴油试解卡：泵入柴油 5.0m^3，前、后各 1.5m^3 坂土浆，管内留有柴油 2.4m^3，管外留有柴油 2.6m^3，其间每 10min 上下活动钻具一次（800～400kN），每小时顶通水眼 0.2～0.3m^3，活动解卡无效（累计浸泡柴油 10h50min）。

（2）第一次泡解卡剂：泵入解卡剂 12m^3（配方：1.4t CX－158＋8.1m^3 柴油＋3.3m^3 水＋8t 重晶石粉＋0.4t 快速渗透剂），解卡剂管内留 9m^3、管外留 3m^3，每 20～30min 在 800～1400kN 范围活动钻具一次，每小时顶通水眼 0.2～1.0m^3，未解卡（累计浸泡 11h20min）。

（3）降密度后第二次泡解卡剂：循环降密度为 1.27g/cm^3，泵入解卡剂 17m^3（配方：1.8t PIPE－LAX＋10.8m^3 柴油＋4.8m^3 水＋8t 重晶石粉＋0.6t 快速渗透剂），解卡剂管内留 14m^3，替出管外 3m^3，每 20min 在 800～1400kN 范围内活动一次，每小时顶通水眼 0.2～0.3m^3，活动解卡无效（累计浸泡 39h）。

（4）接批复批示就地固井。

（五）经验教训

（1）针对小井眼大斜度井，前期应做好技术调研和数据对比，根据实际井眼狗腿度，提前优化扶正器的类型和加放位置，合理设计套管串的整体刚性强度。

（2）对于大斜度且井眼规则度较差、狗腿度较大的井，下套管前应循序渐进地增大通井钻具刚性强度，防止刚性强度过大而导致卡钻。

（3）下套管过程中，在发生遇阻后，应及时开泵小排量顶通，然后合理设置排量循环，再上下活动套管。当班司钻在下套管过程中应熟知相关应急处理措施。

三、SHB1－1H 井下 Φ339.7mm 表层套管遇卡故障

（一）基本情况

2015 年 2 月 10 日，该井一开 Φ444.5mm 钻头中完井深为 1200m，下 Φ339.7mm 套管至井深 264m 处时遇卡，开泵后大范围上下活动套管仍未能提开，组织解卡剂浸泡活动套管无效，组织下击器进行震击作业后解卡，起出套管后重新通井。井身结构见表 4－1。

表 4－1　SHB1－1H 井的井身结构

序号	钻头		套管		
	规格/mm	钻深/m	规格/mm	下深/m	封固井段/m
导管	660.4	50	508.0	50	0～50
表层	444.5	1200	339.7	1199	0～1200

1. 钻井液性能

所采用钻井液的基本性能为：密度为 1.25g/cm^3；黏度为 60s；塑性黏度为 22mPa·s；动切为 9.5Pa；pH 值为 9；API 失水量为 6.8mL；泥饼厚度为 1mm。

2. 钻进情况

2015 年 2 月 5 日 3：30 钻进至 723.59m 处，水龙带出现故障。2 月 8 日 2：00 恢复钻进作业(其间修水龙带和安装顶驱)。

3. 通井情况

该井一开完钻下通井钻具组合至导管鞋(井深 50m)处时遇阻无法通过。经过划眼处理，划眼 0.8m 后顺利通过，顺利通过后反复划眼 3 遍，无异常后直接下钻通井，下钻至井深 950m 处时有遇阻显示，然后接顶驱划眼到底；循环洗井结束后直接起钻至井口，起钻过程无阻卡显示。

(二)发生经过

2015 年 2 月 10 日 19：30 下 Φ339.7mm 套管至井深 264m(正常悬重为 480kN)时遇阻，悬重由 480kN 下降至 380kN，遇阻后上提下放活动套管，活动范围为 380 ~ 630kN，套管未能提开；21：30 接顶驱，开泵循环，排量为 10.85L/s，上下活动套管，最大上提至 1800kN，最大下压至 300kN，套管未能提开。

(三)原因分析

下套管过程中，导管鞋处水泥环发生掉块造成套管被卡死。

(四)处理方式与效果

1. 处理方案

(1)保持循环通道，在安全范围内活动管串。

(2)组织解卡剂送井，浸泡解卡剂活动套管。

(3)组织震击器送井，进行震击作业。

2. 处理经过

11 日 6：00 ~ 13 日 13：30 浸泡解卡剂活动套管，泵入解卡剂 18m^3，替入井浆 13m^3，浸泡井段为 124 ~ 264m，上提下放活动范围为 300 ~ 800kN，未能解卡。2 月 13 日 16：00 连接地面下击器震击活动套管，震击器震击吨位为 400kN，累计震击 25 次；19：00 循环替出井内解卡剂，并循环泥浆，其间配制解卡剂；19：30 泵入解卡剂 22m^3，替浆 16m^3，解卡剂浸泡井段为 50 ~ 264m；24：00 浸泡解卡剂，地面下击器震击活动套管，累计震击 75 次。14 日 10：00 上提下放活动套管，活动范围为 300 ~ 1000kN；10：10 活动套管，上提至 1000kN 时成功解卡，悬重恢复正常。15 日起出全部套管后重新通井，通井到底后循环，返出物中含有水泥掉块和岩屑块(图 4 - 3)。

图 4 - 3　通井后返出物中的水泥掉块

(五)经验教训

(1)井队在扫导管水泥塞时应使用低参数反复划眼，感觉有大的水泥块时，应提钻头离开井底并停泵，待水泥块落到井底后，采用先加钻压再开泵的措施反复碾压水泥块，直至清除干净且带离井底。

(2)开钻前要认真对设备进行试运行，确保钻进过程中设备正常，减少因设备原因引发的井下不安全因素，提高生产效率。

(3)导管作业应不留口袋，导管下深应由 50m 加深至 100m。

四、SHB5 -3 井 Φ139.7mm 尾管固井替浆高泵压故障

(一)基本情况

该井三开中完井深为 7349m，Φ139.7mm 尾管悬挂固井，采用胶乳水泥浆体系，替浆至 38.7m^3(设计顶替量为 53m^3)，泵压由 16MPa 涨至 26MPa，换水泥车顶替憋压至 32.5MPa 后压力不降，井口无返浆。强行丢手后起出全部钻具，发现钻具内被水泥浆固住了 226 根。后期通过扫塞确认套管串上移 54m。井身结构见表 4 -2。

表 4 -2　SHB5 -3 井的井身结构

序号	钻头尺寸 × 井深/(mm × m)	套管尺寸 × 下深/(mm × m)
1	444.5 × 1000	339.7 × 999.18
2	311.2 × 5395	244.5 × 5393.14
3	215.9 × 7330	177.8 × 7328.02
4	149.2 × 7349	139.7 × 7349.00

注：四开开窗位置为 7184.5 ~ 7187m，丢手工具位于 7035.77 ~ 7036.63m。

1. 入井管串结构

浮鞋 + 套管 ×3 根 + 1#浮箍 + 套管 ×3 根 + 2#浮箍 + Φ139.7mm 套管 ×4 根 + 锁紧座 + 套管 ×18 根 + 丢手工具 + 送放工具 + Φ88.9mm 钻杆 ×204 根 + Φ127mm 钻杆 ×527 根。

2. 钻井液性能

所采用钻井液的基本性能为：密度为 1.40g/cm^3；黏度为 55s；塑性黏度为 22mPa · s。

(二)发生经过

2018 年 5 月 27 日送放尾管至井底(7349m 处)，循环两周后丢手成功，开始固井施工：注无混油泥浆 22m^3，注冲洗液 6m^3，注隔离液 6m^3(密度为 1.50g/cm^3)，注水泥浆 11m^3(密度 1.88g/cm^3)，注后置液 3.4m^3，注替井浆 38.7m^3(设计顶替量为 53m^3)，泵压由 16MPa 涨至 26MPa，换水泥车顶替憋压至 32.5MPa 后压力不降，井口无返浆。停止作业，多次采取猛刹、正旋转顶驱等措施强行丢手后，直接起出全部钻具。

(三)原因分析

胶乳液硅水泥浆提前稠化(闪凝)，导致固井替浆期间憋高压。

(四)处理方式与效果

(1)发生憋压后，立即连接固井车打压至32.5MPa试图强注，但压力迅速上涨，停泵后压力不降，未能顶通水眼。

(2)顶通无效后，拆水泥头，上提钻具，悬重保持2200kN不变(施工前丢手后上提悬重保持2040kN不变)，判断认为中心管未丢手。多次上提下放活动钻具，其间多次采取猛刹、正旋转顶驱等措施，悬重为2180kN，分析认为中心管未丢手(上下活动距离为3～4m，活动范围为2040～2200kN，每次正转钻具5圈，扭矩为7～8kN·m，扭矩平稳，停转后钻具无回圈，累计转了3次)。

(3)上提1单根后接顶驱，钻具内打压至20MPa仍未能顶通水眼，水眼堵塞。

(4)起出全部钻具(起出钻具4473.64m见后置液，起出钻具4587.94m见水泥块，起出钻具4816.34m见水泥浆混浆，起出钻具4845.29m钻具堵塞)，共计堵塞Φ127mm钻杆22根、Φ88.9mm钻杆204根，中心管起出后未见大胶塞，中心管被水泥堵塞，堵塞钻杆的第10根中部发现小胶塞。

(5)下钻探扫塞后发现套管串整体上移54m(塞面为6982m，在6983m处扫出套管大胶塞)，继续扫塞实探球座位置(7182.35m处)，理论顶深为7236.26m，实探浮鞋顶深为7293.93m(理论顶深为7347.97m)，确认管串上移54.04m。扫塞至7195m时开始放空至井底。

(6)起出扫塞钻具，组下封隔器至Φ177.8mm套管内成功坐封，开泵循环，井口正常返浆，验证Φ177.8mm套管完整后起出封隔器。

(7)下打捞矛下钻至井深6998m处遇阻40kN，反转钻具6圈，逐级上提至2280kN，再下降至2240kN，继续上提至2320kN，再下降至2180kN(原悬重为2040kN)，捞住落鱼，起完钻并捞出井下全部套管串。

(8)重新组织下Φ127mm尾管固井。

(五)经验教训

(1)水泥浆的分析化验是固井过程中的关键环节之一。大样取样后，现场灰、水不得更换。不得已进行改变时，钻井队人员要及时、如实地向固井队报告。固井队应要求水泥浆服务方重新做小样、大样实验。

(2)一旦水泥浆配方确定后，任何人或单位不得对添加剂的组成与比例进行更改，要保证入井工作液和出具实验报告的工作液一致。现场取样由钻井队进行保存，待固井施工结束、候凝扫塞完成，确认固井各项工作正常后，方可对取样进行环保处理。

(3)若是水泥浆稳定性差，多次取样的实验结果存在差异，则在注水泥作业前，要进行反复、认真校对，直至获得稳定的、符合施工设计要求的水泥浆性能。对于水泥浆大样报告不合格或水泥浆稳定性较差的井，应重新调整并复查合格后方可继续开展施工作业。水泥浆服务方不得私自向配浆水中加入药剂进行调整，固井队应加强对水泥浆调配过程的跟踪和现场管理，并做好监督工作。

(4)各施工作业方应严格按照操作流程和施工会议纪要要求施工，监督人员要尽职尽责做好监督，各相关单位要做好风险预控工作和突发情况的应急预案。

(5)类似于该井的情况，当分析认为中心管难以丢手时，可以考虑不采取强行丢手措施，而是直接起钻带出套管串，避免因强行丢手而造成井下复杂。

五、S9702 井堵漏水泥浆固井钻具故障

(一)基本情况

2014 年 10 月 5 日，该井 Φ193.7mm 套管下深为 5545m，165.1mm 裸眼完钻井深为 5650.5m。由于井下漏失严重，且停泵后回吐量较大，要求打水泥塞封固全部裸眼地层。此次采用高挤高注打塞法，注水泥浆 10m^3，正挤 17.2m^3，反挤 10.6m^3，关井候凝 48h 后开井，起钻悬重由 820kN 上升至 920kN(原悬重为 820kN)，反复活动仍无效，钻具卡死。井身结构见表 4-3。

表 4-3　S9702 井的井身结构

序号	钻头尺寸×井深/(mm×m)	套管尺寸×下深/(mm×m)
1	346.1×1206.00	273.1×1205.81
2	250.8×5547.00	193.7×5545.00
3	165.1×5650.50	裸眼

1. 钻具组合

Φ73mm 钻杆(段长 2715m)+Φ88.9mm 钻杆(段长 2285m)。

2. 其他参数

油田水密度为 1.20g/cm^3。

(二)发生经过

1. 循环

10 月 5 日下打塞管柱 5000.51m，液面监测管柱液面为 50m、环空液面为 54m。循环压井液，注入 126m^3，返出 90m^3，累计漏失 36m^3，漏速为 12m^3/h，排量为 700L/min，泵压为 8~10MPa，进、出口泥浆密度一致。

2. 试挤

关防喷器，正挤前置液 8.0m^3 后测吸水，立压由 0 涨至 15MPa，停泵后降为 6MPa，

1min 后压力回零，无回吐情况（设计量为 $8.0m^3$）。

3. 注水泥过程

开防喷器，正注水泥浆 $10m^3$，密度为 $1.88g/cm^3$，排量为 500L/min，压力为 0（设计量为 $10m^3$）。关防喷器，正挤后置液 $2.0m^3$，密度为 $1.02g/cm^3$，排量为 400L/min，立压为 0，套压为 0。正挤压井液 $15.2m^3$，密度为 $1.20g/cm^3$，排量为 500L/min，立压为 0，套压为 0（设计量为 $16.3m^3$，现场根据实际入井管柱校核挤入量为 $15.2m^3$）。反挤压井液 $10.6m^3$，密度为 $1.20g/cm^3$，排量为 400L/min，立、套压均为 0（设计量为 $10.6m^3$）。

4. 候凝、起钻

根据设计要求关井候凝 48h，候凝期间油压由 0 先上升至 0.3MPa，后下降至 0，套压由 0 上升至 0.5MPa。候凝结束后立压为 0，套压为 0.5MPa，开井泄压，环空返出少量气体。上提钻具，悬重由 820kN 上升至 920kN（原悬重为 820kN），反复活动仍无效，钻具卡死。

（三）原因分析

（1）开泵 15min 后开始返出压井液，推算得环空液面在 300m 左右。循环压井液 $22m^3$，排量为 500L/min，压力为 5MPa，进、出口泥浆密度一致，说明上部管柱存在循环通道；关环空，正向打压 15MPa，稳压 2min 后无压降，说明井底已封固。

（2）使用分散剂 USZ 做指示剂测迟到时间，排量为 500L/min，压力为 5MPa，泵入 $33m^3$ 后（井筒内容积为 $105m^3$），出口返出指示剂，计算得循环通道位置约在 1582m 处。

（四）处理方式与效果

（1）10 月 8 日倒扣起钻至 1687.48m 处时，发现第 175 根钻杆公扣和第 176 根钻杆母扣连接处有 15 ~ 20mm 的缝隙（图 4-4），卸扣后端面有水泥块，说明有水泥浆从该位置通过。10 月 9 日 23：00 第一次倒扣起钻完成，鱼顶位置为 4390.37m 处。

（2）反扣钻具下至鱼顶位置 4390.37m 处，开泵循环，排量为 500L/min，循环泵压为 10MPa。

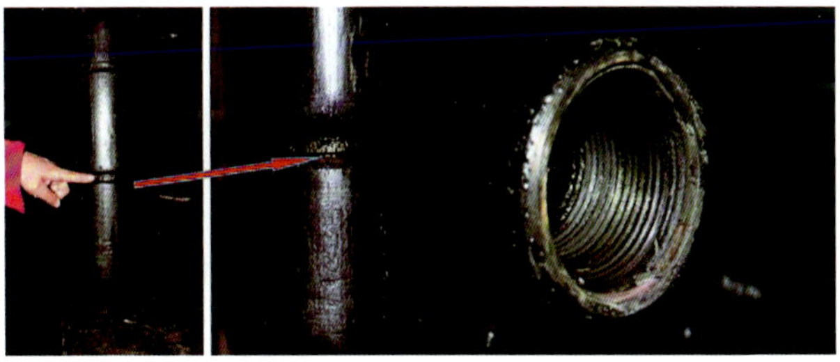

图 4-4 钻杆刺出缝隙

（3）13 日 9：00 第二次倒扣起钻完成，鱼顶位置为 4495.15m 处。15 日 0：00 第三次倒扣起钻完成，鱼顶位置为 4514.12m 处。17 日第四次倒扣起钻完成，发现倒数第 6 根钻杆开始有混水泥浆（井深 4572m 左右，推断此位置为钻杆内部水泥塞面）。第 13、第 14 根钻杆接箍外壁有水泥痕迹，此时鱼顶位置为 4647.6m 处。

（4）多次套铣钻具后鱼顶位置为 4885.56m 处，落鱼长 114.95m。

（5）重新打水泥塞侧钻。

(五)经验教训

(1)该故障为一起典型的由操作不当造成的故障。

(2)施工前应开泵循环，观察排量和泵压变化情况，测试地层漏失、回吐情况，并在施工过程中对比观察。针对仅漏失不回吐的井，施工结束后，建议直接起钻至井口。

(3)Φ73mm 钻杆现在很少用到，配套资源较少，质量难以保证，使用前要认真检查，避免有问题的钻具入井。

(4)修井队要加强现场人员的操作技能培训，施工前应检查液压大钳、钻杆丝扣，确保上扣扭矩准确。

六、TP163CH 井打水泥塞固井钻具故障

(一)基本情况

该井为老井侧钻，老井 Φ177.8mm 套管下深为 6554m，Φ149.2mm 裸眼完钻井深为 6714m。由于井下漏失，该井设计在 Φ177.8mm 套管内 6524m 位置先坐封桥塞，后直接进行水泥塞作业。水泥塞施工结束后起钻 15 柱后顶水眼 6m^3，此时钻机设备出现故障耽误 77min，再起钻时大钩负荷在 840～2090kN 范围内变化(原悬重为 1130kN)，钻具卡死。井身结构见表 4－4。

表 4－4　TP163CH 井的井身结构

序号	钻头尺寸×井深/(mm×m)	套管尺寸×下深/(mm×m)
1	444.5×800.00	339.7×799.75
2	311.2×5166.00	244.5×5149.28
3	215.9×6555.00	177.8×6554.57
4	149.2×6714.00	裸眼

1. 压井液性能

所采用压井液的基本性能为：密度为 1.15g/cm^3；黏度为 48s；塑性黏度为 20mPa·s；动切为 7Pa。

2. 入井管串

桥塞送入工具(2.31m)＋Φ88.9mm 钻杆×642 根(6161.09m)＋Φ88.9mm 加重钻杆×34 根(311.27m)＋Φ88.9mm 钻杆×5 根(48.09m)。

3. 固井方法

固井施工前，在井深 6524m 处下入桥塞，坐封正常后在 6324～6524m 井段进行注水泥塞作业，封堵下部地层，为下一步开窗侧钻做准备。

(二)发生经过

2014 年 8 月 17 日 4：00 注入 4m^3 水泥浆，替浆结束后，计算得水泥塞面位于 6311m

处；至5：35 起钻 15 柱至井深 6096.3m 处；5：48 接方钻杆，顶通水眼，泵入 $6m^3$；7：26卸方钻杆后，由于钻井队的钻机设备出现故障而失去起钻能力，修理设备，未起钻；7：39 开泵憋压 8.41MPa，无法建立循环，上提下放钻具，大钩负荷在 840～2090kN 范围内变化(原悬重为 1130kN)，其间开动转盘尝试转动钻具但无效，确认钻具卡死。

(三)原因分析

(1)由于钻井队设备故障，因而进行维修，钻具在井内静止 77min，是导致此次故障的主要原因。

(2)由于钻具水眼内残留少量水泥浆，在开泵顶通 $6m^3$ 后，将水泥浆顶至环空内($6m^3$ 环空长度约 480m，可以上返至 5616m 左右，与实测卡点位置 5634m 相吻合)，与钻井液形成混浆，在长时间(77min)静止的情况下，可能导致水泥浆和钻井液的混浆提前稠化，引发钻具遇卡故障。

(3)该井坐封桥塞后未起出送入工具，送入工具最大外径为 150mm，起钻过程存在一定的抽吸作用，使环空水泥浆与钻具一起上行。

(四)处理方式与效果

经过测卡点、爆炸松扣、打捞等措施，共捞获落鱼 5636.76m，井内落鱼长 463.54m。经请示后进行弃井处理。

(五)经验教训

(1)现场施工人员风险意识不强，在该井起钻过程中因发生设备故障而失去起钻能力后，没有意识到水泥浆及混浆此时没有循环出井筒，可能造成卡钻。应该在设备失去起钻能力的情况下，继续循环，将水泥浆或混浆循环出井眼；若钻井队设备也失去循环能力，则应立即连接水泥车进行连续循环，直至将水泥浆或混浆循环出井筒。

(2)对于侧钻井的钻井设备要加强管理，保障生产过程的正常进行。

(3)应优化固井设计，针对水泥塞高风险固井施工作业，应调整水泥浆的稠化时间，制定合理的配套措施方案。

七、TP191H 井 Φ206.4mm 尾管悬挂器丢手故障

(一)基本情况

该井是一口四开井，三开下专封盐层尾管时发生事故。该井二开时 Φ244.5mm 套管下深 5579m，三开采用 Φ215.9mm 钻头中完井深 5665m，采用 Φ206.4mm 尾管固井，进行盐层专封。该井悬挂器丢手不成功，注水泥结束后起钻时，套管串随送入钻具一同起出，起钻中途套管串落井。

1. 入井管串

Φ206.4mm 浮鞋(拆去回压凡尔)+Φ206.4mm 套管×9 根+球座+Φ206.4mm 套管×2 根+牵制式悬挂器+Φ139.7mm 送入钻具。

2. 钻井液性能

所采用钻井液的基本性能为：密度为 1.75g/cm^3；黏度为 68s；塑性黏度为 41mPa·s。

3. 井身结构

TP191H 井的井身结构见表 4-5。

表 4-5 TP191H 井的井身结构

序号	钻头尺寸×井深/(mm×m)	套管尺寸×下深/(mm×m)
1	Φ444.5×1206	Φ339.7×1205.53
2	Φ311.2×5579	Φ244.5×5577.00
3	Φ215.9×5665	Φ206.4×5665.00

(二)发生经过

2017 年 3 月 2 日 18：00 下完 125m 直径为 206.4mm 的尾管，接悬挂器称重为 14t。套管下放到位后，上提 208t，下放 1840kN，循环排量为 1.2m^3/min，压力为 13MPa；投球，开始坐挂、丢手作业；憋压 12MPa，悬重由 1920kN 下放至 1650kN，继续憋压至 14MPa，上提悬重至 2080kN 后保持不变，下放悬重至 1800kN 后憋压至 21MPa，憋通球座，坐卡瓦，分别正转 5 圈、10 圈、15 圈，回转 3 次(分别回转 1/4 圈)，上提钻具 2.2m，悬重保持 2060kN 不变，下放钻具至 1940kN，钻具悬重在下放过程中有自由行程显示，自由行程约 60cm；下放悬重至 1920kN 后，再次上提钻具 1.8m，悬重保持 2060kN 不变，后又下放钻具，悬重保持 1940kN 不变，此时自由行程明显，最后下压 120kN，准备固井(录井曲线见图 4-5)。

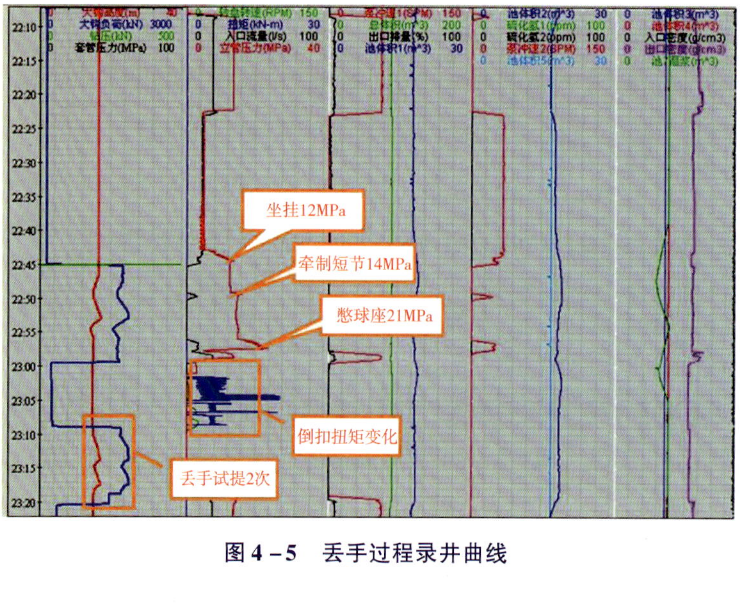

图 4-5 丢手过程录井曲线

注隔离液 $10m^3$，注水泥浆 $11m^3$，替浆 $61.2m^3$ 到量后碰压为 6～13MPa，卸水泥头。开始起钻，起钻过程中发现钻具内满泥浆，卸扣喷浆严重。起钻至 20 柱时，开泵顶水眼，打压 20MPa 后未顶通水眼；起钻至 42 柱时，起钻过程中悬重由 1650kN 降至 1530kN；起钻完成后，起出中心管检查，未发现异常。

后期下钻探得塞面为 5369m 处，扫至 5471.07m 处时转盘扭矩突增，出现憋钻，钻时变慢，试探性钻至 5472.70m 处后钻时依然极慢，振动筛返出少量片状铁屑，遂决定起钻检查钻头，发现 PDC 钻头肩部切削齿蹦齿，保径齿及刀翼本体有环状磨损(环形外径约为 185mm)；更换为三牙轮钻头，下钻扫塞至 5472.70m 处后开始钻塞，钻时依旧没有改变，扭矩忽高忽低；此后，继续钻塞至 5496.15m 处(电流扭矩由 8～9kN·m 上升至 15～22kN·m，判断认为已到达球座位置)，套管串发生上移。

(三)原因分析

(1)悬挂器丢手判断不准确，是造成这次事故的直接原因。

(2)悬挂器牵制短节失效，固井后牵制短节没能发挥出锚定管串增大悬重的效果，工具方服务人员因此判断认为丢手失误。

(3)现场完成坐挂、丢手操作后，工具方服务人员未反复验证丢手情况，导致丢手判断失误。

(四)处理方式与效果

重新在 Φ244.5mm 套管内开窗侧钻。

(五)经验教训

(1)尾管固井施工前，应明确悬挂器坐挂、丢手操作标准化流程，相关内容还应包括判断依据和预警汇报流程。

(2)建议工具方加强悬挂器牵制短节质量控制，提升牵制短节的可靠性。

(3)对于轻、短尾管悬挂固井，在采取必要的反向锚定措施的同时，还要采取一些判断丢手的辅助措施，例如：固井结束后，再次进行正转倒扣操作；拔出中心管后，及时进行顶通，等等。

(4)对于复杂井、特殊工艺井，工具服务方应选派经验丰富的技术人员到现场服务，保证工具顺利应用。

八、S41－8 井安装防喷器组合和芯轴坐挂井口下沉故障

(一)基本情况

该井发生了两次井口故障：第一次是表层固井后在安装封井器的过程中发生了井口下

沉；第二次是二开中完下套管固井后发生了套管头下沉。

（1）该井 2017 年 10 月 21 日一开 Φ346.1mm 钻头中完井深为 2600m，Φ273.1mm 套管下深为 2599.05m，注水泥浆 130m^3，固井替浆到量后碰压由 14MPa 上升至 16MPa，水泥未返回地面。探到塞面为 2537m 处，扫塞至井深 2579m 处时套管试压为 9.9MPa（合格），测得声幅水泥返高在距井口 250m 处。25 日进行“三点一线”校验后安装井口设备。28 日在二开整改期间，防喷器组合突然下沉 16cm，内防喷管线与底座接触（内防喷管线左、右侧均距底座 3cm）；表层套管试压为 10.5MPa（合格），正常钻进。

（2）该井二开 Φ250.8mm 钻头中完井深为 4900m。2017 年 11 月 18 日 8：00 下 Φ193.7mm 套管至井深 4898.45m 处，套管串悬重为 1975kN。18 日 17：30 一级固井施工结束；20：00 开孔循环完成；21：30 套管坐挂，坐挂吨位由 1975kN 下降至 80kN，坐挂期间套管头下沉 20cm，导致井口更换钻采四通后，其两翼无法接出底座。

（二）原因分析

（1）第一次故障原因：水泥浆返高至距离井口 250m 处时，上部自由套管段缺少支撑力。

（2）第二次故障原因：二开套管坐挂时，一级固井水泥浆还未提高强度，坐挂吨位将同时作用在表层套管上，由于井口套管存在自由段，导致套管被压缩。通过套管压缩距计算可知，井口下沉 20cm 后与套管压缩距基本相符。

（三）经验教训

（1）表层固井施工时，水泥浆附加量要按照井径的大小，结合经验数据计算得出，从而确保水泥浆返出地面。

（2）应在一级候凝结束后、二级施工前坐挂，或在二级固井结束后再坐挂。

（3）应提前根据套管压缩距计算好芯轴悬挂器到套管头的距离，井口坐挂吨位尽量控制在 800～1200kN 范围内。

九、TH10356CX 井疑似 Φ139.7mm 悬挂器短路故障

（一）基本情况

该井在下套管及后期循环时出现井漏；在投球坐挂时憋压稳不住压力；注先导浆后，放回水不断流；管柱内进行注清水试验，放回水仍不断流；环空反向打压后，钻具水眼内回吐；用电石测迟到时间，出现两段气测值。根据以上情况分析认为，悬挂器可能发生了短路，起出全部送入钻具后，下 RTTS 验证，发现悬挂器的确发生了短路现象。

尾管数据：尾管悬挂器位置为 5671.10m 处，尾管串长 496.32m；尾管坐挂前悬重为 1320kN，坐挂后悬重为 920kN，下放 3.8m，与理论计算结果相符。

(二)发生经过

1. 套管到位，循环期间出现漏失

2018 年 12 月 25 日 12：53 下套管到位后（套管长 496.32m），提循环排量至 0.7m^3/min，压力由 10.9MPa 降至 9.5MPa(12：53 发生漏失，压力为 10.9MPa)；12：58 循环验漏，排量为 0.7m^3/min，压力为 9.5MPa，漏失量为 0.8m^3；13：10 降排量至 0.48m^3/min，井口不见返浆，累计正顶 4m^3 后井口见少量返浆(其间，按要求先打 20m^3 细颗粒堵漏浆，然后就地固井)。

2. 投球憋压坐挂时，无法稳压，但坐挂成功

15：40 停泵投球；16：45 泵送球到位，排量为 0.4m^3/min，压力为 5MPa；17：10 第一次憋压至 12MPa，停泵，压力 30s 内降为 0，再次开泵憋压至 16MPa，停泵压力 30s 内降为 0，坐挂 92～132t，下放 3.8m，与理论计算相符，判断坐挂成功，上提 2.5m 后悬重为 1450kN，验证牵制短节锁定良好。

3. 继续打压至 25MPa，井口返浆，球座未憋通，请示后成功丢手

将悬重下放至 116t，开泵排量为 0.7m^3/min，压力上升至 25MPa，井口返浆，压力不变，球座未憋通，停泵，压力降至 0，投球泵送坐挂期间共漏失泥浆 10.1m^3；18：15 循环排量为 0.4m^3/min，压力由 12.2MPa 降至 8.3MPa；19：00 循环排量为 0.7m^3/min，压力由 16.5MPa 降至 13.2MPa，现场根据情况汇报后进行丢手作业，循环漏失 1.3m^3；19：15 下压至 116t 后倒扣，累计正转 30 圈，无回转，上提最高至 1260kN 不变，自由行程为 1.2m，连续 2 次无变化，判断认为丢手成功，下压 140～1120kN 后坐吊卡。

4. 注先导液和清水，环空打压

停泵后钻具内反吐，结合电石和彩条迟到验证，判断认为尾管串密封不完整，决定起钻检查，下 RTTS 找漏点。

19：23 循环注先导浆 5m^3，排量为 0.7m^3/min，压力为 14.3MPa(19：23 时压力突然升至 21MPa，停泵 1min 后压力降至 4MPa)；20：10 注先导浆 15m^3，密度为 1.22g/cm^3，排量为 0.4m^3/min，压力为 9MPa，其间漏失 1.2m^3；20：20 停泵，钻具内有回压 1.8MPa，卸方钻杆，钻具内回吐约 3m^3。27 日 0：00 间断性地循环，并讨论下一步方案；1：00 拆方钻杆，接水泥头；1：10 水泥车正顶清水 4.3m^3，压力为 6～10MPa，排量为 0.4m^3/min（正顶清水 3.5m^3 时井口返浆），停泵后有回压 4MPa，泄压倒返约 4m^3；10：00 间歇性地循环处理泥浆，等待下一步措施，循环漏失 11.9m^3。累计漏失 1.28g/cm^3 的钻井液 67m^3。

27 日 10：00～16：00 循环观察，循环排量分别为 0.4m^3/min、0.5m^3/min、0.7m^3/min，压力分别为 5.6MPa、8.5MPa、11.5MPa，漏失泥浆 5.6m^3，累计漏失 72.6m^3；16：20 卸方钻杆，关环空反顶泥浆，排量为 0.4m^3/min，压力为 0.5MPa；18：20 使用 0.85～0.95m^3/min 排量循环观察，压力先后稳定在 16.52MPa 和 18.2MPa；18：30 停泵投电石、彩条，做迟到时间测试；21：30 循环，排量为 0.85m^3/min，压力为 16MPa(其间，20：35

和21：03出现两次全烃值、C1显示），循环期间无漏失；21：40向上级汇报现场相关情况，按要求起钻后下封隔器。

（三）原因分析

（1）地层承压能力低，尾管下到底后循环时发生漏失，注入封堵材料后，小排量固井的措施是可行的。

（2）投球打压坐挂及打压憋球座时不能稳压的原因：球座处有异物，球和球座不匹配；尾管串有破损；钻具有刺漏点；中心管密封不良。

（3）通过向钻具内注先导液及清水、环空打压、电石及彩条迟到验证，初步判断认为尾管串或送入钻具及工具内可能有漏点。在漏点位置不确定的情况下，无法进行固井作业，需要起钻检查送入钻具和工具，下RTTS找准尾管漏点位置，然后采取相应措施。

（四）处理方式与效果

（1）起钻检查情况：钻具及送入工具良好。

起钻期间检查钻具无损伤，清洗检查中心管本体无损伤，且密封芯子无损伤、传压孔无损伤；大胶塞3个胶皮均有损坏，但其中前两个和第三个不在同一方向，胶皮上部铝合金件有刺痕。由此可以排除钻具及工具的短路原因。

（2）下封隔器情况：坐封位置为5684.49m处，稳压良好，球座打通，停泵后钻具不倒流，找准漏点。

接RTTS封隔器，组合钻具，下钻至井深5599m处；开泵循环，观察循环压力，循环排量为0.5m^3/min时，压力为5.6MPa，循环排量为0.4m^3/min时，压力为4MPa；下RTTS封隔器管串至5694.41m处，封隔器坐封（坐封位置为5684.49m处）；开泵打压7MPa，压力不降，封隔器坐封正常；开泵缓慢逐步打压，依次打压至7MPa、10MPa、12MPa、14MPa、16MPa后压力不降，打压至19MPa时压力陡降至0，初步判断为憋通球座，压力变化明显，环空返浆，建立循环；循环排量为0.4m^3/min时，压力为6.1～6.7MPa；水泥车注冲洗液2m^3后，排量为0.4m^3/min时，压力为5MPa，卸方钻杆，钻具内不倒返，回压凡尔密封正常。判断认为在RTTS分割器坐封位置5684.49m处至悬挂器位置5671.10m处之间存在漏点。

（3）故障解除：配合RTTS成功固井；球座打通，验封良好后进行固井作业，固井施工结束后，封隔器解封正常。

（五）经验教训

1. 故障原因验证分析

在RTTS封割器坐封位置至悬挂器位置之间存在漏点，是造成此次故障的原因。

（1）投球后尾管不能稳压，导致漏失的因素较多，要逐一排查，耐心验证。若遇到验证困难的情况，需要起钻配合验证。

(2)在此类漏点验证时，采用循环周迟到时间测试方法，参考度较高，且成本低、见效快。漏点和尾管鞋的距离越远，效果越明显；反之，则参考性降低。该井存在两个明显的全烃峰值，说明管串存在漏点且距离管鞋较远。

(3)起钻并排除钻杆和送入工具故障后，基本可判定漏点在尾管串部位，且位置较靠上。

(4)RTTS 封隔器可快速验证尾管串漏点，当漏点在重叠段且不影响尾管封固效果时，可以配合实施固井作业。

2. 故障处理的经验及教训

(1)应加强入井工具质量控制，保证入井工具资质合格。

(2)该井起初没有剪断球座销钉，下 RTTS 后剪断销钉，要督促工具生产厂家，提高工具的稳定性、可靠性。

(3)应依据现场异常情况分析原因，不能盲目进行固井施工，现场应采取多种方法反复验证，力保安全。

(4)该井处置方案和直接起尾管对比：如果漏点存在于钻具或送入工具中，该井的处置方案更节约时间；如果漏点在尾管部位，则直接起尾管更为彻底和直接；如果漏点在重叠段之外，则 RTTS 不能配合固井，还需要起尾管更换。故发现此类问题后，在井况允许的前提下，首选直接起尾管检查的方式。

十、SHBY1 井 Φ244.5mm + Φ250.8mm 高载荷套管下入案例

(一)基本情况

该井一开 Φ508mm 套管下深至 607m 处，二开 Φ339.7mm 套管下深至 5393.42m 处。2018 年 2 月 3 日，三开 Φ444.5mm 钻头中完井深 7616m，钻进过程未发生任何异常，设计 Φ244.5mm + Φ250.8mm 套管双级固井，套管悬重累计达 5800kN，理论浮重为 4830kN。

1. 钻井参数

钻压为 60 ~ 80kN；转速为 65r/min + 螺杆；排量为 40L/s；立压为 20.5MPa。

2. 钻井液性能

所采用钻井液的基本性能为：密度为 1.32g/cm^3；黏度为 53s；塑性黏度为 23mPa · s；YP 为 7.0Pa；pH 值为 9；失水量为 3.4mL；泥饼厚度为 0.5mm；HTHP 为 9.6mL(120℃)；坂含为 33g/L；固体含量为 12%；含砂量为 0.1%；Cl^- 浓度为 32000mg/L；K^+ 浓度为 15200mg/L；Ca^{2+} 浓度为 300mg/L。

3. 钻具组合

Φ311.2mmPDC + Φ244mm 螺杆 + Φ241.3mm 钻铤 × 1 根 + 731 × 630 接头 + Φ309mm 扶正器 + 203mm 坐键接头 + 203mm 无磁钻铤(MWD 随钻测斜) + 203mm 钻铤 × 9 根 +

631×410 接头 + 127mm 加重钻杆 ×9 根 + 127mm 钻杆 + 411 × HT550 接头 + 139.7mm 钻杆。

4. 地破试验

井深为 5399.90m，密度为 1.30g/cm³，打压 21.5MPa 后未破，当量密度为 1.72g/cm³。

(二)难点分析

此次套管的下入和固井难点体现在：

(1)下入深度达 7616m，且大尺寸裸眼段达 2222.58m。

(2)大井眼、大尺寸，井眼尺寸为 Φ444.5mm，复合套管尺寸为 Φ244.5mm + Φ250.8mm。

(3)负荷大，套管悬重累计达 5800kN，理论浮重为 4830kN。

(三)处理方式与效果

(1)采用牙轮钻头 + 原钻具的组合(扶正器尺寸为 Φ309mm)进行通井，对缩径段和前期遇阻位置反复划眼，做到起下钻无显示。

(2)下套管前最后一次通井时，采用超级纤维优化钻井液性能，降黏降切，降低含砂量，提高泥饼质量。

(3)套管浮重后期达到 4830kN，钻井队提前对钻台进行减负，使用 7500kN 上、下卡盘及配套吊环和吊卡。现场有备用卡盘，一级固井候凝结束后拆下卡盘。

(4)优化扶正器设计，裸眼段全部采用树脂旋流扶正器，重叠段使用弹性扶正器。

(5)提前准备好解卡剂，若发生黏卡可及时处理。

(6)套管下入过程中根根灌浆，缩短套管下入过程的静止时间，套管进入裸眼后，根据返浆情况可中途循环，循环时间不超过 10min，排量不超过 1.5m³/min。

(7)控制套管下放速度，单根套管下放时，在 0～4000m 井段控制在 60s 以上，在 4000～5300m 井段控制在 90s 以上，进入裸眼以后控制在 120s 以上。

(8)套管头坐挂时采用芯轴悬挂器，提前计算预留高度，控制好坐挂吨位。

(9)提前对固井工具附件、接头、芯轴悬挂器进行检查，核对扣型、尺寸是否匹配；使用加长浮鞋。

(10)下最后一根套管前，将快上接头提前接好，以防因套管接箍变形而无法上扣。

(11)针对芯轴悬挂器坐挂，准备两个旁通阀接头。

(四)经验教训

(1)大尺寸大吨位套管下入前，应提前做好相应的井眼准备、下入准备和设备检查工作，确保施工连续，避免中途静止时间过长。

(2)要严格控制套管下放速度，防止压漏地层。

(3)全程关注摩阻变化，发现问题及时处理，遇阻后不得强行下压(除去摩阻后不得超过150kN)。

(4)设计扶正器时，必须考虑安装卡盘后的最大通径尺寸。

(5)要提前计算好坐挂预留高度，一级固井水泥浆候凝结束后再进行井口坐挂，最后进行二级固井。

(6)建议芯轴悬挂器上接头扣型设计与下接头一致，确保上扣安全。芯轴悬挂器上接头长度可设计为17.5mm，避免进行切割套管作业。

(7)安装卡盘以后，扶正器不能通过卡盘。

(8)套管吨位过大时，卡盘容易抱死，因而要做好卡盘的维护保养工作。

(9)参考邻井摩擦系数，预测正常下放悬重和不同灌浆频率对应的悬重。

(10)参考套管抗外挤系数和浮阀耐压值，合理设计掏空段，降低下入悬重和摩阻。

十一、TK537CH井判断Φ139.7mm尾管悬挂器未丢手案例

(一)基本情况

2017年9月22日下尾管到位后坐挂悬挂器，倒扣后第一次丢手现象明显，第二次丢手验证时有挂卡显示，多次验证后发现未完全丢手；随后拔出中心管，下入RTTS封隔器进行固井补救，施工正常。

基本数据：该井在Φ177.8mm套管开窗侧钻，侧钻点为5232m处，Φ165.1mm钻头中完井深为5410m，采用Φ139.7mm套管尾管固井，使用7⅝in×5½in牵制式尾管悬挂器。

(二)发生经过

1. 下套管遇阻，批复就地固井，投球、打压坐挂成功

2017年9月21日13:00开始下套管。22日6:00钻具输送套管至井深5405.4m处遇阻；6:20接方钻杆顶通，排量为0.2m^3/min，顶通压力为5MPa；10:00循环泥浆，排量提至0.5m^3/min，压力为10MPa，其间活动钻具(上提吨位至1200kN，下放至1130kN，静止保持1170kN，最大下压100kN，未能通过)；13:00循环泥浆，排量为0.7m^3/min，压力为19MPa，接批复就地固井；13:45投球，泵送到位；14:00打压至12MPa后进行坐挂，钻具下放2.9m，悬重由1190kN下降至880kN，判断认为坐挂成功。

2. 憋通球座循环，第一次倒扣丢手明显，丢手验证多次均有阻挂，丢手不成功

继续打压至18MPa后憋通球座建立循环。14:40循环泥浆，排量为0.7m^3/min，压力为21MPa；15:50上提钻具(悬重由880kN上升至1040kN)，正转钻具30圈后无回转；再上提钻具至中和点1120kN(由1040kN上升至1120kN)，继续上提1m，悬重保持1120kN不变，下放1m，悬重保持1100kN不变；再次上提钻具1.5m验证(其中，前1.1m悬重不

变，1.1～1.5m 悬重由 1120kN 上升至 1200kN）；下放钻具 0.7m，悬重由 1200kN 下降至 1100kN，继续下放钻具 0.8m 悬重不变；重复进行以上操作，钻具自由行程逐渐变短。16：20 开泵循环泥浆，排量为 0.5m^3/min，压力为 11MPa；17：00 开泵上提钻具 2m，悬重由 1080kN 上升至 1240kN，无自由段，反复上提下放多次钻具，仍无自由段显示；20：15 循环，排量为0.7m^3/min，压力为 21MPa；20：25 再次进行试丢手操作，仍无自由段显示，判断认为丢手未成功。

（三）原因分析

（1）该井套管长度较短，且为定向井，套管丢手后悬重降低不明显，须充分验证是否丢手。

（2）上提过程中如果卡瓦滑脱，坐挂失效，则整个套管柱 + 钻具的悬重为 1200kN，阻挂点既可能在套管卡瓦处，也可能在中心管处。

（3）在不能保证安全丢手的情况下，绝对不能盲目固井，必须先起出中心管或整个套管串。

（四）处理方式与效果

23 日 11：20 循环泥浆，排量为 0.6m^3/min，压力为 15MPa。现场接到批复：拔出中心管，起钻至井口，再下 RTTS 封隔器进行固井。

12：30 控制悬重为 1160～1420kN 上提下放，分段上提正转、猛提、猛放、猛刹，多次活动后悬重恢复正常，上提 1100kN、下放 1080kN，循环泥浆，排量为 0.6m^3/min，压力为 12MPa，判断认为中心管已拔出。

24 日 7：30 起出中心管（图 4－6），检测发现中心管完整，还发现：

（1）承载盘与防沙帽之间的红色油漆几乎全部被磨掉，承载盘本体上有两处纵向划痕。

（2）中心管上有几十圈较浅的划痕，在中心管和密封芯子的缝隙里有大量沙子和一块小铁片（尺寸约 8mm × 4mm × 1mm）。

图 4－6　起出的中心管

25 日 11：40 下 RTTS 封隔器至 5076m 处（回接筒顶部位于 5076.62m 处）；12：40 循环排量为0.5m^3/min 时，泵压为 11MPa，排量为 0.9m^3/min 时，泵压为 18MPa；13：00 下封隔器至 5085.55m 处；14：00 循环排量为 0.5m^3/min 时，泵压为 11.5MPa，排量为

0.9m^3/min 时，泵压为 19.5MPa；14：10 坐封封隔器；14：40 循环排量为 0.2m^3/min，泵压为 8MPa；16：00 循环排量为 0.5m^3/min，泵压为 15MPa；18：20 循环排量为 0.7m^3/min，泵压为 23MPa，判断认为封隔器坐封成功，准备固井；20：00 固井结束，上提悬重 1120kN，封隔器正常解封。26 日 7：20 起钻完成。

（五）经验教训

1. 故障原因分析

（1）第一次倒扣上提管柱时，防沙帽上行并远离回接筒顶，堆积在防沙帽位置的沙子进入回接筒。在上提下放中心管的过程中，沙子在回接筒内抱死并被送入钻具。

（2）在拔中心管的过程中，分多段上提并正转，中心管密封芯子和中心管之间填充有沙子和铁片，导致中心管本体产生多处划痕。

2. 故障处理的经验及教训

（1）可以在送入钻杆上设计一个防沙帽固定环，从而确保丢手以后的上提过程中防沙帽位置不变。

（2）对于短、轻尾管丢手，现场应执行低载荷尾管丢手控制程序，工具方应安排具有 5 年以上经验的人员到场施工。

（3）钻井队要提高钻井液的携沙能力，确保井眼干净，尤其是套管开窗井的铁屑必须洗出井眼。

（4）钻台丢手作业完成后，提取录井原始数据（按秒提取），制作成图表后进行丢手验证。

十二、SHBY1 井 Φ339.7mm 套管下入案例

（一）基本情况

SBY1 井一开 Φ508mm 套管下深为 607m，2017 年 11 月 29 日二开 Φ444.5mm 钻头中完井深为 5395m，设计 Φ339.7mm 套管双级固井，套管悬重累计为 5460kN，理论浮重为 4590kN。二叠系井段为 4732～5340m，钻进至卡拉沙依组 5361m 处时发生过一次漏失，堵漏一次成功。

1. 钻井参数

钻压为 80～100kN；转速为 45r/min＋螺杆；排量为 49.5L/s；立压为 14.5MPa。

2. 钻具组合

Φ444.5mmPDC＋286 螺杆＋Φ279mm 钻铤×1 根＋Φ241mm 钻铤×3 根＋Φ203.2mm 钻铤×3 根＋震击器＋Φ203.2mm 钻铤×3 根＋Φ139.7mm 加重钻杆×6 根＋Φ139.7mm 钻杆。

3. 钻井液性能

所采用钻井液的基本性能为：密度为 1.25g/cm^3；黏度为 54s；塑性黏度为 22mPa·s；

pH 值为 9；失水量为 3.4mL；泥饼厚度为 0.5mm；HTHP 为 11mL(110℃)；坂含为35g/L；固体含量为 10%；含砂量为 0.1%；Cl^- 浓度为 30000mg/L；K^+ 浓度为 15000mg/L；Ca^{2+} 浓度为 320mg/L。

(二)处理方式与效果

(1)采用牙轮钻头+原钻具组合进行通井，对缩径段和前期遇阻位置反复划眼，做到起下钻无显示。

(2)下套管前最后一次通井时，采用稠浆+超级纤维的方式确保井眼干净，优化泥浆性能，降黏降切，降低含砂量，提高泥饼质量。起钻前在二叠系替入细颗粒堵漏浆，且在入井时向套管内灌入堵漏钻井液 $20m^3$，不得使用稠浆作为封闭浆。

(3)使用 7500kN 上、下卡盘及配套吊环和吊卡，二级固井前应拆卡盘。

(4)优化扶正器设计，二叠系及以下地层全部采用树脂旋流扶正器，确保安装卡盘后扶正器不能通过。

(5)提前准备好解卡剂，确保发生黏卡后可及时处理。

(6)套管下入过程中应根根灌浆，缩短套管下入过程的静止时间。

(7)控制套管下放速度，单根套管下放 0～2500m 时应控制在 60s 以上，下放 2500～4000m 时应控制在 90s 以上，下放 4000m 以后应控制在 120s 以上。

(8)下最后一根套管前，应将快上接头提前接好，以防止因套管接箍变形而无法上扣。

在该井施工过程中，下入期间未发生黏卡和漏失情况，套管一次性下放到位。

(三)经验教训

(1)大尺寸大吨位套管下入前，应提前做好相应的井眼准备、下入准备和设备检查工作，确保施工连续，避免中途静止时间过长。

(2)要严格控制套管下放速度，防止压漏地层。

(3)应全程关注摩阻变化，发现问题及时处理，遇阻后不得强行下压(除去摩阻不得超过 150kN)。

(4)设计扶正器时，必须考虑安装卡盘后的最大通径尺寸。

(5)参考邻井摩擦系数，预测正常下放悬重和不同灌浆频率对应的悬重。

(6)参考套管抗外挤系数和浮阀耐压值，合理设计掏空段，降低下入悬重和摩阻。

十三、SHB9X 井 Φ282.58mm 短套管脱扣故障

(一)基本情况

该井是一口预探井，四级井身结构，主要目的层为奥陶系一间房组和鹰山组，二开中完井深为 4980.00m，下 Φ282.58mm 套管到位后开泵不通，上提活动套管时，发生短套管脱扣故障，故障井深为 23.16m。

1. 井身结构

一开：Φ444.5mm × 1505.00m + Φ346.10mm × 1505.00m。二开：Φ333.38mm × 4980.00m + Φ(282.58 + 273.1)mm × 4978.74m。

2. 入井管串结构

Φ282.58mm 浮鞋 + Φ282.58mm 套管(偏梯薄接箍) ×2 根 + 1# Φ282.58mm 浮箍(偏梯薄接箍) + Φ282.58mm 套管(偏梯薄接箍) ×2 根 + 2# Φ282.58mm 浮箍 + Φ282.58mm 套管(偏梯薄接箍) ×2 根 + 碰压短节 + Φ282.58mm 套管串(偏梯薄接箍) + 273.1mm × P110TS × 13.84mm × 偏梯(B) − 282.58mm × P110S × 17.32mm × 偏梯(薄接箍，P) + Φ273.1mm 抗硫分级箍 + Φ273.1mm 套管串(偏梯) + 273.1mm × P110S × 13.84mm × 偏梯(P) − 273.1mm × P110S × 13.84mm × BGT2(B) + Φ273.1mm 套管串(BGT2) + 273.1mm × P110S × 13.84mm × BGT2(P) − 282.58mm × P110S × 17.32mm × BGT2(B) + Φ282.58mm × BGT2(P) × TP − CQ(P)双公短节 + 芯轴式悬挂器 + Φ273.1mm 偏梯联顶节。

3. 钻井液体系及性能

采用钾胺基聚磺钻井液体系：密度为 1.50g/cm^3；黏度为 56s；塑性黏度为 25mPa · s；动切为 8.0Pa；静切为 2Pa/9Pa；pH 值为 9.0；失水量为 3.6mL；HTHP 为 9.6mL (120℃)；泥饼厚度为 0.5mm；坂含为 28.5g/L；含砂量为 0.1%；固体含量为 19%；Cl^- 浓度为 37260mg/L；Ca^{2+} 浓度为 220mg/L；Kf 为 0.0875。

(二)发生经过

1 月 9 日 14：00 开始下套管。10 日 12：00 下套管至 1297.91m 处，连接分级箍；20：20 下套管至 2225.00m 处时发生失返性漏失。12 日 2：30 套管下至 4978.74m 处，口袋为 1.26m，套管浮重为 3730kN，井口一直未返浆，累计漏失 154.75m^3；4：20 接循环头开始开泵顶通，憋压 6.0MPa 后未顶通；4：36 泄压后重新憋压至 10.43MPa 仍未顶通；4：55 活动套管，第一次上提悬重(由 3706kN 上升至 4024kN)后未提开，套管上行 0.52m，再次上提，悬重由 3706kN 上升至 4162kN 后未提开，上行 0.91m；5：00 重新开泵顶通，泵压上升至 9.62MPa 时，悬重由 3634kN 上升至 3983kN 时，突然下降至 3260kN，判断认为套管脱落。起出套管后发现芯轴式悬挂器下端变扣短套管母接箍脱开，查看发现接箍丝扣较完好(芯轴下端公扣为 Φ282.58mm × TP − CQ，变扣套管为 Φ282.58mm × TP − CQ 母扣 × BGT2 公扣，连接芯轴时套管上扣扭矩为 26000N · m)。

(三)原因分析

从变扣套管接箍丝扣较完好、丝扣外侧有轻微滑脱痕迹、接箍有变形(测量接箍内径时有 1 ~ 1.5mm 误差)的情况分析认为，是公扣丝扣与母扣丝扣接触面积过小，接箍承载能力降低而导致的套管落井。

(四)处理方式与效果

12 日 11：00 实探套管顶部位置为 23.16m，落井套管总长度为 4966.4m。13 日15：45 组织变扣及打捞工具；18：18 套管对扣，累计引扣 9 圈，套管钳引扣 3 圈，上扣最大扭矩为 34530N·m；18：30 上提悬重至 2200kN(其中顶驱 300kN)，上行 1.3m，再下放释放所有悬重；19：32 做开泵顶通准备；20：20 开泵顶通，排量为 0.5m^3/min，压力上升至 17.6MPa 后又降至 14.5MPa，发生漏失，井口一直未返浆，提排量至 1.5m^3/min，压力由 19.7MPa 降至 18.5MPa。

20：45 停泵后未放回水，立压由 10MPa 逐渐降至 7.8MPa；21：03 泄压后静止，井口开始回吐；21：20 井口一直返浆；22：15 开泵循环，排量为 0.5m^3/min，压力为 9.2MPa 且无漏失；22：25 提排量至 1m^3/min，压力为 12MPa 且无漏失；22：50 循环排量为 1.5m^3/min，压力为 14.5MPa，漏速为 0.5m^3/min。14 日 1：00 进行固井前准备；1：10 冲洗管线，试压为 25MPa；1：20 注冲洗液 10m^3，排量为 1.0m^3/min，压力为 10MPa。

14 日 1：30 注隔离液 8m^3，密度为 1.55g/cm^3，排量为 0.8m^3/min，压力为 10MPa；1：55注领浆 33m^3，密度为 1.60g/cm^3，排量为 1.3m^3/min，压力为 13MPa；2：10 注尾浆 24m^3，密度为 1.88g/cm^3，排量为 1.3m^3/min，压力为 13MPa；2：15 注后置液 2m^3；至 4：18共替井浆 226m^3(至 2：47 共替井浆 56m^3，排量为 3.0m^3/min，压力为 15MPa；至 3：20泥浆泵上水效率较差，立压由 9MPa 降至 1.5MPa，其间维修泥浆泵；至 4：18 上水效率逐渐恢复，排量为 2.5~2.8m^3/min，立压由 8MPa 逐渐上升至 19MPa)，替浆到量后停泵，立压保持为 8MPa，整个固井期间反计量漏失 63m^3；5：00 环空一直回吐，环形防喷器关闭行程不到位、不密封，环空回吐量由大变小，累计回吐 8m^3；11：00 候凝，做井口坐挂准备；13：00上提悬重至 204t，进行坐挂前期准备；14：00 第一次下放坐挂，悬重由 2040kN 下放至 1680kN 时，卡瓦不再下行，卡瓦面到套管头法兰面 40mm，顶丝孔但未漏出，释放全部吨位后，位置不变，设计需要下行 80mm。

20：00 完成坐挂(由于卡瓦与套管头尺寸设计不合理，3 次正常坐挂均不成功，此后先放卡瓦到位后再下放吨位完成坐挂，套管坐挂 1000kN)；22：00 准备固井。

22：05 试压(25MPa)合格；22：10 试挤清水 2m^3，排量为 0.6m^3/min，压力为 1.5MPa；22：15 试挤清水 2m^3，排量为 1.1m^3/min，压力为 9MPa；23：50 挤入水泥浆 95m^3，密度为 1.70g/m^3，排量为 1.1m^3/min，压力由 10MPa 下降至 3MPa。15 日 0：25 挤入水泥浆 35m^3，密度为 1.88g/m^3，排量为 1.1m^3/min，压力由 3MPa 上升至 5MPa；0：26 挤入清水 1m^3，停泵压力为 0；9：00 关井候凝，后期从井口灌入 3m^3。

17 日 2：00 开始下钻探塞(Φ241.3mm 牙轮钻头 + Φ177.8mm 钻铤 ×12 根 + Φ127mm 钻杆)，未探到对扣套管木头楔子；20：30 下钻至 3688.4m 处探到分级箍，试压(20MPa)合格，分 3 次分别下压 300kN 进行关孔作业，第 2 次较第 1 次多下行 0.5m，第 3 次和第 2 次位置一样，扫穿分级箍后试压(20MPa)合格。18 日 5：00 下钻探塞面至 4476m 处；

19：00扫塞至井深4960m处(其中，4476～4810m井段为混浆，钻时较快，4810m以后为实塞)。

(五)经验教训

(1)芯轴式悬挂器两端气密扣应设计为一样的扣型，以确保芯轴式悬挂器上、下扣最佳扭矩值一致，现场应准备好与水泥头连接的变扣套管。

(2)变径套管或变扣套管等的接头应由第三方单位进行质量检测，现场提供检测报告。

十四、TH121151井Φ273.1mm表层套管脱扣故障

(一)基本情况

该井是一口开发井，为三级井身结构，主要目的层为中－下奥陶统鹰山组($O_{1-2}y$)，一开中完井深1204.00m，下Φ273.1mm套管到位后，在固井过程中，井口水泥头及套管突然上窜约2m后回落，随即停泵，泵压降至2MPa，发生套管脱扣故障。故障井深为486.00～488.00m，此时环空水泥浆已返出地面。

1. 井身结构

Φ346.10mm×1204.00m＋Φ273.1mm×1203.61m。

2. 入井管串结构

浮鞋＋套管×5根(累计长度为56.53m)＋浮箍＋套管×6根(累计长度为69.20m)＋套管×7根(累计长度为79.51m)＋套管×12根(累计长度为134.77m)＋套管×5根(累计长度为57.31m)＋套管×73根(累计长度为1806.14m)。

3. 钻井液性能

所采用钻井液的基本性能为：密度为1.11g/cm^3；黏度为35s；塑性黏度为8mPa·s；动切为2.0Pa；静切为0.5Pa/1Pa。

(二)发生经过

6月8日21：00开始下套管。9日9：00套管下放到位，下深为1203.61m(到井套管115根，入井108根，剩7根)；11：00灌浆、顶通循环，排量为3.5m^3/min，压力为4.2MPa；12：00接水泥头，做固井前准备；12：05试压(20MPa)合格；12：20注前置液10m^3，排量为0.8m^3/min，压力为2～3.5MPa，密度为1.05g/cm^3；13：35注水泥浆74m^3(其中，领浆54m^3，平均密度为1.60g/cm^3，尾浆20m^3，平均密度为1.89g/cm^3)，排量为1.0～1.2m^3/min；13：40注压塞液4m^3；14：00替井浆38m^{3}时(设计替浆55m^3，此时替浆排量为2m^3/min，泵压为9.18MPa)，井口水泥头及套管突然上窜2m左右后回落，随即停泵，泵压降至2MPa，此时环空水泥浆已返出地面。

(三)原因分析

1. 送井套管信息不准确

大库送井原始套管清单为 J55×8.89mm×BC 扣套管共 115 根，实际送井套管中有 3 根是 P110×13.84mm×BC 扣套管。现场未核查出相关情况，无法确定该类型套管的具体入井位置。

2. 存在套管上扣不到位的情况

(1)现场将套管上扣最佳扭矩设置为 10kN·m，实际入井的 3 根 P110×13.84mm×BC 扣套管的最佳上扣扭矩为 15.5kN·m。

(2)全井出现两次达到最佳扭矩时套管有余扣的情况，套管脱开位置对应的第 64 根套管上扣时有 1 扣余扣。

(3)由于下套管期间风沙较大，全井累计出现过 24 次卸扣后重新上扣的情况，可能会影响套管上扣质量。

3. 套管加工过程可能存在质量问题

115 根套管中，有 42 根丝扣经历过重新加工，加工的套管丝扣可能存在质量问题。

(四)处理方式与效果

重新开泵，排量为 0.2m^3/min，压力为 2.5MPa，井口有返出后立即停泵，放回水 1min，观察发现无断流，遂立即关回水；上提套管 0.5m，悬重吨位为 400kN(下套管后悬重为 720kN)，确认套管脱落。根据固井质量显示，套管脱开距离为 2m，位于 486~488m 井段。

(五)经验教训

(1)建议加强出厂套管质量管控，到井套管必须与原始清单一致。

(2)下套管时，确认套管上扣是否到位必须以三角形底边、白线底边等标记位置为准，并以套管上扣最佳扭矩为参考依据。

(3)风沙较大影响套管上扣时，宜暂停作业，防止套管上扣过程中因风沙污染导致丝扣黏扣，同时，做好套管的防卡工作及丝扣密封脂的防风沙污染工作。

第五章　测井故障

在石油钻井钻到设计井深后都必须进行测井(又称完井电测)，以获得各种石油地质和工程技术资料。作为完井和开发油田的原始资料的获取方式，这种测井习惯上被称为裸眼测井。而在油井下完套管后所进行的第二系列测井，习惯上被称为生产测井或开发测井。测井的发展大体经历了模拟测井、数字测井、数控测井、成像测井4个阶段。

测井方法众多，电测井、声波测井、放射性测井是3种基本方法，特殊方法有电缆地层测试、地层倾角测井、成像测井、核磁共振测井、随钻测井等。各种测井方法基本都是间接地、有条件地反映岩层地质特性的某一方面。

测井需要良好的井眼条件。虽然在测井前要尽可能地创造良好的井眼条件，但是不可预见因素较多，难免在测井过程中发生复杂情况和故障。本章就测井过程中遇到的部分特殊情况进行了整理分析，并总结了经验教训。

一、TK154井二开微球测井卡仪器故障

(一)基本情况

该井在第一趟标准测井顺利结束后，进行微球测井时，在上测过程中发生了仪器遇卡故障，后通过穿芯打捞方式成功解除故障。

1. 井身结构

Φ273.1mm×801.16m。

2. 钻井液性能

所采用钻井液的基本性能为：密度为1.20g/cm^3；黏度为53s；塑性黏度为24mPa·s；动切为6Pa；静切为2Pa/4Pa；失水量为3.6mL；HTHP为9.8mL(110℃)；泥饼厚度为0.5mm；pH值为9.5；含砂量为0.1%；固体含量为10%；坂含为32g/L；Cl^-浓度为14230mg/L；Ca^{2+}浓度为400mg/L。

3. 测井仪器组合

马笼头+三参数测井仪+伽马遥传测井仪+微球测井仪。仪器串总长10.80m，仪器最大外径为92mm(微球极板处外径为114mm)，本体外径为92mm，最小外径为88mm(马笼头部位)。

(二)发生经过

该井于2018年2月19日13：00接井并进行第一趟标准项目测井；16：00仪器下至

井底后开始上测；21：30 测井结束；21：50 仪器出井口；22：30 微球测井仪下井；23：20 仪器下放到底，开始上测；23：30 上测至 4517m 处时仪器有遇卡显示，井下张力由 2300lbs(1lbs = 453.59g)增长到 3700lbs，地面张力由 7300lbs 增长到 8000lbs，操作员收拢微球推靠臂，开始活动电缆，逐渐增大拉力至 11000lbs(最大安全拉力)，但始终未能解卡。此时，井下张力及地面张力由同时增大变为地面张力增大而井下张力不变，由此确认测井仪器卡死。

(三)原因分析

(1)遇卡后，测井资料显示，地面张力与井下张力同步增大，判断认为仪器遇卡(图 5－1)。

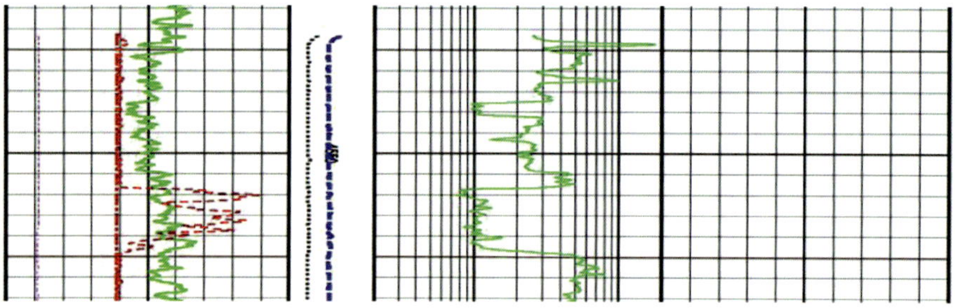

图 5－1　微球测井仪遇卡时张力变化图

(2)遇卡层位是阿克库勒组的砂岩段，地层渗透性好，由于微球项目中微球测量极板需贴井壁测量，故在测井过程中容易发生仪器吸附遇卡。

(3)穿芯打捞结束后，测井电缆出井时发现，在仪器上部有部分电缆在穿芯打捞过程中受损、变形严重，判断为在穿芯打捞过程中电缆没有拉紧，穿芯打捞下钻时因捞筒压到电缆而导致的变形(图 5－2)。

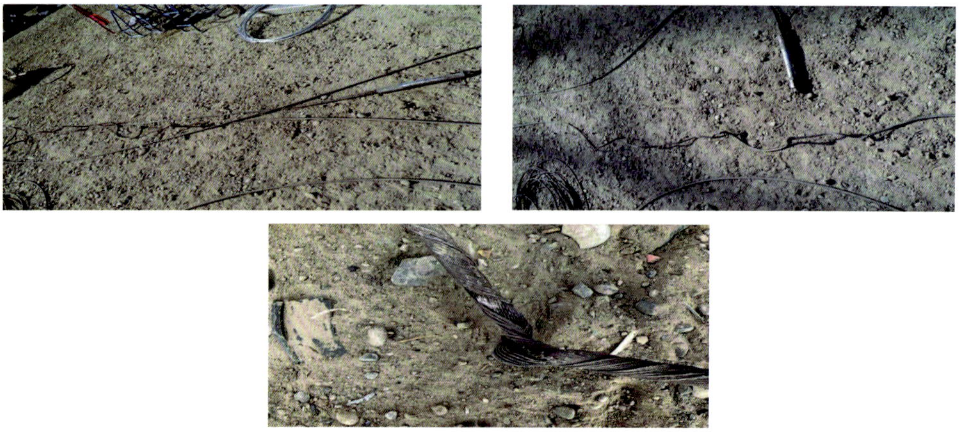

图 5－2　电缆被捞筒压伤的痕迹

(四)处理方式与效果

采用穿芯打捞方式处理。19 日 23：50，测井监督组织召开穿芯打捞准备会。20 日 0：00打捞前工具检查完毕，剪断电缆，制作快速接头，打捞筒的两处丝扣连接处均做了焊接固定；3：00 接打捞筒，开始下钻。21 日 2：30 下钻至 4500m 处(鱼顶为 4517m 处)，循环钻井液冲洗打捞筒；4：30 探鱼顶至 4517m 处，反复起下钻具，根据张力变化，判断认为测井仪器已进入打捞筒；7：30 拉断电缆弱点，测井队回收电缆；9：00 钻井队开始正常起钻。22 日 0：20 仪器全部出井口，经检查，仪器外观完好，故障解除。共损失时间 48.8h。

(五)经验教训

(1)钻井队在钻进时应综合考虑地层因素的影响，在调整钻井液性能时，要充分考虑地层渗透性给钻井及测井施工带来的风险，采取必要措施优化钻井液性能，在钻开地层后第一时间形成好的泥饼，降低井壁渗透性和吸附性，以保证钻井及测井施工期间的安全。

(2)实施电缆穿芯打捞作业时，电缆张力应为井内电缆浮重的 1.1 倍，或者在电缆浮重的基础上多拉 500lbs 左右。随着井壁黏吸电缆被逐步剥离，电缆张力会逐渐减小，但需要始终保持在初始的张力以上，确保穿芯打捞过程中电缆始终是拉直状态。

二、T208－1 井二开微球测井卡仪器故障

(一)基本情况

该井在第一趟标准测井顺利结束后，进行第二趟微球测井时，在上测过程中发生仪器遇卡故障，后通过穿芯打捞方式成功解除故障。

1. 井身结构

钻头：Φ346.1mm×799.00m＋Φ241.3mm×4660.00m。套管：Φ273.1mm×798.75m。

2. 钻井液性能

所采用钻井液的基本性能为：密度为 1.20g/cm^3；黏度为 59s；塑性黏度为 25mPa·s；动切为 8Pa；静切为 2Pa/6Pa；失水量为 4mL；HTHP 为 9.8mL(110℃)；泥饼厚度为 0.5mm；pH 值为 9.5；含砂量为 0.1%；固体含量为 11%；坂含为 35g/L；Cl^- 浓度为 20688mg/L；Ca^{2+} 浓度为 386mg/L。

3. 测井仪器组合

马笼头＋张力短节＋传输短节＋伽马能谱测井仪＋连斜短节＋微球测井仪。仪器串总长 6.615m，仪器最大外径为 114mm(微球极板处外径为 114mm)，本体外径为 92mm，最小外径为 86.5mm(马笼头部位)。

（二）发生经过

2017 年 9 月 21 日 4：00 接井并进行第一趟标准项目测井；7：00 仪器下至井底后开始上测；11：00 测井结束；11：30 仪器出井口；12：30 微球测井仪下井；14：00 仪器下放到底，开始上测，上测至 4466m 处时有遇卡显示，张力增大 400lbs 左右；15：20 上测至 4282m 处时，张力增大，操作员随即收拢微球推靠臂，绞车工缓慢上提电缆，仪器未动，上提电缆时，井下张力和地面张力同时增大，判断为仪器遇卡；16：00 多次上提、下放电缆，开、收微球仪器推靠臂，并逐渐增大拉力至 8000lbs、8800lbs、9600lbs（最大安全拉力，见图 5－3、图 5－4），始终未能解卡，确认测井仪器卡死。

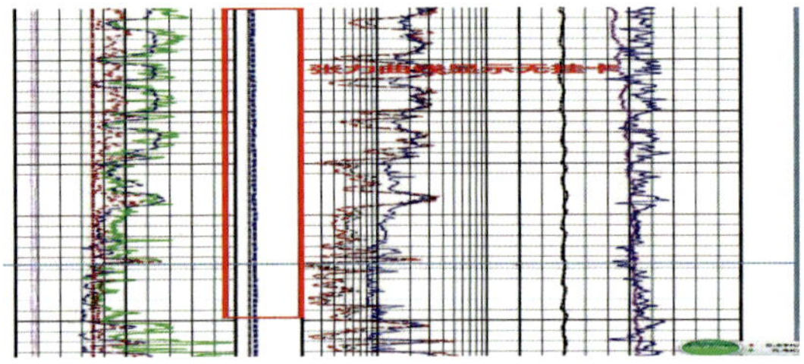

图 5－3　第一趟测井资料显示张力正常

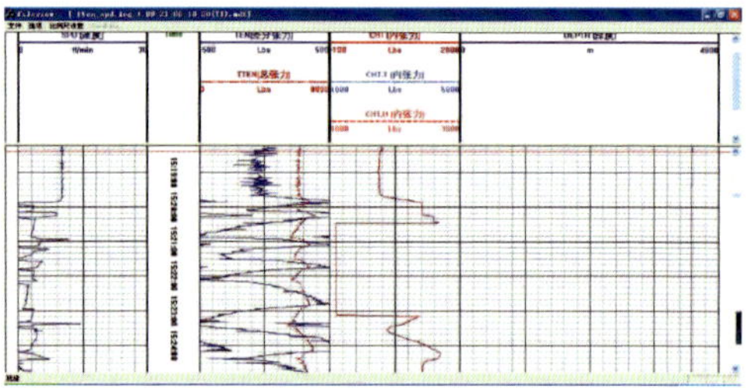

图 5－4　遇卡后，处理遇卡操作的黑匣子数据

图 5－5　仪器下部推靠部位泥饼堆积，泥饼厚度 3cm 左右

（三）原因分析

（1）遇卡层位是亚格列木组的砂岩段，地层渗透性较好，井壁易形成虚厚泥饼，由于微球测量极板需贴井壁测量，故导致测井过程中因泥饼堆积而造成仪器遇卡。

（2）穿芯打捞仪器出井后，微球测井仪推靠部位已被泥饼完全包裹（图 5－5），说明井壁虚泥饼较多。

（四）处理方式与效果

采用穿芯打捞方式处理。21 日 17：00 测井监督组织召开穿芯打捞准备会；20：00 打捞前工具检查完毕，剪断电缆，制作快速接头。22 日 0：00 接打捞筒，开始下钻；22：00 下钻至 4269m 处（鱼顶为 4282m 处），循环钻井液冲洗打捞筒。23 日 1：00 探鱼顶至 4282m，反复起下钻具，根据张力变化，判断认为测井仪器已进入打捞筒；1：20 拉断电缆弱点，测井队回收电缆；4：00 钻井队开始正常起钻；22：00 仪器全部出井口，经检查，仪器外观完好，故障解除。共损失时间 54h。

（五）经验教训

测井施工前，钻井队在进行井眼准备时应进一步优化钻井液性能，控制泥饼质量，减少虚泥饼的产生，以保证测井施工期间的安全。

三、YK29 井三开综合测井卡仪器故障

（一）基本情况

该井在第一趟标准测井、第二趟阵列感应测井后，进行第三趟多极子阵列声波测井时，在仪器下放过程中发生了仪器遇卡故障，后通过穿芯打捞成功解除故障。

1. 井身结构

钻头：Φ660. 4mm × 50. 00m + Φ346. 1mm × 2004. 00m + Φ250. 88mm × 5318. 00m + Φ165. 1mm × 5441. 00m。套管：Φ508. 0mm × 50. 00m（导管）+ Φ273. 1mm × 2003. 18m + Φ193. 70mm × 5315. 60m。

2. 钻井液性能

所采用钻井液的基本性能为：密度为 1. 17g/cm^3；黏度为 47s；塑性黏度为 16mPa · s；动切为 5. 5Pa；静切为 2Pa/5Pa；失水量为 4mL；泥饼厚度为 0. 4mm；pH 值为 9；含砂量为 0. 1%；固体含量为 7%；坂含为 30g/L；Cl^- 浓度为 33400mg/L；Ca^{2+} 浓度为 360mg/L；Kf 为 0. 0699。

3. 测井仪器组合

马笼头 + 防转短节 + 电源适配器 + 张力短节 + 传输短节 + 伽马能谱测井仪 + 连斜短节 + 扶正器 + 偶极子声波电子线路 + 偶极子声波接受短节 + 隔声体 + 偶极子声波发射短节 + 扶正器。仪器串总长 24. 19m。仪器最大外径为 98mm（发射短节），最小外径为 86. 5mm（马笼头部位）。

（二）发生经过

2017 年 8 月 16 日 5：30 接井；8：00 标准组合测井仪器下至井底后开始上测；9：00 测井结束；10：30 仪器出井口；11：30 第二趟阵列感应组合仪器下井；12：20 仪器到底；12：50测完；14：00 仪器出井口。鉴于前两趟测井项目比较顺利，井况比较稳定，依据测井施工设计方案，结合现场实际情况，经钻井队、测井队、现场监督讨论后，决定继续下不开腿测井项目多极子阵列声波测井仪。多极子阵列声波测井仪于 15：00 下井；16：40 仪器在 5335m 处遇阻，上提时遇卡，在拉至最大安全张力情况下仍未解卡，确认测井仪器卡死。

（三）原因分析

1. 仪器遇卡原因分析

结合录井资料分析认为，5318m 处为舒善河组与亚格列木组的交界处，舒善河组原始地层压力系数为 1. 23 ~ 1. 25，亚格列木组原始地层压力系数为 1. 05 ~ 1. 07，地层压力不均衡，加之三开钻井液密度低（设计为 1. 14 ~ 1. 22g/cm^3，实钻为 1. 17g/cm^3），导致套管

鞋附近舒善河组泥岩井壁间断性失稳，产生掉块，使仪器遇卡。

结合已取得测井资料分析可知，在套管鞋以下有 7m 左右大井眼（最大井径为 431mm），然后进入下部小井眼（平均井径为 178mm），共同形成一个漏斗状井眼（图 5－6）。分析认为，由于井眼扩径、井壁失稳产生掉块而导致仪器遇卡，遇卡部位在小井眼处（打捞成功后，仪器本体无明显遇卡痕迹，无法判断仪器遇卡的具体部位）。

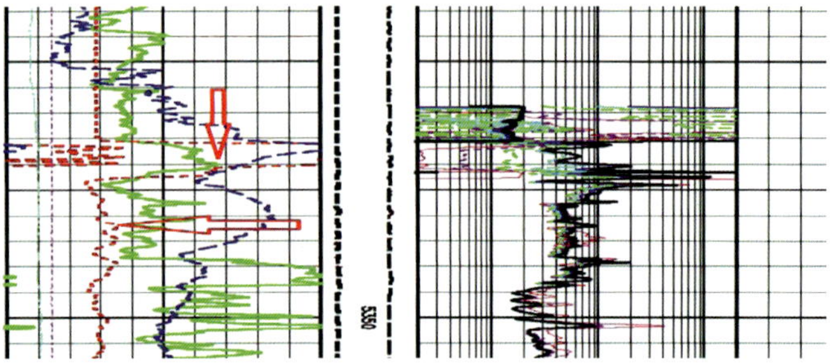

图 5－6　套管鞋附近舒善河组泥岩形成漏斗状井眼

结合仪器遇卡后处理过程中地面张力和井下仪器张力的变化分析可知，仪器张力短节以下部位遇卡，排除卡电缆的可能性。处理解卡的过程中，上提电缆时，总张力拉至最大安全拉力 9500lbs，仪器张力增大至 5000lbs；电缆下放时，总张力减小至 5000lbs，仪器张力减小为 500lbs。

综合以上分析，确定为井壁失稳、产生掉块而导致的仪器遇卡。

图 5－7　打捞失败后加长筒出井口状态

2. 穿芯打捞失败原因分析

结合现场穿芯打捞过程分析，确认为落鱼进入打捞筒后，受外力影响，打捞筒退扣而导致的打捞失败。打捞筒上部加长筒出井后，检查发现丝扣完整、无变形，未出现螺纹拉脱变平现象（图 5－7）。分析认为，此次打捞失败是打捞筒本体与加长筒退扣所致。

加长筒与打捞筒本体退扣原因分析：

（1）打捞筒外径只有 123mm，内装 6mm 厚的螺旋卡瓦套，卡瓦套内径为 87.5mm，卡瓦仓壁厚仅为 10.84mm。因为以前测井穿芯打捞施工过程中出现过使用液压大钳对打捞筒进行上扣导致加长筒外壁开裂损坏的情况，所以不允许用液压大钳对打捞筒进行上扣。以往穿芯打捞都是采用链条紧扣的方式来紧固加长筒与打捞筒本体连接部位的，相应规范中没有对上扣方式、方法做具体要求，现场人员仅凭借以往施工经验操作。此处丝扣上紧与否，只能通过主观判断，因而可能存在上扣不到位的情况，导致打捞筒入井后连接部位松开，最终脱扣。

（2）确认仪器进入打捞筒后，开始起钻，钻具起至第 94 ~ 第 174 柱时一直有喷浆现象发生，而且喷浆初期，管柱内液面在钻具内不随钻具的上升、下落而变化，可见水眼不畅通。起至第174柱以后，喷浆量开始减少，直至不喷浆，说明仪器在起钻过程中落井。由于起钻过程中钻具会产生振动，5000m以深的钻具可能存在部分扭力未完全释放，以致在起钻过程中逐步释放，而仪器被两个弹性扶正器支撑，无法随钻具转动，因而最终发生脱扣。

(3)在卡瓦打捞筒捞住后拉断电缆的过程中，电缆拉紧后可能产生正转扭矩，导致卡瓦捞筒退扣。

(四)处理方式与效果

采用穿芯打捞方式处理。17日1：30接好打捞筒，开始下钻具，绞车电缆一直保持张力6400lbs；19：00钻具下至5294m处，循环钻井液冲洗打捞筒及落鱼顶部；20：30打捞仪器探到鱼头，张力显示明显，下压1.0m后，张力由6400lbs上升至6900lbs，上提钻具，张力明显减小至6200lbs；再次下放至正常张力后，下压1.5m，张力上涨至7400lbs，再次上提钻具，张力减小至5900lbs；第三次下放至正常张力(6400lbs)后，下压2.0m，张力上涨至7800lbs，上提钻具，张力明显减小至5400lbs，确认落鱼进入打捞筒。21：30上提游车拉断电缆，开始起钻。

18日13：20起钻具至井口，钻具上只有穿芯打捞筒的变丝及加长筒部分，卡瓦捞筒与加长筒连接处倒扣松开脱落，加长筒丝扣完好，且无磨损及挂扣痕迹，仪器本体及引鞋、卡瓦捞筒全部落入井内，穿芯打捞失败。

15：00讨论穿芯打捞失败的原因及下一步打捞方案，根据井下落鱼情况，决定采取以下措施：①先用磁定位确定鱼顶位置；②下双级卡瓦打捞筒进行打捞。打捞钻具组合为：Φ152mm引鞋+Φ152mm卡瓦捞筒(Φ120mm螺旋卡瓦)+Φ143mm卡瓦捞筒(Φ86mm篮状卡瓦)+加长筒+变丝(310口)+Φ120.6mm钻铤+Φ88.9mm钻杆。

18日20：30测井磁定位仪器入井；23：20仪器探到鱼头(5418m处)。19日1：00起完电缆；4：00接双级卡瓦打捞筒，下钻具；13：30钻具下至井深5318m处遇阻，开泵后缓慢地间歇性划拨后无法通过，现场决定换牙轮通井。20日2：00起完钻具，检查发现打捞筒完好；2：30换牙轮通井。21日10：00通井结束，起钻至井口。

21日11：00再次接双级卡瓦打捞筒下钻；21：30下至5416.80m处，循环钻井液冲洗打捞筒及鱼顶；22：00开始打捞(下放钻具探到鱼头，逐渐加压至4t，泵压由9MPa上升至10MPa，丈量钻具下深为1.90m，上提钻具泵压为10MPa，再次下放钻具，逐渐加压至4t，泵压由10PMa上升至11MPa，上提钻具，泵压恢复到10PMa，泵压比打捞前增加1MPa，现场判断落鱼已进入打捞筒)；22：30起钻。22日15：30钻具起至井口；16：30卸完仪器，故障解除。检查仪器外形，发现除最底部声波发射器局部变形(图5-8)外，其他仪器无扭曲现象，

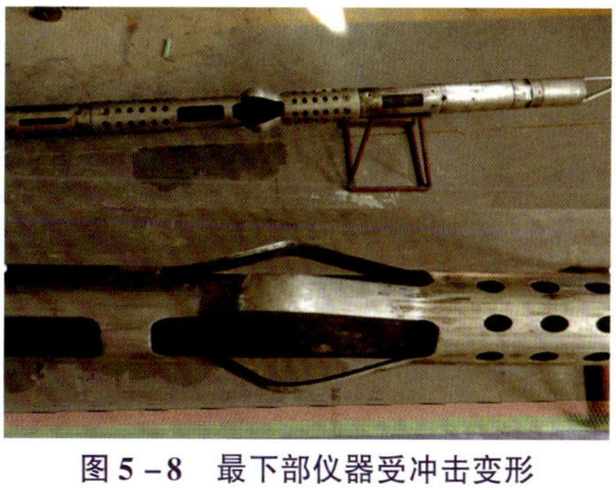

图5-8 最下部仪器受冲击变形

外形完好。

(五)经验教训

(1)钻井队在钻进时应综合考虑地层因素的影响，在调整钻井液性能时，要充分考虑地层渗透性给钻井及测井施工带来的风险，优化钻井液性能，在钻开地层的第一时间形成好的泥饼，降低井壁渗透性和吸附性，以保证钻井及测井施工期间的安全。

(2)测井队在已有井径曲线资料的前提下，应高度关注井眼扩径情况，结合井眼变化，强化风险控制，合理确定下一步施工方案，避免或减少故障的发生。

(3)穿芯打捞过程中使用卡瓦打捞筒时，一定要确保丝扣上到推荐扭矩并采取防退扣措施；需要带加长筒时，可在小鼠洞对其紧扣。

(4)电测时间较长后，即使井下情况正常，也应考虑通井后再进行电测。

四、TH102104 井三开综合测井电成像仪器遇裂缝遇卡故障

(一)基本情况

该井在标准测井和综合测井顺利结束后，进行电成像测井时，在上测过程中发生仪器遇卡故障，因穿芯打捞过程中顶驱磨损电缆严重，后通过直接拉断电缆弱点下打捞筒的方式成功打捞出仪器。

1. 井身结构

套管：Φ193.7mm×5756.05m。钻头：Φ165.1mm×5956.00m。

2. 钻井液性能

所采用钻井液的基本性能为：密度为1.15g/cm^3；黏度为52s。

3. 测井仪器组合

马笼头+张力测量仪+伽马遥传测井仪+电成像测井仪+尾椎仪器。仪器串总长11.58m。

(二)发生经过

2016年2月8日13：30接井；23：30完成标准测井及综合测井，测井过程中无阻卡现象。9日1：20电成像测井仪到达井底，仪器下行过程正常，上提测井仪并打开推靠臂；1：41上测至5915m处时发现井口张力由正常的5860lbs增大到6280lbs，井下张力也相应增大，判断认为仪器遇卡，操作员立即收推靠臂，后发现电成像仪器推靠臂无法完全收拢；6：00将井口张力控制在5700~8417lbs范围内尝试用不同张力、不同速度反复上提下放，多次进行开收腿动作，仍未能解卡，仪器卡死；10：00进行打捞准备；12：00井口张力控制在8417~9500lbs，逐步增大张力后尝试解卡无效。

(三)原因分析

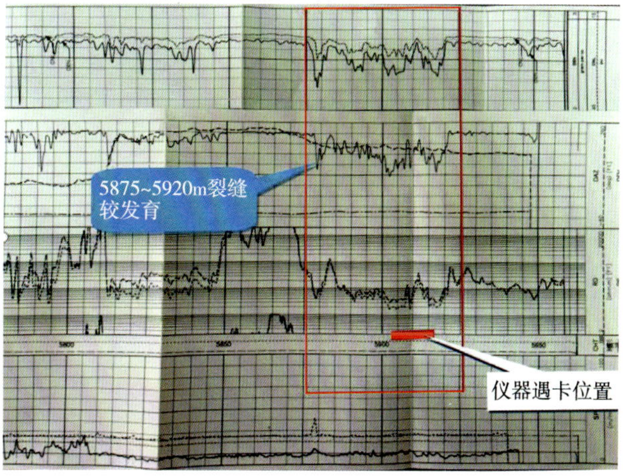

图5－9　仪器遇卡层位标准和综合测井曲线对比图

该井井眼尺寸为Φ165.1mm，电成像测井仪外径为127mm，客观上遇卡风险较高，同时，依据该井已经取得的测井资料(声波、放射性资料显示遇卡层位裂缝发育，图5－9)，结合遇卡后仪器卡死、推靠臂不能完全收拢的现象，判断应为电成像测井仪推靠臂卡在地层裂缝中造成的仪器卡死。

仪器出井后外壳(玻璃钢材质)无明显划痕，6个推靠臂打开后，极板贴紧井壁时，极板易进入斜纹裂缝并直接被卡住，导致仪器无法收拢推靠臂，也无法上提下放。打捞过程中，仪器离开裂缝后，推靠臂由于机械弹性而回弹收拢，仪器出井后推靠臂呈收拢状态。

(四)处理方式与效果

采用穿芯打捞方式处理。9日15：00召开技术分析会，决定尝试穿芯打捞，并制定穿芯打捞技术方案(因该井钻机为顶驱且Φ88.9mm钻具水眼较小，快速接头外径为48mm，工区未进行过此类情况的穿芯打捞施工)。17：00穿芯打捞准备完毕；21：00组合立柱用于替换钻铤、接打捞筒；21：30下打捞工具及第一柱钻杆，但发现顶驱磨损电缆严重，现场分析认为，继续穿芯打捞极易造成电缆磨断，引发次生风险，使得后续打捞工作复杂化，遂停止继续穿芯打捞。

采取直接拉断电缆弱点后下打捞筒打捞的方式处理。10日0：00召开技术分析会，制定方案。经讨论决定，用井队应急电机上提电缆拉断安全销后，直接下钻打捞仪器。1：00打捞准备，召开施工人员会议，对人员进行了详细分工，提出了具体要求；1：30用应急电机起电缆16m时张力突然减小近3t，初步判断电缆安全销从弱点处拉断；5：00起出电缆，电缆从弱点处全部拉出，达到方案预期目的，井下落鱼仪器总长11.58m；6：00打捞筒入井，开始下钻；18：00下钻至5660m处；22：30循环上部钻井液。其间，对打捞筒打捞制定明确方案。23：00下钻至5860m处，开泵循环5min后下探鱼顶，悬重为138t，排量为10.02L/s，泵压为13.2MPa，探至5900m处时遇阻1t，停留2min后，泵压上升至13.4MPa，及时在钻杆上做标记；再加压1t并做好标记，停留2min；上提钻具1m后观察发现摩阻增加了5t(仪器推靠臂未收回，摩阻大)，泵压无下降；再次上提2m，摩阻保持5t未变，根据各参数变化情况，判断认为仪器已进入打捞筒。

11日2：00打重浆压水眼，起钻至套管内，恢复正常摩阻(1t)；18：00仪器起出井口，检查完仪器后，故障解除。

（五）经验教训

因该井钻机为顶驱且 Φ88.9mm 钻具水眼较小，快速接头外径为48mm，工区内未进行过此类情况的穿芯打捞，尝试进行穿芯打捞时，发现顶驱磨损电缆严重，后采取直接拉断电缆弱点后下打捞筒打捞的方式。目前，工区还未形成针对带顶驱钻机的穿芯打捞工艺，下一阶段可对此种打捞工艺进行重点技术攻关，在以后出现类似情况时提供技术支持。

五、TK124－1 井二开标准测井卡仪器故障

（一）基本情况

该井在进行第一趟标准测井下放仪器的过程中发生仪器遇卡故障，后通过穿芯打捞的方式成功解除故障。

1. 井身结构

钻头：Φ250.88mm×4640m。套管：Φ273.1mm×802.06m。

2. 钻井液性能

所采用钻井液的基本性能为：密度为 1.20g/cm^3；黏度为 50s；含砂量为 0.2%；pH 值为 9。

3. 最大井斜

4620m，1.47°。

4. 测井仪器组合

马笼头＋三参数测井仪＋数字传输短节＋伽马能谱测井仪＋连斜短节＋声波线路＋声波探头＋满贯适配器＋四壁井径测井仪＋感应仪器。仪器总长 27.5m。

（二）发生经过

2016 年 10 月 21 日 4：00 接井，开始进行第一趟标准项目测量；5：30 仪器入井；6：10 下放仪器至 3220m 处时遇阻，上提电缆时遇卡，地面总张力与井下张力同步增大（图 5－10），判断为卡仪器，遂立刻通知测井监督、钻井方；7：00 多次上提电缆至最大电缆安全张力，井下张力也随之增大，试解卡无效，确认为仪器卡死。现场监督及时向甲方主管部门汇报，测井小队开始做穿芯打捞准备，测井监督组织钻井、测井、录井相关人员召开穿芯打捞前的协调会，并制定穿芯打捞方案，强调各方职责，要求加强配合，保证施工安全。

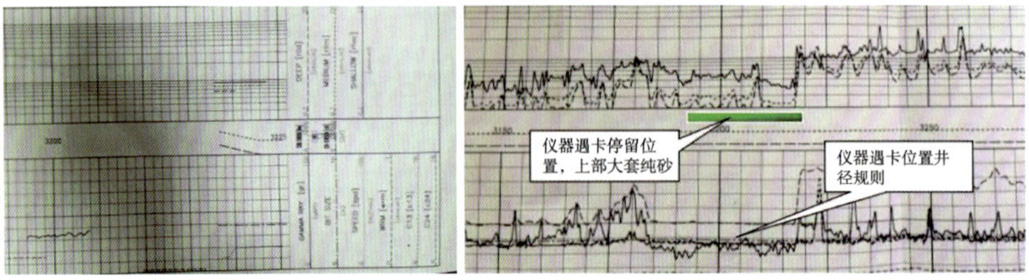

图 5－10　遇卡时的张力曲线

(三)原因分析

(1)遇卡后，地面张力与井下张力同步增大，判断为卡仪器。仪器串中四壁井径为灯笼式支臂，自然外径为17in，未装其他扶正器。

(2)钻井液性能差、虚泥饼厚是卡仪器的主要原因。根据地质设计及获得的测井资料(图5-11)，TK124-1井遇阻层位位于库姆格列木群与巴什基奇克组界线附近，岩性为大套纯砂岩，地层渗透性较好，在仪器串下行过程中，虚泥饼堆积，造成遇阻，此后在上提时遇卡。仪器串长27.5m，灯笼支臂也不能使仪器完全居中而不贴井壁，在仪器头、灯笼臂位置均有可能因贴井壁而堆积泥饼。另外，从井内起出的钻具和打捞出来的仪器上均附着有大量的泥饼，也说明井内虚泥饼较多。

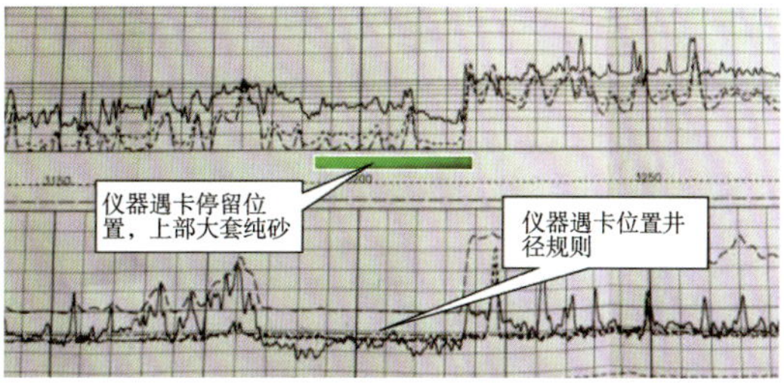

图5-11 仪器遇卡位置测井曲线

(3)虚泥饼产生的原因：该井二开钻井周期较短(二开开钻时间为2016年10月8日20：00，二开完钻时间为2016年10月18日4：00)，钻井队在钻进库姆格列木群与巴什基奇克组大套纯砂岩地层的过程中钻井液中封堵材料不够，导致失水量大，加之机械钻速快、岩屑浓度高，钻开地层第一时间就在井壁形成了虚厚泥饼。

综合判断：该井测井仪器遇卡的根本原因为井内虚泥饼堆积造成的测井仪器遇阻，加之测井队操作时可能存在失误，最终导致测井遇卡故障的发生。

(4)电缆快速接头公头断裂原因分析：①钻具内公、母接箍连接后存在台阶(图5-12)；②倒大绳以后大钩未锁死，大绳扭力造成大钩存在一定幅度的摆动；③测井队使用的快速接头中部存在一处较粗的部位(图5-13)，在钻具下行过程中，公、母接箍位置的台阶与快速接头的较粗部位挂卡。

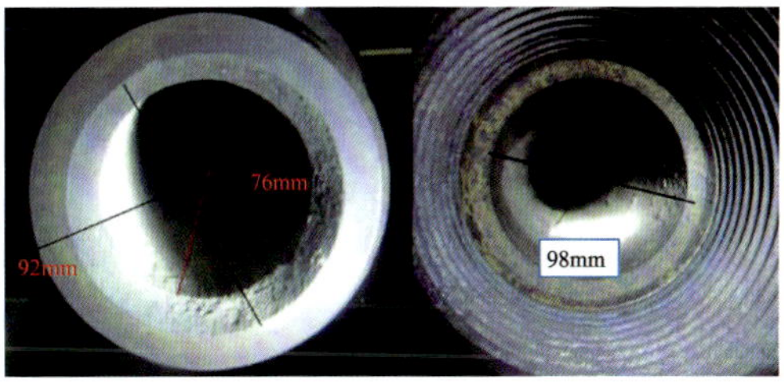

图5-12 钻具内公、母接箍测量数据

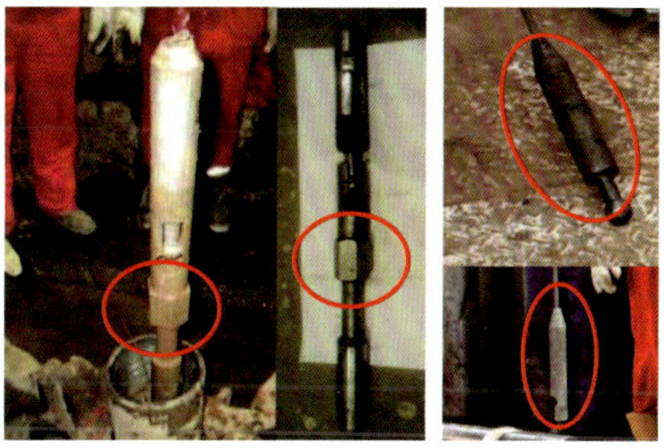
图5-13 该井快速接头(左)与通体外径一致的快速接头(右)

(四)处理方式与效果

采用穿芯打捞方式处理。21日11：30穿芯前期准备工作就位后开始下钻，打捞筒为滑块打捞筒；15：00 穿芯下钻至井深 800m 处后，井队开始倒大绳；17：30 倒大绳结束，继续下钻；18：10 穿芯下钻至 940m 处时，电缆从快速接头上部断裂。

20：30 起钻完成，从打捞筒上部防落装置部位带出快速接头，经过现场重新制定打捞方案，将致使电缆断裂的钻具甩掉。22 日 0：00 重新开始下钻穿芯；14：00 下钻穿芯至 3177.64m 处；15：00 开始进行钻井液循环，冲洗打捞筒；15：30 探鱼顶至 3200m 处，反复起下钻具，根据张力变化，初步判断测井仪器已进入打捞筒；16：00 拉断电缆弱点，测井队回收电缆；17：00 钻井队开始正常起钻。23 日 1：00 仪器全部出井口，经检查，仪器外观完好，故障解除。共损失时间 42h。

（五）经验教训

应重视钻井期间的井眼准备工作，做好以下几个方面：

（1）加强钻进过程中钻井液的随钻封堵工作，保证形成致密、有韧性的泥饼。

（2）加强短起下钻和长起下钻工作，破坏虚厚泥饼的形成，对于两开制的碎屑岩井，原则上应按照“两短一长”的要求进行短起下钻作业，严格要求相邻两次短起下井段的重叠段至少长 100m；在二开井段适时增加一趟长起下钻作业，宜在钻穿白垩系巴什基奇克组时实施，长起下钻至表层套管内，一般在 3800～3900m 井段，可提前开展。

（3）规范四级固控设备的使用，及时清除钻井液中的有害固相，有利于优质泥饼的形成。

（4）在完钻通井时，对于遇阻卡显示的井段，应重点通划至顺畅、无显示，采用大排量循环洗井方式携带井底岩屑，破坏虚厚泥饼。

（5）扶正器与井眼的设计间隙计算式为：$\Delta d = d_h - d_s = 0.8 \sim 1.6$mm，（其中，$d_h$ 为井眼尺寸，d_s 为扶正器外径）。当间隙达到或超过两倍的设计数值时，应及时更换或修复扶正器。因此，要求 Φ250.8mm 井眼使用的扶正器外径尺寸不应小于 247mm。

应要求工区内测井队统一使用外径一致的快速接头，淘汰该井所使用的快速接头，从而杜绝类似的风险再次发生。测井遇阻后，测井队应第一时间起出测井仪器，谨慎操作，坚决杜绝因操作问题导致的异常情况复杂化。

六、TP13－3H 井完钻综合测井卡仪器故障

（一）基本情况

该井进行第一趟标准测井时，在下放仪器的过程中，进行悬停电缆做 T 型卡作业以消除电缆外皮断丝。在上提电缆的过程中发现，井下张力无变化，地面张力持续增大，发生仪器遇卡故障，通过穿芯打捞成功解除故障。

1. 井身结构

套管鞋位置为 506.05m 处，井深为 3469m。

2. 钻井液性能

所采用钻井液的基本性能为：密度为 1.17g/cm^3；黏度为 47s。

3. 测井仪器组合

马笼头＋柔性短节＋三参数测井仪＋双感应八侧向测井仪＋声波测井仪＋柔性短节＋补偿中子测井仪＋伽马能谱测井仪＋井径测井仪＋连斜。仪器串总长28.09m。

(二)发生经过

2016年11月13日23：30接井。14日1：30标准组合测井仪器下井；15：34仪器正常下放到井深2946m处，下放过程中无任何显示，测井队悬停电缆开始做T型卡作业以消除电缆外皮断丝；15：51上提电缆，发现井下张力无变化(1700lbs左右)，而地面张力持续增大(由正常值4200lbs逐渐增大)，下放电缆、仪器，总张力下降，井下张力保持不变，仪器不动。初步判断为电缆黏附遇卡。测井分队人员按照该类型的解卡要求，迅速将拉力拉至安全张力(6100lbs)后仍未解卡，随后测井分队快速下放电缆并几次拉至安全张力，始终未能解卡，确认测井仪器卡死。

(三)原因分析

(1)测井队将仪器停留在裸眼内做T型卡作业处理断丝，造成测井电缆静止时间过长(约10min，规范要求不得超过3min)，最终导致电缆吸附遇卡。

(2)井队电测前应充分处理好井眼，特别是要确保钻井液性能满足要求。

(四)处理方式与效果

采用穿芯打捞方式处理。14日22：00召开穿芯打捞准备会。15日5：40开始正常下钻穿芯；20：30下钻至2901m处，循环冲洗打捞筒；21：00下钻至2907m处时，总张力由4500lbs下降到3800lbs，恢复正常测井张力，电缆解卡；21：10探鱼顶至2918m处，反复起下钻具，根据张力变化，判断测井仪器已进入打捞筒；21：45拉断电缆弱点，测井队回收电缆；23：20钻井队开始正常起钻。16日6：00钻具提至井口；8：30仪器全部提出井口，经检查，仪器完好无损，故障解除。共损失时间约40h。

(五)经验教训

(1)测井过程中必须严格执行各项标准和规章制度，严禁违章施工。

(2)在碎屑岩井段测井时，应急情况下禁止使用老式T型卡。

(3)测井施工前应随车携带配套的打捞工具，事故发生后现场不得出现等待打捞工具的情况。

七、KL101井三开蠕变井径测井卡仪器故障

(一)基本情况

该井在第三次接井施工进行蠕变井径＋双侧向测井上提仪器时发生仪器遇卡故障，后

通过穿芯打捞成功解除故障。

1. 井身结构

套管鞋位置为5497.42m处，井深6985m。

2. 钻井液性能

所采用钻井液的基本性能为：密度为2.30g/cm^3；黏度为58s。

3. 测井仪器组合

伽马能谱测井仪+侧向测井仪+井径测井仪。仪器串总长24.45m。

(二)发生经过

2016年9月5日该井进行三开综合+蠕变井径测井施工。以第一趟测量项目为标准，由于仪器组合太长，双侧向测井漏测太多，经协商决定标准项目分开两趟进行测量。

1. 第一次测井

9月5日18：30测井队第一次接井，入井仪器为双侧向测井仪+井径测井仪+自然伽马测井仪；21：00仪器下至井底后开始上测，上测至6600m处以后，出现连续多处井段频繁遇卡的情况；为保证安全，将井径臂收拢，第一趟井径资料未取全，双侧向项目因遇卡造成多处拉直失真。9月6日2：00仪器提出井口，要求钻井队通井。

2. 第二次测井

通井完成后，9月8日4：00第二次接井施工，为减少仪器入井趟次，决定在进行蠕变井径测量时再补测双侧向项目，此次下井仪器为声波测井仪+井径测井仪+自然伽马测井仪+井斜方位测量仪。为降低遇卡的风险，此次下井仪器更换为上、下各一个灯笼扶正器，同时将5翼减少为3翼；11：00测量结束，但在上提过程中仍出现了几处遇卡现象，经过收拢井径臂、上下活动电缆，成功解卡通过，遇卡现象较第一次测井有明显改善。遂交井，待测量蠕变井径项目。

3. 第三次测井

9日2：00测井队重新接井，进行测量蠕变井径+双侧向项目。此次入井仪器为井径测井仪+双侧向测井仪+自然伽马测井仪。考虑到前两次遇卡均未出现电缆吸附现象，为进一步降低测井仪器遇卡的风险，现场讨论决定不在仪器串上安装灯笼扶正器；5：30仪器下放到底；6：30上提仪器至5590m处遇卡，发现井下张力增大了250lbs，立即停止上提，收拢推靠臂，下放电缆，发现仪器已无法活动，经过多次开收井径臂、以不同张力上下活动电缆后，仍无法解卡仪器。井下张力与地面总张力同步变化，判断为卡仪器本体。多次活动电缆未解卡，最大地面总张力拉到9300lbs(最大安全拉力)，仍无法解卡，确认测井仪器卡死。

(三)原因分析

(1)掉块卡仪器。从仪器外观上看，外径为70mm的玻璃钢外壳被卡坏、外皮拨开部位存在明显划痕，外径为79mm的部位存在多处圈状划痕(在仪器外壳上呈360°分布，若为吸附遇卡，在转动时形成的圈状划痕一般不会呈360°分布），说明在仪器外部有硬物存在，卡住了仪器本体，在开转盘解卡过程中，在仪器上形成了圈状划痕(图5－14、图5－15)。

图5－14 双侧向电极棒玻璃钢外壳损坏部位，外壳本体存在纵向划痕

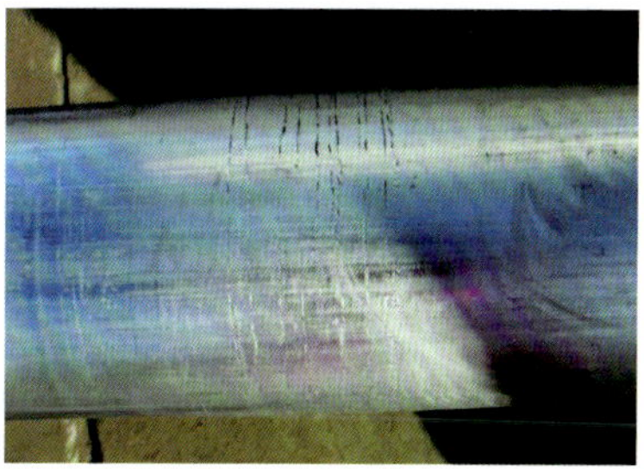

图5－15 遥传短节外壳上存在的多处圈状划痕(360°整圈分布)

(2)硬物来源分析。一是可能为较大的地层掉块。从套管鞋至仪器串顶部，为砂泥岩互层井段，可能会形成地层掉块，同时，临井相同层位井段井径变化相对平缓(基本在9in左右)，该井井径变化相对剧烈(在8.5～10.5in范围内变化)，也说明存在地层掉块的可能性。二是可能为上开次套管水泥环脱落形成的硬物。从井径曲线可知，在二开套管底部存在约3m的口袋，该处的水泥环存在脱落的可能性。

(3)该井遇卡后，尝试解卡的过程中电缆长时间静止，到穿芯打捞之前除尝试解卡时上下活动外，电缆静止时间最长超过6h，地面张力与井下张力仍然同步变化，没有电缆吸附的现象，由此可知该井段钻井液密度大于地层压力当量密度，但发生压差吸附的可能性较低。

(4)通过遇卡时的监控记录可知，9日6：35：40发生遇卡，绞车立即下放活动电缆，没有在该位置停留，仪器发生吸附遇卡的可能性基本可以排除，判断该井故障为井内硬物造成的仪器遇卡。

(四)处理方式与效果

采用穿芯打捞方式处理。遇卡故障发生后，因该井使用带顶驱钻机，常规的测井电缆穿芯打捞方法会造成电缆在顶驱上严重磨损，可能在穿芯过程中造成电缆断裂，带来次生风险，于是采用专用于顶驱的穿芯打捞电缆导向器。开始下第一柱钻具时发现，顶驱下部与钻具连接的喇叭口位置内部有硬台阶，电缆通过时会卡快速接头，于是将喇叭口位置转换为配套的防磨导向接头。10日17：00正式开始穿芯下钻。11日17：00下钻至5474m处并循环；18：30循环结束，开始下放摸鱼顶；19：20下到5568.5m处时遇阻4t，上提190t后未提开，原悬重为180t，地面电缆张力无变化；20：30慢慢增加吨位并上下活动钻具(活动范围为175～240t，地面张力变化无显示)，未解卡，后经过现场讨论决定转转盘，旋转8圈(扭矩为5.5kN·m)时扭矩恢复，解卡；21：30起钻3柱到套管内，电缆张力随之减小，判断认为已经捞获井下仪器；22：30连接电缆、通电检查，确认仪器串完整；23：30拉断电缆弱点。12日1：00回收电缆，起钻；18：30仪器全部提出井口，经检查，仪器串完整，故障解除。

(五)经验教训

(1)应做好钻井期间的井眼准备工作，特别应关注钻井液的防塌性能。

(2)该井配套穿芯打捞工具有待完善，针对带顶驱钻机的测井电缆穿芯打捞配套工具，在该井穿芯打捞过程中为首次使用，验证了该配套专用工具的适用性；同时发现了需要改进的方面，改进建议主要有：

①电缆与顶驱本体仍存在轻度摩擦，需将导向器加长20cm。

②应在导向器的导向轮处增加一个防电缆跳槽装置。

③目前配备的加重杆质量不够大，需要在体积不明显增大的情况下重新选择更重的金属材料。

八、SHB1-20H井钻具输送测井案例

(一)基本情况

该井三开井深为7600m，井底温度为153℃(测井温度)，四开斜井段标准钻具输送标准测井，经过10次对接，采取相应措施，在2趟起下钻后完成测井。

1. 井身结构

钻头：Φ660.4mm × 55.60m + Φ444.5mm × 1224.00m + Φ311.2mm × 5093.00m + Φ215.9mm × 7395m + Φ149.2mm × 7600m。套管：Φ508mm × 55.60m(11.13mm) + Φ339.7mm × 1224m(9.65mm) + Φ244.50mm(11.99mm) + Φ250.80mm(15.88mm) × 5091.20m + Φ177.80mm × 7387.32m(11.51mm)。

2. 钻井液性能

所采用钻井液的基本性能为：密度为1.26g/cm^3；黏度为54s；初/终切为3Pa/8Pa；失水量为3.2mL；泥饼厚度为0.5mm；含砂量为0.1%；pH值为10；塑性黏度为28mPa·s；坂含为28g/L；固体含量为13%；Cl^-浓度为35000mg/L；HTHP为12mL(140℃)；Ca^{2+}浓度为350mg/L；含油量为6%。

3. 测井仪器组合

泵下枪+回路+电极棒+伽马遥传测井仪+双侧向测井仪+连斜仪器+井径测井仪+声波测井仪。仪器串总长36.18m。仪器最大外径为80mm，本体外径为70mm。

(二)施工经过

1. 提前介入

2019年1月1日，测井监督人员、测井项目部人员和测井队队长到井场提前介入，对钻进情况进行了解，并按钻输测井规范对钻井队提出通井、循环及钻输施工准备要求。

2. 第一次上井

1月3日由现场监督人员组织进行了现场交底协调会，会上，钻井、录井、钻井液、

测井几方进行了井况及施工设计的互相交底，并进行了充分的风险分析。23：00 电缆下仪器至7300m 处，仪器工作状态正常。4 日 4：00 仪器出井口，开始连接公头总成；5：00 开始下钻。5 日 7：00 下钻至对枪深度 7338m 处，套管鞋位于 7338m 处，仪器加公头外壳总长 36.18m。

5 日 10：30 湿接头母头(以下简称母头)到 7100m 处，开始对接。

第 1 次对接。从 7100m 处开始加速到 140m/min，进行自由对接；到 7338m 母头位置时张力下降明显，测量发现供电缆芯电阻值不对，母头脱开张力仅有 500lbs，低于正常张力(1000lbs)，判断认为母头未对接到位。

第 2 次对接。11：00，从 7000m 处开始加速到 150m/min，到 7338m 母头位置时张力下降明显，测量供电缆芯阻值，公头总成 2#芯与母头 3#芯导通，3#芯与 4#芯导通，此后均为错位导通。母头只有最上面 1#芯没有连接，地面测量供电缆芯 2#芯与 3#芯之间有 590Ω 电阻，为正常的两根电缆之间的电阻，母头脱开时电阻变化明显。

第 3 次对接。11：30，上提母头到 7100m 处，安装顶驱并开泵对接，泵压为 6MPa，下放速度为 120m/min，到 7338m 母头位置时张力下降明显，测量发现缆芯电阻值不对，起出母头重新对接。

第 4 次对接。12：00，上提母头至 7100m 处，继续开泵对接，泵压为 6MPa，下放速度为 130m/min，到 7338m 母头位置时张力下降明显，测量发现电阻值和第二次对接时一样，母头 7#芯没连接，其余都是错位导通；13：45 起出母头，检查母头通路绝缘情况，发现缆芯绝缘偏低。更换母头后，通路绝缘均正常。

第 5 次对接。17：30 开始下母头；19：00，以 140m/min 的速度对接，测量缆芯电阻值，无反应，未对接成功。

第 6 次对接。19：30 开泵加压下放母头，从 7000m 处开始加速，泵压为 8MPa，加压至 9MPa 后，加速至 125m/min 并对枪，未对接成功，现象与第 5 次一致。

22：00 母头起出井口，检查母头发现有磕碰痕迹；23：00 开始起钻。6 日 17：00 起钻至井口，检查发现公头外壳里有大量杂物(套管附件、橡胶等，图 5－16)，怀疑是从公头外壳前端内凹式循环口进入的公头(图 5－17)。

图 5－16　公头外壳内杂物

图 5－17　公头外壳前端内凹式循环口

3. 第二次上井

9日5：30接井；7：00开始下钻，将公头外壳上的循环筒更换成孔状(图5－18)。10日1：00下钻至对枪深度7223m处。

图5－18　循环筒孔状结构

第7次对接。4：40下枪至7000m处，从7000m开始对枪，速度为140m/min，枪遇阻后，测量发现1$^{\#}$芯、2$^{\#}$芯无阻值，4$^{\#}$芯、5$^{\#}$芯电阻率为500Ω，拔枪，张力减小100lbs，脱枪后测量发现1$^{\#}$芯、2$^{\#}$芯、3$^{\#}$芯对地电阻率均在20MΩ以上，怀疑未完全对接到位。

第8次对接。5：00上提母头至6900m处并重新对接，速度为158m/min，测量发现1$^{\#}$芯、2$^{\#}$芯无阻值，4$^{\#}$芯、5$^{\#}$芯电阻值为500Ω，现象和第7次对接时一致。

第9次对接。5：30起母头至6888m处，开泵加压对接，慢慢加压至10MPa，开始以120m/min的速度对接，现象和第7、第8次对接时一致；8：00起出母头检查发现缆芯通路正常，绝缘偏低。重新更换母头后，通路绝缘均正常。

第10次对接。上提对接深度至7115m处，循环1h后，打重浆；15：00下母头；16：30下母头至6900m处，以147m/min的速度下放，对接成功。11日23：00施工结束，交井。

(三)测井经验

(1)SHB1－20H井三开固井结束后扫塞及第一次对接失败后，井队通井时未发现振动筛上有大块的套管附件返出，而测井队虽然第10次对接成功，但起出公头外壳后仍然发现大量杂物(图5－19)。分析原因为钻具水眼小，受循环排量限制，故无法有效将井内杂物带出。

(2)四代水平井工具的公头外壳钻井液循环结构存在设计缺陷。循环口与本体等高，开口较大，下钻时，循环口会刮擦井壁，使岩屑进入公头外壳内；循环窗滤板条形孔也能允许岩屑和杂物(特别是长条形的杂物)进入(图5－20)。

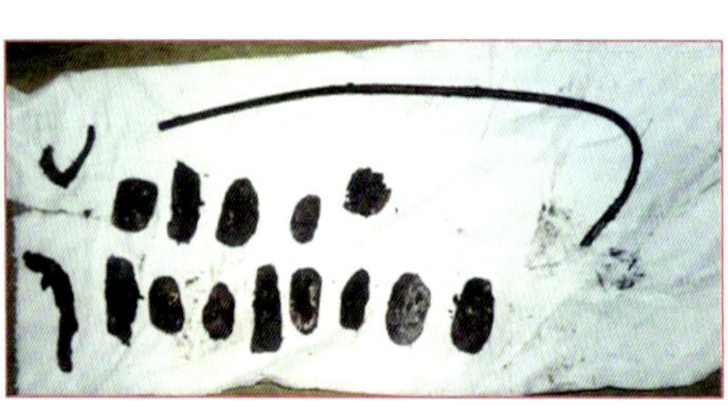

图5－19　公头外壳内杂物

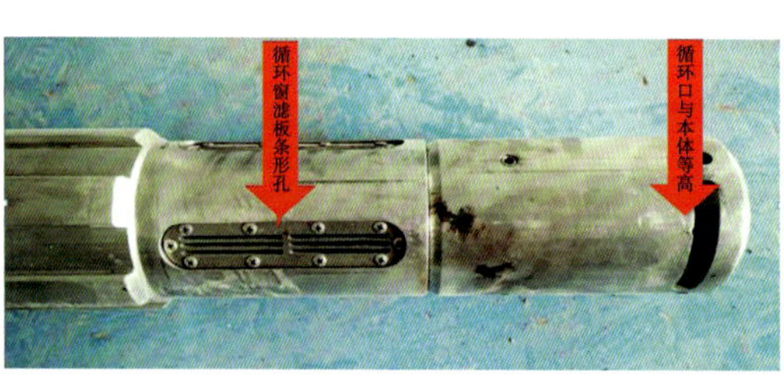

图5－20　公头外壳结构

(四)公头外壳循环结构改进措施

(1)循环筒的循环口上、下各加高5mm。

(2)循环口处尺寸减小到以前的三分之一。

(3)循环窗滤板的开口由条状改为小孔状。

循环筒及循环窗滤板改进前后对比分别见图5－21、图5－22。

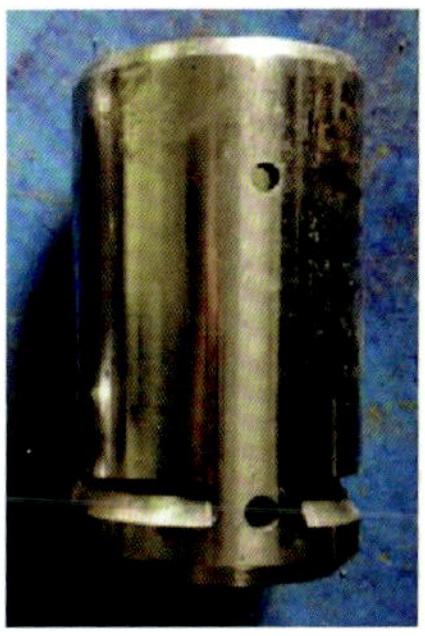

(a)改进前

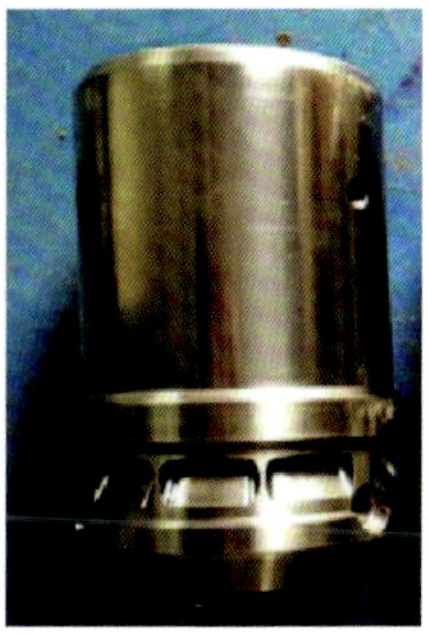

(b)改进后

图5－21 循环筒改进前后对比

(a)改进前

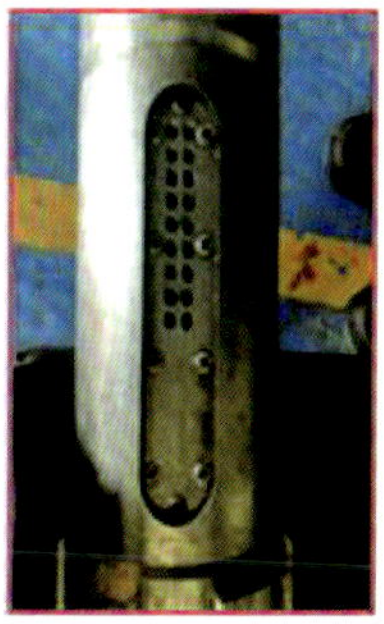

(b)改进后

图5－22 循环窗滤板改进前后对比

(五)实际使用效果

经过SHB1－20H井完井钻输、SHB5－9井完井钻输、TK4107X井二开标准测井、TH123112X井二开标准测井4井次的钻输施工，公头外壳内没有发现杂物进入，证明改进措施可以有效防止起下钻过程中因杂物进入公头外壳而造成对接失败。

九、SHBY1超深井钻具输送测井案例

(一)基本情况

该井四开完钻井深为8400，井底温度为152℃(测井温度)，属于工区内当时井深最大的测井施工，钻具输送标准测井、偶极子声波测井两个项目，均一次成功。

1. 井身结构

钻头：Φ660.4mm×607m＋Φ440.5mm×5395m＋Φ311.2mm×7616m＋Φ215.9mm×8400m。套管：Φ508mm × 606.80m (12.7mm、11.13mm) ＋ Φ339.7mm × 5393.42m (12.19mm)＋Φ(250.83mm＋244.5mm)×7614.62m(15.88mm、11.99mm)。

2. 钻井液性能

所采用钻井液的基本性能为：密度为1.34g/cm^3；黏度为52s；塑性黏度为19mPa·s；YP为9Pa；pH值为10；失水量为3.2mL；泥饼厚度为0.5mm；HTHP为9.6mL(140℃)；坂含为30g/L；固体含量为11.6%；含砂量为0.1%；Ca^{2+}浓度为320mg/L；含油量为5%。

3. 测井仪器组合

马笼头＋黑管仪器＋三参数测井仪＋伽马遥传测井仪＋伽马能谱测井仪＋连斜仪器＋声波电子仪器＋声波探头＋绝缘短节＋数传仪器＋侧向电子仪器＋侧向电极＋四臂井径测井仪。仪器串总长31.75m。仪器最大外径为92mm，本体外径为89mm。

(二)施工准备

2018年4月15日，测井监督、测井队队长到井场提前介入，对钻进情况进行了解，

井按钻输测井规范对钻井队提出通井、循环及钻输施工准备要求。

SHBY1 井四开综合钻具输送测井，设计测量井段为 7616～8400m。施工单位在 2017 年 6 月中标后就开始有针对性地开展设备的准备工作。测量井深达 8400m，测井方式变更为钻具输送，测量项目含放射性测井。水平井下钻时间长、井底温度高、井眼情况不佳，因此，施工单位提前一个多月从仪器、设备、人员等方面开展了准备工作。

1. 电缆

项目部配备有 9000m 电缆的测井绞车两台，电缆标定和拉断力试验结果均为合格。年初请仪器厂家调试好了仪器与电缆通信的匹配性，其中一台测井绞车成功在西南工区 CHS1 井(8060m)施工，经受住了超深井施工考验。

2. 绞车

针对 SHBY1 井路途遥远的情况，项目部决定派这两台测井绞车共同到井场，一台作为备用，一旦绞车或地面系统出现意外情况，都能迅速更换另一套地面设备，保证测井任务顺利进行(实际施工过程中未使用备用绞车)。

3. 仪器

根据 SHBY1 井设计井深，预测井下温度为 150～160℃。由于下钻时间长，仪器在井下将长时间处于高温工作状态，对仪器在高温下工作的稳定性是个极大的考验。针对此情况，提前对仪器进行加温试验：将所有仪器加温到 180℃并持续 8h 以上。

测井仪器厂家人员配合项目部对仪器逐根进行了加温及升级改造：一方面，更换了老化严重的电子元器件，并对所有仪器芯子电子元器件进行了加固和加强密封性能维护；另一方面，选择加温过程中运行最稳定的仪器组成下井仪器串，并在基地地面进行串接，调试通信、刻度正常，准备现场实际下井时使用(开展了设备连续性能测试累计 552h；完成了 2 套地面系统及电缆独立与跨接测试；维修与更换零配件 26 个)。

4. 钻输工艺及设备

测井项目部主动与钻井队联系，了解下井钻具组合情况、井眼及钻井液情况；选用合适的旁通短节、公头短节和泵下枪组合。

为了保证设备工具的可靠性，更换了新的旁通短节附件，调拨了新的公头外壳，并在上井前对工具进行了探伤。此外，还在上井前重新制作了泵下枪，保证施工时湿接头无缺油的情况发生，确保绝缘通断性能良好。

5. 过程控制

在做好设备工具等基地准备工作的同时，测井施工单位持续关注 SHBY1 井的钻进情况，积极安排人员做好上井准备。测井技术人员到井场后提前介入，在测井监督的指导下，对钻进情况进行了解并按钻输测井规范对钻井队提出通井、循环及钻输施工准备要求，以提高钻输对接及仪器下钻测井的成功率。

在第二次上井的等待期间，测井施工单位进行了充分的风险分析，小队每位成员及项目部领导都针对井况进行了安全讨论，确保下井安全。

同时，在现场串接测井仪器时对设备进行了检查和测前校验，并与钻井队进行了水平井工具合扣对接，对钻井液过滤网进行了检查，提前做好了下钻钻具摆放、下钻钻具组合、电缆导向、天滑轮位置等方面的准备工作。

6. 人员优选

在仪器设备准备充分的基础上，测井公司精心组织在岗人员协同作战，打破分队限制，保证每个现场施工岗位至少有 3 人在岗，并且都是十分熟悉西北工区施工情况的员工；施工全程，由熟悉现场工况的领导带班。

(三)施工情况

1. 第一次上井

4 月 21 日由现场监督组织钻井、录井、钻井液、测井各方面的施工人员召开了井况及施工设计的交底协调会，并进行了充分的风险分析。分析认为，井内很有可能存在掉块，要求钻井队短起处理井眼并调整钻井液。21 日晚，钻井队处理井眼的过程中因掉块而发生卡钻，遂返回。

2. 第二次上井

27 日，钻具解卡，同时处理好钻井液。测井监督、测井队人员再次前往井场，再次召开交底会并开展风险分析。分析认为，井下情况复杂，井队应继续处理鹰山组井段及泡酸解卡井段，并申请取消第一趟放射性仪器下井，以规避风险。30 日井队处理好井眼和钻井液，确认符合开工验收规范，测井队接井。

5 月 1 日 0：00 井口接好仪器串，下井至 1500m 处，检查仪器通信正常；2：00 仪器提到井口，接好公头后开始下钻输送。5 月 2 日 1：30 下钻至 7527m 处对接点位置；3：30 泵下枪入井；5：10 一次对接成功，检查井下仪器通断绝缘，满足测井要求，仪器串通信正常。电缆导向完成后，7：00 开始下钻测井；13：00 下测至 8392m 处，井下张力下压力显示达到 2200lbs 且还在继续上涨，判断认为井下仪器已经遇阻，结束下测，开始起钻上测；18：00 起钻上测至 7550m 处，结束上测；20：00 起出湿接头母头和电缆，井队起钻。3 日 19：00 仪器串出井口；20：30 收完仪器并交井。

(四)测井经验

1.“三分测井，七分准备”

测井施工单位高度重视此次探井施工，提前一个多月就对井况进行分析，积极学习本单位和其他单位超深井钻输施工经验，提前做好施工设计和风险分析，由领导带头对各设备进行精心调配和改造，合理安排施工人员。现场实际测井过程中，未出现任何设备和人员方面的问题。

2. 风险分析及控制措施

此次施工准备期间，召开了两次现场交底会和班前会。现场测井监督积极与钻井队人员和钻井监督沟通，对井眼特殊状况进行重点处理，保证了井下设备的安全。同时，施工单位对施工的难点进行了 JSA 分析并讨论了解决方案，如湿接头母头使用 4 根加重杆，在遇阻张力显示超过 1t 时就停止下钻以保证安全，取消了放射性仪器的下井，等等。

3. 现场施工严格细致

现场施工时严格按照开工验收规范接井，同时与钻井队积极沟通井眼处理策略，在可能存在掉块的井段和井眼复杂的井段多次进行短起下处理，并延长钻井液循环时间。下钻前确定好每 30 柱循环顶通一次，并提前检查好网眼滤网，规范使用滤网；钻具通径后仔细清理钻具水眼，保证了对接的成功率。现场对公头和湿接头绝缘通断进行检查，对湿接头每根芯的橡胶套进行了加固并补充硅油，确保在井深压力大的情况下，钻井液不会被压进湿接头。合理安排人员分工，做到按部就班、有条不紊。

（五）问题与不足

（1）钻井队对钻输测井程序认识不充分，尽管与测井队施工配合良好，但在水平井工具对接方面准备不足。钻井队使用的非标钻具接标准扣的旁通时需要安装的变接头过长，旁通及上、下变接头总长度接近 3m，上扣十分困难，上部变接头无法使用液压大钳上扣，使用 B 型钳或顶驱上扣又有很大风险。现场起下钻时存在倒钻具和现组钻具的情况，没有提前做好入井钻具摆放规划，导致测井仪器在井下时间过长。

（2）施工过程中出现了顶驱故障，仪器对接完成后，内部保温瓶温度为 60～70℃，排除故障用时超 3h。正常下钻测井时，仪器内部温度已升至 100℃左右；起测过程中又出现了一次顶驱故障，最后测井完成时仪器内部温度已达到 150℃左右，严重影响了测井效率和仪器的稳定使用。

（3）井深 8400m，要实现测井绞车扭矩与起下钻的同步比较困难，存在扭矩不好调、电缆张力时大时小的问题。